"十三五"国家重点图书出版规划项目

总主编 马金双　　**总主审** 李振宇

General Editor in Chief　Jinshuang MA　　General Reviewer in Chief　Zhenyu LI

中国外来入侵植物志

Alien Invasive Flora of China

第四卷

金效华　林秦文　赵　宏　**主编**

内容提要

本书为《中国外来入侵植物志・第四卷》，记载我国外来入侵植物共计5科67属114种，其中，紫葳科1属1种，角胡麻科1属1种，车前科1属2种，桔梗科2属3种，菊科62属107种。本卷包括白头金钮扣[*Acmella radicans* (Jacquin) R. K. Jansen]、多苞狼杷草(*Bidens vulgata* Greene)、南美鬼针草(*Bidens subalternans* Candolle)和芳香鬼针草(*Bidens odorata* Cavanilles)等4种首次报道的我国新记录。

图书在版编目(CIP)数据

中国外来入侵植物志.第四卷/马金双总主编；金效华，林秦文，赵宏主编. —上海：上海交通大学出版社，2020.12

ISBN 978-7-313-23873-3

Ⅰ.①中… Ⅱ.①马… ②金… ③林… ④赵… Ⅲ.①外来入侵植物—植物志—中国 Ⅳ.①Q948.52

中国版本图书馆CIP数据核字(2020)第195407号

中国外来入侵植物志・第四卷
ZHONGGUO WAILAI RUQIN ZHIWU ZHI・DI-SI JUAN

总 主 编：马金双
主　　编：金效华　林秦文　赵　宏
出版发行：上海交通大学出版社　　地　　址：上海市番禺路951号
邮政编码：200030　　电　　话：021-64071208
印　　制：上海盛通时代印刷有限公司　　经　　销：全国新华书店
开　　本：787mm×1092mm　1/16　　印　　张：25.5
字　　数：413千字
版　　次：2020年12月第1版　　印　　次：2020年12月第1次印刷
书　　号：ISBN 978-7-313-23873-3
定　　价：262.00元

序

随着经济的发展和人口的增加，生物多样性保护以及生态安全受到越来越多的国际社会关注，而生物入侵已经成为严重的全球性环境问题，特别是导致区域和全球生物多样性丧失的重要因素之一。尤其是近年来随着国际经济贸易进程的加快，我国的外来入侵生物造成的危害逐年增加，中国已经成为遭受外来生物入侵危害最严重的国家之一。

入侵植物是指通过自然以及人类活动等无意或有意地传播或引入异域的植物，通过归化自身建立可繁殖的种群，进而影响侵入地的生物多样性，使入侵地生态环境受到破坏，并造成经济影响或损失。

外来植物引入我国的历史比较悠久，据公元659年《唐本草》记载，蓖麻作为药用植物从非洲东部引入中国，20世纪50年代作为油料作物推广栽培；《本草纲目》(1578)记载曼陀罗在明朝末年作为药用植物引入我国；《滇志》(1625)记载原产巴西等地的单刺仙人掌在云南作为花卉引种栽培；原产热带美洲的金合欢于1645年由荷兰人引入台湾作为观赏植物栽培。从19世纪开始，西方列强为扩大其殖民统治和势力范围设立通商口岸，贸易自由往来，先后有多个国家的探险家、传教士、教师、海关人员、植物采集家和植物学家深入我国采集和研究植物，使得此时期国内外来有害植物入侵的数量急剧增加，而我国香港、广州、厦门、上海、青岛、烟台和大连等地的海港则成为外来植物传入的主要入口。20世纪后期，随着我国国际贸易的飞速发展，进口矿物、粮食、苗木等商品需求增大，一些外来植物和检疫性有害生物入侵的风险急剧增加，加之多样化的生态系统使大多数外来种可以在中国找到合适的栖息地；这使得我国生物入侵的形势更加严峻。然而，我们对外来入侵种的本底资料尚不清楚，对外来入侵植物所造成的生态和经济影响还没有引起足够的重视，更缺乏相关的全面深入调查。

我国对外来入侵植物的调查始于20世纪90年代，但主要是对少数入侵种类的研究及总结，缺乏对外来入侵植物的详细普查，本底资料十分欠缺。有关入侵植物的研究资料主要集中在东南部沿海地区，各地区调查研究工作很不平衡，更缺乏全国性的权威资料。与此同时，关于物种的认知问题存在混乱，特别是物种的错误鉴定、名称（学名）误用。外来入侵植物中学名误用经常出现在一些未经考证而二次引用的文献中，如南美天胡荽的学名误用，其正确的学名应为 *Hydrocotyle verticillata* Thunberg，而不是国内文献普遍记载的 *Hydrocotyle vulgaris* Linnaeus，后者在中国并没有分布，也未见引种栽培，两者因形态相近而混淆。另外，由于对一些新近归化或入侵的植物缺乏了解，更缺乏对其主要形态识别特征的认识，这使得对外来入侵植物的界定存在严重困难。

开展外来入侵植物的调查与编目，查明外来入侵植物的种类、分布和危害，特别是入侵时间、入侵途径以及传播方式是预防和控制外来入侵植物的基础。2014 年“中国外来入侵植物志”项目正式启动，全国 11 家科研单位及高校共同参与，项目组成员分为五大区（华东、华南、华中、西南、三北①），以县为单位全面开展入侵植物种类的摸底调查。经过 5 年的野外考察，项目组共采集入侵植物标本约 15 000 号 50 000 份，拍摄高清植物生境和植株特写照片 15 万余张，记录了全国以县级行政区为单位的入侵植物种类、多度、GIS 等信息，同时还发现了一大批新入侵物种，如假刺苋（*Amaranthus dubius* Martius）、蝇子草（*Silene gallica* Linnaeus）、白花金钮扣［*Acmella radicans* var. *debilis* (Kunth) R.K. Jansen］等，获得了丰富的第一手资料，并对一些有文献报道入侵但是经野外调查发现仅处于栽培状态或在自然环境中偶有逸生但尚未建立稳定入侵种群的种类给予了澄清。我们对于一些先前文献中的错误鉴定或者学名误用的种类给予了说明，并对原产地有异议的种类做了进一步核实。此外，项目组在历史标本及早期文献信息缺乏的情况下，克服种种困难，结合各类书籍、国内外权威数据库、植物志及港澳台早期的植物文献记载，考证了外来入侵植物首次传入中国的时间、传入方式等之前未记载的信息。

《中国外来入侵植物志》不同于传统植物志，其在物种描述的基础上，引证了大量的标本信息，并配有图版。外来入侵植物的传入与扩散是了解入侵植物的重要信息，本志书将这部分作为重点进行阐述，以期揭示入侵植物的传入方式、传播途径、入侵特点等，

---

① 三北指的是我国的东北、华北和西北地区。

为科研、科普、教学、管理等提供参考。本志书分为5卷，共收录入侵植物68科224属402种，是对我国现阶段入侵植物的系统总结。

《中国外来入侵植物志》由中国科学院上海辰山植物科学研究中心/上海辰山植物园植物分类学研究组组长马金双研究员主持，全国11家科研单位及高校共同参与完成。项目第一阶段，全国各地理区域资料的收集与野外调查分工：华东地区闫小玲（负责人）、李惠茹、王樟华、严靖、汪远等参加；华中地区李振宇（负责人）、刘正宇、张军、金效华、林秦文等参加；三北地区刘全儒（负责人）、齐淑艳、张勇等参加，华南地区王瑞江（负责人）、曾宪锋、王发国等参加；西南地区税玉民、马海英、唐赛春等参加。项目第二阶段为编写阶段，丛书总主编马金双研究员、总主审李振宇研究员，参与编写的人员有第一卷负责人闫小玲、第二卷负责人王瑞江、第三卷负责人刘全儒、第四卷负责人金效华、第五卷负责人严靖等。

感谢上海市绿化和市容管理局科学技术项目（G1024011，2010—2013）、科技部基础专项（2014FY20400，2014—2018）、2020年度国家出版基金的资助。感谢李振宇研究员百忙之中对本志进行审定。感谢上海交通大学出版社给予的支持和帮助，感谢所有编写人员的精诚合作和不懈努力，特别是各卷主编的努力，感谢项目前期入侵植物调查人员的辛苦付出，感谢辰山植物分类学课题组的全体工作人员及研究生的支持和配合。由于调查积累和研究水平有限，书中难免有遗漏和不足，望广大读者批评指正！

2020年11月

编写说明

《中国外来入侵植物志》基于近年来的全面的野外调查、标本采集、文献考证及最新的相关研究成果编写而成，书中收载的为现阶段中国外来入侵植物，共记载中国外来入侵植物 68 科 224 属 402 种（含种下等级）。

分类群与主要内容 本志共分为五卷。第一卷内容包括槐叶蘋科～景天科，共记载入侵植物 22 科 33 属 53 种；第二卷内容包括豆科～梧桐科，共记载入侵植物 10 科 41 属 77 种；第三卷内容包括西番莲科～玄参科，共记载入侵植物 20 科 52 属 113 种；第四卷内容包括紫葳科～菊科，共记载入侵植物 5 科 67 属 114 种；第五卷内容包括泽泻科～竹芋科，共记载入侵植物 11 科 31 属 45 种。

每卷的主要内容包括卷内科的主要特征简介、分属检索表、属的主要特征简介、分种检索表、物种信息、分类群的中文名索引和学名索引。全志书分类群的中文名总索引和学名总索引置于第五卷末。

物种信息主要包括中文名、学名（基名及部分异名）、别名、特征描述（染色体、物候期）、原产地及分布现状（原产地信息及世界分布、国内分布）、生境、传入与扩散（文献记载、标本信息、传入方式、传播途径、繁殖方式、入侵特点、可能扩散的区域）、危害及防控、凭证标本、相似种（如有必要）、图版、参考文献。

分类系统及物种排序 被子植物科的排列顺序参考恩格勒系统（1964），蕨类植物采用秦仁昌系统（1978）。为方便读者阅读参考，第五卷末附有恩格勒（1964）系统与 APG IV 系统的对照表。

物种收录范围 《中国外来入侵植物志》旨在全面反映和介绍现阶段我国的外来入侵植物，其收录原则是在野外考察、标本鉴定和文献考证的基础上，确认已经造成危害的外来植物。对于有相关文献报道的入侵种，但是经项目组成员野外考察发现其并未造成危害，或者尚且不知道未来发展趋势的物种，仅在书中进行了简要讨论，未展开叙述。

入侵种名称与分类学处理　外来入侵种的接受名和异名主要参考了 *Flora of China*、*Flora of North America* 等，并将一些文献中的错误鉴定及学名误用标出，文中异名（含基源异名）以“——”、错误鉴定以 auct. non 标出，接受名及异名均有引证文献；种下分类群亚种、变种、变型分别以 subsp.、var.、f. 表示；书中收录的异名是入侵种的基名或常见异名，并非全部异名。外来入侵种的中文名主要参照了 *Flora of China* 和《中国植物志》，并统一用法，纠正了常见错别字，同时兼顾常见的习惯用法。

形态特征及地理分布　主要参照了 *Flora of China*、*Flora of North America* 和《中国植物志》等。另外，不同文献报道的入侵种的染色体的数目并不统一，文中附有相关文献，方便读者查询参考。

地理分布是指入侵种在中国已知的省级分布信息（包括入侵、归化、逸生、栽培），主要来源于已经报道的入侵种及归化种的文献信息、*Flora of China*、《中国植物志》和地方植物志及各大标本馆的标本信息，并根据项目组成员的实际调查结果对现有的分布地进行确认和更新。本志书采用中国省区市中文简称，并以汉语拼音顺序排列。

书中入侵种的原产地及归化地一般遵循先洲后国的次序，主要参考了 *Flora of China*、CABI、GBIF、USDA、*Flora of North America* 等，并对一些原产地有争议的种进行了进一步核实。

文献记载与标本信息　文献记载主要包括两部分，一是最早或较早期记录该种进入我国的文献，记录入侵种进入的时间和发现的地点；二是最早或较早报道该种归化或入侵我国的文献，记录发现的时间和发现的地点。

标本信息主要包括三方面的内容：① 模式标本，若是后选模式则尽量给出相关文献；② 在中国采集的最早或较早期的标本，尽量做到采集号与条形码同时引证，若信息缺乏，至少选择其一；③ 凭证标本，主要引证了项目组成员采集的标本，包括地点、海拔、经纬度、日期、采集人、采集号、馆藏地等信息。

本志书中所有的标本室（馆）代码参照《中国植物标本馆索引》（1993）和《中国植物标本馆索引（第 2 版）》（2019）。

传入方式与入侵特点　基于文献记载、历史标本记录和野外实际调查，记录了入侵种进入我国的途径（有意引入、无意带入或自然传入等）以及在我国的传播方式（人为有意或无意传播、自然扩散）。基于物种自身所具备的生物学和生态学特性，主要从繁殖性（种子结实率、萌发率、幼苗生长速度等）、传播性（传播体重量、传播体结构、与人类活动的关联程度）和适应性（气候、土壤、物种自身的表型可塑性等）三方面对其入侵特点进行阐述。

危害与防控 基于文献记载和野外实际调查，记录了入侵种对生态环境、社会经济和人类健康等的危害程度，包括该物种在世界范围内所造成的危害以及目前在中国的入侵范围和所造成的危害。综合国内外研究和文献报道，从物理防除、化学防控和生物控制三个方面对入侵种的防控进行了阐述。

相似种 主要列出同属中其他的归化植物或者与收录的入侵种形态特征相似的物种，将主要形态区别点列出，并讨论其目前的分布状态及种群发展趋势，必要时提供图片。此外，物种存在的分类学问题也在此条目一并讨论。

植物图版 每个入侵种后面附有高清的彩色植物图版，并配有图注，方便读者识别。图版主要包括生境、营养器官（植株、叶片、根系等）和繁殖器官（花、果实、种子等），且尽量提供关键识别特征，部分种配有相似种的图片，以示区别。植物图片的拍摄主要由项目组成员完成，也有一些来自非项目组成员完成，均在卷前显著位置标出摄影者的姓名。

前　言

第四卷收录我国外来入侵植物共计5科67属114种，其中：紫葳科1属1种，角胡麻科1属1种，车前科1属2种，桔梗科2属3种，菊科62属107种。

本卷共新增36种近年发现的外来入侵物种，其中白头金钮扣［*Acmella radicans* (Jacquin) R. K. Jansen］、多苞狼杷草（*Bidens vulgata* Greene）、南美鬼针草（*Bidens subalternans* Candolle）和芳香鬼针草（*Bidens odorata* Cavanilles）等4种为本卷首次报道的我国新记录。本卷对恶性外来入侵物种如薇甘菊、豚草、紫茎泽兰等进行了重点介绍，并对苍耳属等疑难类群采取了与分子系统学研究结果较为接近的分类学处理。过去曾作为外来入侵物种记载的部分物种，经过研究，不能认定为外来入侵植物，故本卷未予收录。

（1）爵床科（Acanthaceae）的宽叶十万错 *Asystasia gangetica* (Linnaeus) T. Anderson、小花十万错 *Asystasia gangetica* subsp. *micrantha* (Nees) Ensermu、赛山蓝 *Ruellia blechum* Linnaeus、翠芦莉 *Ruellia simplex* C. Wright、芦莉草 *Ruellia tuberosa* Linnaeus、翼叶山牵牛 *Thunbergia alata* Bojer ex Sims 等作为花卉，在中国种植，部分植物逸生，或无意引入成为杂草，但由于本丛书总主编对入侵植物的认定原因，本卷没有收录这些物种。

（2）长叶车前（*Plantago lanceolata* Linnaeus）：该种在新疆为原产植物，故不列为外来入侵物种。

（3）光药列当［*Orobanche brassicae* (Novopokrovsky) Novopokrovsky］：该种原产罗马尼亚、保加利亚及俄罗斯的欧洲部分地区。叶国栋于1977年3月在福建厦门鼓浪屿发现，该种寄生于圆白菜（*Brassica oleracea* var. *capitata* Linnaeus）上，此后没有再发现符合该种特征的标本，因此光药列当不能认定为归化种。此外，弯管列当（也称向日葵列当，*Orobanche cernua* Loefling）在我国也被发现寄生于向日葵上面，但该种下有2个亚种欧亚列当［*Orobanche cernua* var. *cumana* (Wallroth) Beck］和［*Orobanche cernua* var. *hansii* (A. Kerner) Beck］在我国北部广泛分布，故不能作为外来入侵物种。因此，本卷未收录列当科（Orobanchaceae）。

（4）胡麻科（Pedaliaceae）的胡麻（*Sesamum indicum* Linnaeus）为广泛引种栽培的油料作物，各地常出现一些逸生个体，但不形成稳定的野生种群，故不定义为外来入侵物种。

（5）狸藻科（Lentibulariaceae）中网纹挖耳草（*Utricularia reticulata* Smith）等 4 种外来入栽培种在台湾被报道为局部地区逸生，但没有归化或入侵的后续报道，故本卷暂不收录。

（6）《上海植物名录》（1959）记载了败酱科（Valerianaceae）的野苣菜［*Valenrianella locusta* (Linnaeus) Laterrade (*V.olitoria* Linnaeus) Pollich］，在上海曾作为蔬菜引种栽培并有逸生，但此后无更多的信息，故本卷也不收载。

本卷在李振宇研究员指导下，各位作者通力合作下完成编写工作。在编写过程中，王瑞江研究员、刘全儒教授、高天刚博士、陈又生博士、徐晗博士、徐松芝博士、杨志荣博士、闫小玲博士、钟诗文博士、梁贻硕博士、吴宝成副研究员、李剑武高级工程师等给予多方面的帮助，研究生韩宇、王程旺、马萧、李章海、王德艺、周婷婷、文艺等开展了大量的文字录入和文献查找工作，同时也得到丛书总主编马金双研究员、各卷主编和出版社编辑们的热情帮助和悉心指导，本卷编写组向他们表示衷心的感谢。由于本卷实际编写时间和作者水平有限，且书中部分入侵物种的传播途径、传播方式存在不确定，如有遗漏之处，待日后考证和增加，敬请读者批评指正。

编者

2020 年 11 月

作者分工

鹰爪藤属	刘正宇（重庆市药物种植研究所）
异檐花属、马醉草属	张　军（重庆市药物种植研究所）
猫儿菊属、光耀藤属、矢车菊属、飞蓬属、山芫荽属、堆心菊属、点叶菊属、香檬菊属、天人菊属、鬼针草属	林秦文（中国科学院植物研究所）
角胡麻属	林茂祥（重庆市药物种植研究所）
车前属、南泽兰属、一点红属、滨菊属、苍耳属、金钮扣属、向日葵属	李振宇（中国科学院植物研究所）
婆罗门参属、假地胆草属、菊蒿属、金鸡菊属	杨志荣（中国科学院植物研究所）
菊苣属、还阳参属、莴苣属、苦苣菜属、蒲公英属、地胆草属、假地胆草属、水飞蓟属、矢车菊属、阔苞菊属、藿香蓟属、假泽兰属、飞机草属、假臭草属、飞蓬属、白酒草属、野茼蒿属、菊芹属、千里光属、裸柱菊属、刺苞果属、银胶菊属、假苍耳属、黄顶菊属、万寿菊属、羽芒菊属、包果菊属、松香草属、百日菊属、秋英属、金腰箭属、肿柄菊属、蟛蜞菊属	金效华（中国科学院植物研究所）

狮齿菊属	赵　宏（山东大学海洋学院）
苹果蓟属、裸冠菊属	沈佳豪（中国科学院植物研究所）
苹果蓟属、裸冠菊属、胶菀属	高天刚（中国科学院植物研究所）
合冠鼠麹草属、滨菊属	周楷玲（中国科学院植物研究所）
紫茎泽兰属、豚草属	徐　晗（中国检验检疫科学研究院）
一枝黄花属、联毛紫菀属、秋英属	徐松芝（南通大学生命科学院）
牛膝菊属	杨　容（北京师范大学生命科学院）
金腰箭舅属、离药金腰箭属	杨胜任（屏东科技大学）
图片编辑	林秦文　赵　宏

摄影（以姓氏笔画为序）

于胜祥	马海英	王光忠	王瑞江
王樟华	叶建飞	朱仁斌	刘全儒
刘　冰	刘　军	齐淑艳	闫小玲
寿海洋	严　靖	李西贝阳	李宏庆
李剑武	李振宇	李惠茹	杨胜任
杨晓阳	吴保欢	汪　远	张幼法
张　军	张金龙	张　勇	陈志豪
陈炳华	陈　彬	林秦文	金效华
周海成	郑宝江	赵　宏	莫训强
高天刚	唐赛春	梁珆硕	葛斌杰
蒋　蕾	曾彦学	曾宪锋	

目　录

紫葳科 | Bignoniaceae

乔木、灌木或木质藤本，稀为草本；部分属具卷须及气生根。叶对生、互生或轮生，单叶或羽状复叶，稀为掌状复叶；顶生小叶或叶轴有时呈卷须状，卷须顶端有时变为钩状或为吸盘而攀援它物；无托叶或具叶状假托叶；叶柄基部或脉腋处常有腺体。花两性，左右对称，组成顶生、腋生的聚伞花序、圆锥花序或总状花序或总状式簇生，稀老茎生花；苞片及小苞片存在或早落。花萼钟状、筒状，平截，或具 2～5 齿，或具钻状腺齿。花冠合瓣，钟状或漏斗状，常二唇形，5 裂，裂片覆瓦状或镊合状排列。能育雄蕊通常 4 枚，具 1 枚后方退化雄蕊，有时能育雄蕊 2 枚，具或不具 3 枚退化雄蕊，稀 5 枚雄蕊均能育，着生于花冠筒上。花盘存在，环状，肉质。子房上位，2 室稀 1 室，或因隔膜发达而成 4 室；中轴胎座或侧膜胎座；胚珠多数，叠生；花柱丝状，柱头二唇形。蒴果，室间或室背开裂，形状各异，光滑或具刺，通常下垂，稀为肉质不开裂；隔膜各式，圆柱状或板状增厚，稀为十字形（横切面），与果瓣平行或垂直。种子通常具翅或两端有束毛，薄膜质，极多数，无胚乳。

《中国植物志》记载本科全世界约有 120 属 650 种，*Flora of* China 记载本科全世界有 116～120 属 650～750 种，广泛分布于热带、亚热带，少数种类延伸到温带。我国原产 12 属约 35 种，南北均产，但绝大部分集中于南方各省区；我国还从世界各地引进 41 属（含 1 杂交属）65 种 1 亚种 2 杂种。这些引进种中绝大部分为栽培种，其中仅 1 种猫爪藤［*Dolichandra unguis-cati* (Linnaeus) L. G. Lohmann］有入侵现象，为本卷收录对象。

参考文献

陶德定，尹文清，1990. 紫葳科［M］// 王文采 . 中国植物志：第 69 卷 . 北京：科学出版社：1-62.

Fischer E, Theisen I, Lohmann L G, 2004. "Bignoniaceae"[M]//Kubitzki K, Kadereit J W. The Families and Genera of Vascular Plants: vol.7. Springer-Verlag: Berlin; Heidelberg, Germany: 9–38.

Zhang Z Y, Thawatchai S, 1998. Bignoniaceae[M]//Wu Z Y, Raven P H. Flora of China: vol.18. Beijing: Science Press & St. Louis: Missouri Botanical Garden Press: 213–225.

鹰爪藤属 *Dolichandra* Chamisso

常绿藤本；卷须与叶对生，顶端2裂。叶对生；小叶1～3枚，具短柄，叶轴顶端有3枚锋利的爪状钩。花单生或组成短的圆锥花序。花萼钟状，近平截。花冠漏斗状，淡黄色，檐部裂片5枚，不等大，近圆形。雄蕊2枚，内藏，花药极叉开，丁字形着生，黑色。花柱外露，柱头扁平，2裂，子房四棱形，2室，胚珠多数。蒴果，线形，果瓣2，革质。种子多数，椭圆形，极薄，有膜质翅。

全世界约有8种，主产热带美洲。中国引入栽培并归化1种，即猫爪藤［*Dolichandra. unguis-cati* (Linnaeus) L. G. Lohmann］。该种在中国以往志书中一般放在猫爪藤属（*Macfadyena* A. Candolle）下面，但据COL、TPL等的最新分类观点，后者已经被处理为鹰爪藤属（*Dolichandra*）的异名。

猫爪藤 *Dolichandra unguis-cati* (Linnaeus) L. G. Lohmann, Nuevo Cat. Fl. Vasc. Venezuela 273. 2008. —— *Bignonia unguis-cati* Linnaeus, Sp. Pl. 2: 623. 1753. —— *Macfadyena unguis-cati* (Linnaeus) A.H. Gentry, Brittonia 25(3): 236. 1973.

【特征描述】 常绿攀援藤本。茎细长、平滑；卷须与叶对生，长1.5～2.5 cm，顶端分裂成3枚钩状卷须。叶对生，小叶2枚，稀1枚，长圆形，长3.5～4.5 cm，宽1.2～2 cm，顶端渐尖，基部钝。花单生或组成圆锥花序，花序轴长约6.5 cm，具花2～5朵，被疏柔毛；花梗长1.5～3 cm。花萼钟状，近于平截，长1.2～1.5 cm，直径约2 cm，薄膜质。花冠钟状至漏斗状，黄色，长5～7 cm，宽2.5～4 cm，檐部裂片5，近圆形，不等大。雄蕊4，两两成对，内藏。子房四棱形，2室，每室具多数胚珠。蒴果长条形，扁平，长达 28 cm，宽 0.8～1 cm；隔膜薄，海绵质。**物候期：**花期 4 月，果期 6 月。

【原产地及分布现状】 原产中美洲、南美洲和加勒比地区。**国内分布：**福建、广东（广州）、广西、湖北、江西（九江）、四川、台湾、云南、浙江栽培；在福建厦门成为入侵种。

【生境】 在原产地生于热带干旱森林中，分布在海拔 0～600 m、年降雨量 750～2 400 mm 的地区。在我国则多在亚热带地区生长。性喜温暖，较耐阴，生境多样，可在树林、荒坡等自然环境生长，也可在公园、庭园等人工环境生长。

【传入与扩散】 **文献记载：**猫爪藤于 1840 年福建厦门鼓浪屿成为英国租界后从海外引入作为观赏植物。1990 年出版的《中国植物志》第 69 卷中记载广东和福建有栽培，并在福建归化。目前报道该种造成危害的地区也主要集中在厦门鼓浪屿地区（李振宇、解焱，2002），其他地区大多处于栽培状态。**标本信息：**等模式（Isotype），F.W. Sieber 164（MO），采自法属马提尼克。在我国尽管该种很早就已经引种栽培，但早期标本采集很少，目前能查到的早期标本是 1974 年采集于厦门鼓浪屿的标本，李芳州等 s.n.（FJSI004392），2000 年以后才有较多的该种标本被采集。

【危害及防控】 **危害：**覆盖范围广，抑制林下其他植物萌发，绞杀被攀爬植物；对其攀爬的围墙造成严重破坏。**防控：**避免在天然林附近种植该种植物。在果实成熟前清除植株，以避免种子随机扩散。切断藤条，在基部切面涂抹草甘膦。

【凭证标本】 福建省漳州市东山县东山岛，海拔 51 m，24.442 6 N，118.102 6 E，2014 年 9 月 29 日，曾宪锋 RQHN06153（CSH）；江西省九江市，1990 年 5 月 18 日，曹子余 013（PE）。

【相似种】 本属植物我国仅引进 1 种，暂无其他相似种引入。

猫爪藤 [*Dolichandra unguis-cati* (Linnaeus) L. G. Lohmann]

1. 圆锥花序，花冠钟状至漏斗状；2. 生境；3. 植株形态；4. 钩状卷须与叶对生

参考文献

李振宇，解焱，2002. 中国外来入侵种 [M] . 北京：中国林业出版社 .

卢昌义，张明强，2003. 外来入侵植物猫抓藤概述 [J] . 杂草科学，4：46-48.

陶德定，尹文清，1990. 紫葳科 [M] // 王文采 . 中国植物志：第 69 卷 . 北京：科学出版社：1-62.

张明强，卢昌义，2004. 鼓浪屿入侵植物猫爪藤危害状况研究 [J] . 漳州师范学院学报 (自然科学版) (4)：92-97.

Gentry A H, 1973. Generic delimitations of central American Bignoniaceae[J]. Brittonia, 25(3): 226-242.

角胡麻科 | Martyniaceae

一年生或多年生草本，植株常被黏毛，具块根。叶互生或对生，单叶，无托叶。总状花序顶生，苞片早落。花两性，左右对称。萼片 5，分离或部分合生，有时为佛焰苞状。花冠筒近筒状、钟状或漏斗状，一边肿胀，檐部二唇形，裂片 5，覆瓦状排列。雄蕊 2 枚或 4 枚，着生于花冠基部，花药联合或成对靠合，药室个字形着生。花盘存在，环状。子房上位，凹入，1 室，侧膜胎座，假隔膜常存在，胚珠少数至多数。蒴果，具喙，外果皮肉质，内果皮木质，沿缝线上常具鳍状刺。种子黑色，具雕纹，内胚乳薄或缺，胚直，子叶大，肉质。

全世界有 5 属 13 种，原产于美洲热带及亚热带地区。中国引进栽培有 3 属 4 种，其中有 1 属 1 种在云南南部入侵。

该科此前在其他分类系统中有时被置于胡麻科（Pedaliaceae），但 APG Ⅳ系统显示该科与胡麻科亲缘关系并不密切，从而支持了该科的成立。

参考文献

陶德定，1990. 角胡麻科［M］// 王文采 . 中国植物志：第 69 卷 . 北京：科学出版社：67-68.

陶德定，1985. 两个角胡麻科的属在中国的分布［M］. 云南植物研究，7（3）：292.

Zhang Z Y, Heidrun E K H, 1998. *Martynia*[M]//Wu Z Y, Raven P H, Hong D Y. Flora of China: vol. 18. Beijing: Science Press & St. Louis: Missouri Botanical Garden Press: 449–461.

角胡麻属 *Martynia* Linnaeus

一年生或多年生草本，直立，全株被黏质柔毛。叶对生，阔卵形，具掌状脉。总状花序顶生或近于顶生，苞片早落，花萼基部具膜质小苞片2枚。萼片5，不等大。花冠钟状，基部紧缩，檐部裂片5，不等大，圆形。雄蕊2，退化雄蕊存在，花药极叉开，丁字形着生。子房1室，在下部成假四室融合。蒴果，外果皮薄，易脱落，内果皮木质，具纵棱纹，沿缝线开裂，顶端具2枚短钩状突起。

全世界仅1种，原产于墨西哥、中美洲和加勒比地区。在亚洲热带地区已成为归化种，尤其印度乡村地区极为常见，中国云南南部也有归化逸生。

角胡麻 ***Martynia annua*** Linnaeus, Sp. Pl. 2: 618. 1753.

【特征描述】 直立草本。茎圆柱形，高30 cm至1 m，基部常木质化，直径可达2 cm。叶对生，阔卵形至三角状卵形，长9～22 cm，宽9～20 cm，顶端急尖，基部心形，边缘有浅波状齿；叶柄长6～18 cm。短总状花序顶生，具花10～20朵；花序轴长4～10 cm，苞片淡红色，膜质，长1.2～2.5 cm，宽0.7～1.3 cm，阔卵形；小苞片2，卵状长圆形，长0.6～1.5 cm，宽0.4～1 cm。萼片5，淡黄绿色，上面3枚卵状长圆形，长9～13 mm，宽4～7 mm，下面2枚阔卵形，长10～13 mm，宽4～7 mm。花冠深红色，长3～4 cm，内面白色至粉红色，并有淡紫红斑点，檐部裂片5枚，不等大，半圆形，外面有紫色条纹，内面有黄色斑及紫色斑。花丝白色，无毛，长10～15 mm。果卵球形，背腹压扁，长3.5～4 cm，宽2～2.5 cm，厚0.5～1.5 cm，顶端有2枚长约5 mm的钩状突起；外果皮绿色，密生腺毛，沿缝线有短毛刺，内果皮骨质，坚硬，具雕纹。**物候期**：花期长，在热带几全年可开花。**染色体**：$2n$=32，36。

【原产地及分布现状】 原产于墨西哥、中美洲和加勒比地区。在斯里兰卡、巴基斯坦、印度、尼泊尔、缅甸、越南、老挝、柬埔寨等亚洲热带地区均有逸生。**国内分布**：云南（瑞丽、孟连、勐腊、盈江）有归化逸生，福建、江苏等省区也曾有引种栽培。

【生境】 生于荒坡丛林边、路旁地角，海拔 500～1 500 m。

【传入与扩散】 **文献记载：**角胡麻一名始见于崔友文《华北经济植物志要》（1953）用于 *Proboscidea louisiana* (Miller) Wooton & Standley［即 *Probosidea louisiana* (Miller) Thellung］。陕西西北农学院见栽培观赏。陶德定（1985）则将角胡麻用于 *Mastynia annua*。**标本信息：**模式标本：瑞典 Uppsala 栽培，引自墨西哥，Herb. Linn. 769.2（LINN）。早年可能引种于印度，1950 年有采集自印度的标本 R.N. Chopra 38（PE01300191），此后 1960 年缅甸也采集到标本简焯坡 96（PE01300193），中国国内能查到的最早采集标本是 1973 年采集于云南的孟连调查队 10188（HITBC045401、HITBC045403、HITBC045404）。**传入方式：**该种主要通过人工引种。**传播途径：**随交通工具等传播或自我传播。

【危害及防控】 **危害：**无显著危害。**防控：**谨慎引种。逸生种群人工拔除。

【凭证标本】 云南省瑞丽市弄岛，杨曾宏 6938（HITBC045400）；孟连县，孟连调查队 10188（HITBC045401、HITBC045403、HITBC045404）；勐腊县勐仑植物园，裴盛基 9031（HITBC045402）。

角胡麻（*Martynia annua* Linnaeus）
1. 生境；2. 花正面；3. 总状花序；4. 蒴果

车前科 | Plantaginaceae

草本，稀为小灌木。单叶螺旋状互生，通常排成莲座状，稀对生或轮生，全缘或具齿，稀羽状或掌状分裂，弧形脉 3～11 条，少数仅有 1 中脉；叶柄基部常扩大成鞘状；无托叶。穗状花序圆柱状至头状，稀为总状花序或单花；花序梗通常细长，出自叶腋；花小，花萼 4 裂，宿存；花冠干膜质，白色、淡黄色或淡褐色，高脚碟状或筒状，筒部合生，檐部 3～4 裂，雄蕊 4，稀 1 或 2，与裂片互生，花药背着，2 室；雌蕊具 2 个合生心皮，子房上位，2 室中轴胎座，稀为 1 室基底胎座，胚珠 1 至多数；花柱 1，丝状，被毛。果通常为周裂的蒴果，果皮膜质，无毛，内含种子，稀为含 1 种子的骨质坚果。种子盾状着生，卵形、椭圆形、长圆形或纺锤形，有时腹面内凹成船形，无毛，胚直伸，稀弯曲，肉质胚乳位于中央。

全世界有 2 属 210 多种（按恩格勒系统，仅包含车前属和欧洲至中亚分布的海车前属，新的 APG 系统将玄参科的大量类群转入该科，目前车前科增至 102 属约 1 760 种）。中国原产 1 属 18 种 5 亚种，引进 1 属 4 种，其中外来入侵 2 种，栽培后局部归化 1 属 2 种。

参考文献

李振宇，解焱，2002. 中国外来入侵种［M］. 北京：中国林业出版社：152.

马金双，李惠茹，2018. 中国外来入侵植物名录［M］. 北京：高等教育出版社：230.

万方浩，刘全儒，谢明，2012. 生物入侵：中国外来入侵植物图鉴［M］. 北京：科学出版社：246-249.

徐海根，强胜，2011. 中国外来入侵生物［M］. 北京：科学出版社：249-251.

车前属 *Plantago* Linnaeus

草本，稀为小灌木。根为直根系或须根系。叶螺旋状互生，紧缩成莲座状，或在茎上互生、对生或轮生，叶片宽卵形、椭圆形、长圆形、披针形、线形至钻形，全缘或具齿，稀羽状或掌状分裂。苞片及萼片中脉常具龙骨状突起或加厚，两侧片通常干膜质；花两性，稀杂性或单性；花冠高脚碟状或筒状，至果期宿存，冠筒初为筒状，后随果的增大而呈壶状，包裹蒴果；檐部4裂，直立、开展或反折；雄蕊4，着生于冠筒内面，外伸，稀内藏，花药卵形、近圆形、椭圆形或长圆形，先端骤缩成三角形小突起；中轴胎座常具多数胚珠。蒴果椭圆球形、圆锥状卵形至近球形，果皮膜质，周裂。种子通常多数，种皮遇水产生黏液，种脐生于腹面中部或稍偏向一侧；胚直伸，两子叶背腹向（与种脐一侧相平行）或左右向（与种脐一侧相垂直）排列。

全世界约200种，广布温带及热带地区，向北达北极圈附近。中国原产18种5亚种，外来引进4种，其中2种为外来入侵杂草，另外两种为引种栽培和局部归化植物，即对叶车前（*Plantago indica* Linnaeus— *P. arenaria* Waldstein & Kitaibel）和圆苞车前（*Plantago ovata* Forsskal）（李振宇 等，2002；Li et al., 2011）。此外，长叶车前（*Plantago lanceolata* Linnaeus）在中国的分布状态较为复杂，该种原产自欧洲经西亚和中亚直到我国新疆，形态上也从西向东植株颜色自深绿色渐变为灰绿色，我国新疆产的长叶车前植株颜色偏灰绿色，属于中亚类型，因而是原产的，而其他多数省市（甘肃、河南、江苏、江西、辽宁、山东、台湾、云南和浙江）产的长叶车前与新疆的不同，植株颜色偏深绿色，属于欧洲类型，应当是引种和归化而来的。本属植物以风媒为主，或兼有风媒与虫媒。北美车前（*Plantago virginica* Linnaeus）还出现闭花受粉（李振宇，2002）。该属植物的种皮含车前子胶，属多糖类化合物，遇水产生大量黏液。全草含桃叶珊瑚苷、车前苷和生物碱（郑太坤 等，1993）。

参考文献

李振宇，2002. 车前科［M］// 胡嘉琪 . 中国植物志：第 70 卷 . 北京：科学出版社：318-345.

郑太坤，田中俊弘，康廷国，1993. 中国车前研究［M］. 沈阳：辽宁科学技术出版社：1－170.

Li Z Y, Wei L, Hoggard R K, 2011. Plantaginaceae[M]//Wu Z Y, Raven P H, Hong D Y. Flora of China: vol. 19. Beijing: Science Press and St Louis: Missouri Botanical Garden Press: 495－503.

分种检索表

1 苞片先端具芒状长尖，长为花的2倍以上；种子长（1.9～）2.3～2.7 mm，子叶左右向排列
………………………………………………………………1. 芒苞车前 *Plantago aristata* Michaux

1 苞片先端无芒状长尖，长约为花的一半；种子长（1～）1.4～1.8 mm，子叶背腹向排列…
…………………………………………………………… 2. 北美车前 *Plantago virginica* Linnaeus

1. **芒苞车前** ***Plantago aristata*** Michaux, Fl. Bor.-Amer. 1: 95. 1803. —— *Plantago aristata* Michaux var. *minuta* T.K. Zheng & X.S. Wan in Bull. Bot. Res. Harbin 12(4): 373. 1992.

【别名】 **具芒车前、线叶车前、小芒苞车前**

【特征描述】 一年生或二年生草本，全株干时常变黑。直根细长，具少数极细的侧根。根茎细，长1～4 cm，不分枝或分枝。叶基生呈莲座状，直立或斜展，坚挺，密被开展的淡褐色长柔毛，毛长达6 mm，老叶可变无毛；叶片坚纸质，披针形至线形，长4～20 cm，宽（0.2～）1～9 mm，先端长渐尖，边缘全缘，基部渐狭并下延，脉3条；无明显的叶柄，基部扩大成鞘状，鞘长（0.5～）1～1.5 cm，边缘白色，膜质。花序1～15（～30）；花序梗长10～20 cm，直立或上升，无纵沟槽，密被向上伏生的柔毛；穗状花序狭圆柱状，长（0.5～）3～10 cm，紧密；苞片狭卵形，常短于花萼，但先端极延长，形成线形或钻状披针形的芒尖，长0.3～4 cm，坚挺，直立或开展，密被开展的淡褐色长柔毛。花萼长2～3 mm，萼片先端及龙骨突背面密被柔毛，前对萼片狭倒卵形，龙骨突宽厚，不达顶端，明显宽于侧片，后对萼片卵形，龙骨突狭，延至顶端，明

显狭于侧片；花冠淡黄白色，无毛，冠筒约与萼片等长，裂片宽卵形，长 2～2.5 mm，基部近耳状，于花后反折。花药卵形，长约 0.4 mm，先端具极小的三角形尖头，黄白色，与花柱内藏或稍出露。胚珠 2。蒴果椭圆球形至卵球形，长 2.5～3 mm，于中部下方周裂。种子 2，椭圆形或长卵形，长（1.9～）2.3～2.7 mm，深黄色至深褐色，腹面内凹成船形；子叶左右向排列。**物候期**：花期 5—6 月，果期 6—7 月。**染色体**：$2n$=20。

【原产地及分布现状】 原产北美洲，在欧洲、南非、夏威夷、日本、韩国等地归化。**国内分布**：山东（青岛）、江苏（东海、宿迁）。

【生境】 生于海滨、沙滩、平原草地、丘陵及山谷路旁，海拔 3～20 m。

【传入与扩散】 **文献记载**：芒苞车前一名出自郑太坤等（1993）《中国车前研究》一书。**标本信息**：模式标本为 Thomas Nuttall, #s.n.，[holotype，存放大英博物馆（BM）；等模式（isotype）：存于巴黎自然博物馆（P）]。最早于 1925 年在山东省青岛采到标本。焦启源于 1929 年 7 月 12 日在山东省青岛崂山采到标本。**传入方式**：通过港口货物或旅客国际交往无意带入。**传播途径**：随人类活动或交通工具传播。**繁殖方式**：种子繁殖。**入侵特点**：种皮遇水产生黏液，易附着于人、动物、交通工具或货物包装上而被传播。**可能扩散的区域**：主要为温带和亚热带地区。

【危害及防控】 **危害**：对其他植物有化感作用。**防控**：加强检疫，在结果前清除；该种发现有线虫寄生（Hirschmann, 1977）。

【凭证标本】 山东省青岛崂山，石山坡，1929 年 7 月 12 日，焦启源 2836（PE）；崂山流清河，1959 年 6 月 15 日，周太炎等 1688（PE）；江苏省东海县中药学校附近，1979 年 7 月，许来武，无号（N）。

1

2

3

芒苞车前
（*Plantago aristata* Michaux）
1. 生境；
2. 植株形态；
3. 穗状花序

参考文献

寿海洋，闫小玲，叶康，等，2014. 江苏省外来入侵植物的初步研究［J］. 植物分类与资源学报，36（6）：793-807.

郑太坤，万绪山，田中俊弘，1992. 车前属一新变种［J］. 植物研究，12（4）：373-375.

Hirschmann H, 1977. *Anguina plantaginis* n. sp. Parasitic on *Plantago aristata* with a description of its developmental stages[J]. Journal of Nematology, 9(3): 229–242.

2. **北美车前** ***Plantago virginica*** Linnaeus, Sp. Pl. 1: 113. 1753.

【别名】**毛车前**

【特征描述】一年生或二年生草本。直根纤细，有细侧根。根茎短。叶基生呈莲座状，平卧至直立；叶片倒披针形至倒卵状披针形，长（2～）3～18 cm，宽 0.5～4 cm，先端急尖或近圆形，边缘波状；疏生齿或近全缘，基部狭楔形，下延至叶柄，两面及叶柄散生白色柔毛，脉（3～）5 条；叶柄长 0.5～5 cm，具翅或无翅，基部鞘状。花序 1 至多数；花序梗直立或弓曲上升，长 4～20 cm，较纤细，有纵条纹，密被开展的白色柔毛，中空、穗状花序细圆柱状，长（1～）3～18 cm，下部常间断；苞片披针形或狭椭圆形，长 2～2.5 mm，龙骨突宽厚，宽于侧片，背面及边缘有白色疏柔毛。萼片与苞片等长或略短，前对萼片倒卵圆形，龙骨突较宽，不达顶端，先端钝，两侧片不等宽，先端及背面有白色短柔毛，后对萼片宽卵形，龙骨突较狭，伸出顶端，两侧片较宽，龙骨突及边缘疏生白色短柔毛。花冠淡黄色，无毛，冠筒等长或略长于萼片；花两型，能育花的花冠裂片卵状披针形，长 1.5～2.5 mm，直立，雄蕊着生于冠筒内面顶端，被直立的花冠裂片所覆盖，花药狭卵形，长仅 0.25～0.3 mm，淡黄色，干后黄色，具狭三角形小尖头，花柱内藏或略外伸，以闭花授粉为主、风媒花通常不育，花冠裂片与能育花同形，但开展并于花后反折，雄蕊与花柱明显外伸，花药宽椭圆形，长 1～1.1 mm，淡黄色，干后黄褐色，具三角形小尖头。胚珠 2。蒴果卵球形，长 2～3 mm，于基部上方周裂。种子 2，卵形或长卵形，长（1～）1.4～1.8 mm，腹面凹陷呈船形，黄褐色至红褐色，有光泽；子叶背腹向排列。**物候期**：花期 4—5 月，果期 5—7 月。**染色体**：2*n*=12，24。

【原产地及分布现状】 原产于北美洲，在中美洲、南美洲、欧洲、南非、日本及中国归化。**国内分布**：安徽、重庆、福建、广东、广西、贵州、河南（信阳）、湖北、湖南、江苏、江西、四川、上海、台湾、云南、浙江。

【生境】 生于低海拔草地、路边、湖畔、山坡、疏林下、果园、菜地。

【传入与扩散】 **文献记载**：北美车前一名始见于 1988 年《中国植物学会 55 周年论文摘要汇编》。**标本信息**：模式标本，后选模式：Herb. Linn. No.144.8（LINN），由 Glen 于 Bothalia 28: 154. 1998 选定。1934 年在四川采到标本。1951 年在江西南昌莲塘区采到标本。**传入方式**：无意引进，随航空运输货物或游客等分别传入华东地区和台湾。**传播途径**：其种子遇水产生黏液，借助人、动物及交通工具传播。

【危害及防控】 **危害**：种子多，繁殖能力极强，蔓延迅速，对其他植物有明显的化感作用（Wang et al., 2015），常入侵和危害草坪，为果园、旱田及草坪杂草。**防控**：加强检疫。

【凭证标本】 安徽省亳州利辛县利辛阜阳城区交界处印象江南，海拔 34.8 m，33.098 0 N，115.891 4 E，2015 年 5 月 6 日，严靖、李惠茹、王樟华、闫小玲，RQHD01798（CSH）；浙江杭州市滨江区浙江大学之江校区，海拔 45.3 m，29.422 7 N，119.257 7 E，2015 年 4 月 11 日，严靖、李惠茹、王樟华、闫小玲，RQHD01654（CSH）；江苏省盐城市东台市通海大道，海拔 12.08 m，32.759 9 N，120.900 9 E，2015 年 5 月 25 日，严靖、李惠茹、王樟华、闫小玲，RQHD02012（CSH）。

【相似种】 国产种平车前（*Plantago depressa* Willdenow）植物外形近似北美车前，但叶脉 5～7 条，叶和花序梗疏生白色短柔毛，苞片和花萼无毛，花冠白色，种子 4～5，椭圆形，腹面平坦，黄褐色至黑褐色。

北美车前（*Plantago virginica* Linnaeus）

1. 生境；2. 基生叶莲座状；3. 穗状花序

参考文献

郭水良，方芳，黄华，等，2004. 外来入侵植物北美车前繁殖及光合生理生态学研究［J］. 植物生态学报，28（6）: 787-793.

郭水良，盛海燕，2002. 北美车前（*Plantago virginica*）种群密度制约的统计分析［J］. 植物研究，22（2）: 236-240.

李振宇，张永田，依布拉音·艾尔西丁，2002. 中国车前属植物一新记录［J］. 植物分类学报，40（5）: 470-472.

张东旭，刘丽敏，郭水良，2010. 北美车前种内遗传多样性分析［J］. 杂草科学（2）: 14-17.

Wang H T, Zhou Y M, Chen Y, et al., 2015, Allelopathic potential of invasive *Plantago virginica* on four lawn species[J]. PLoS One, 10(4): e0125433.

桔梗科 | Campanulaceae

一年生草本或多年生草本，具根状茎，或具茎基，有时基茎具横走分枝，有时植株具地下块根。稀少为灌木，小乔木或草质藤本。大多数种类具乳汁管，分泌乳汁。叶为单叶，互生，少对生或轮生。花常常集成聚伞花序，有时聚伞花序演变为假总状花序，或集成圆锥花序，或缩成头状花序，有时花单生。花两性，稀少单性或雌雄异株，大多5数，辐射对称或两侧对称。花萼5裂，筒部与子房贴生，有的贴生至子房顶端，有的仅贴生于子房下部，也有花萼无筒，5全裂，完全不与子房贴生，裂片大多离生，常宿存，镊合状排列。花冠为合瓣的，浅裂或深裂至基部而成为5个花瓣状的裂片，整齐，或后方纵缝开裂至基部，其余部分浅裂，使花冠为两侧对称，裂片在花蕾中镊合状排列极少覆瓦状排列，雄蕊5枚，通常与花冠分离，或贴生于花冠筒下部，彼此间完全分离，或借助于花丝基部的长绒毛而在下部黏合成筒，或花药联合而花丝分离，或完全联合、花丝基部常扩大成片状，无毛或边缘密生绒毛，花药内向，极少侧向，在两侧对称的花中，花药常不等大，常有两个或更多个花药有顶生刚毛，别处有或无毛。花盘有或无，如有则为上位，分离或为筒状（或环状）。子房下位，或半上位，少完全上位的，2～5（6）室；花柱单一，常在柱头下有毛，柱头2～5（6）裂，胚珠多数，大多着生于中轴胎座上。果通常为蒴果，或为不规则撕裂的干果，少为浆果。种子多数，有或无棱，胚直，具胚乳。

《中国植物志》记载本科全世界有60～70属约2 000种，*Flora of China* 记载本科全世界约有86属超过2 300种。世界广布，但主产地为温带和亚热带地区。中国原产14属约174种26亚种，外来引进栽培12属52种1亚种1变种。外来归化逸生植物有2属2种1亚种，分别为异檐花属（*Triodanis*）1种1亚种和马醉草属（*Hippobroma*）1种。

参考文献

马金双，李惠茹，2018. 中国外来入侵植物名录 [M] . 北京：高等教育出版社：231.

徐海根，强胜，2011. 中国外来入侵生物 [M] . 北京：科学出版社：258-259.

Hong D Y, Ge S, Lammers T S, et al., 2011. Campanulaceae[M] //Wu Z Y, Raven P H, Hong D Y. Flora of China: vol. 19. Beijing: Science Press & St. Louis: Missouri Botanical Garden Press: 505–563.

分属检索表

1 花冠辐射对称；雄蕊离生；子房 3 室 ························ 1. 异檐花属 *Triodanis* Rafinesque

1 花冠两侧对称；雄蕊合生；子房 2 室 ························ 2. 马醉草属 *Hippobroma* G. Don

1. 异檐花属 *Triodanis* Rafinesque

一年生草本植物，根纤维状。茎直立或上升，不分枝或下部分枝。叶互生，无梗，卵形、椭圆形、披针形、或线形，全缘或具齿。花腋生，1～3（～8）朵组成聚伞花序，无梗或近无柄、在下部腋生的闭花授粉、在中部到上部腋生的正常授粉。花萼 3 或 4（～6）裂，裂片短于闭花授粉花，正常花 5～6 裂。花冠蓝紫色或浅紫色，很少白色，轮生；裂片披针形，先端锐尖或渐尖。雄蕊 5～6，离生；花丝在基部膨大；花药伸长，长于花丝。子房下位，（2 或）3 室、胚珠多数。蒴果近圆筒状或棍棒状，种子多数，球形到宽椭圆形，稍压扁。

本属有 6 种，全部产美洲地区。中国归化逸生 1 种 1 亚种。

分种检索表

1 叶片边缘具明显圆齿或锯齿，半抱茎 ······ 1. 异檐花 *Triodanis perfoliata* (Linnaeus) Nieuwland

1 叶片全缘或具不明显的锯齿，不抱茎 ···

························ 2. 卵叶异檐花 *Triodanis perfoliata* subsp. *biflora* (Ruiz & Pavón) Lammers

1. **异檐花** ***Triodanis perfoliata*** (Linnaeus) Nieuwland, Amer. Midl. Naturalist 3(7): 192. 1914. —— *Campanula perfoliata* Linnaeus, Sp. Pl. 1: 169. 1753.

【别名】 **穿叶异檐花**

【特征描述】 茎直立或上升，高 15～60 cm，具棱，无毛或棱上具毛。叶片卵形，近圆形或椭圆形，有时顶端披针形，长 0.6～2 cm，无毛或叶脉及边缘具硬毛，基部钝的狭心形、宽楔形或圆形，边缘锯齿状或齿状，先端圆形，钝或锐尖，有时渐尖。花 1～3 朵生于叶腋，无梗；萼筒钟状，椭圆形或倒圆形；顶部花的萼裂片 5，少 4，较硬，三角形至披针形；下部花较小，萼裂片 3～4，狭三角形、三角形或披针形。花冠蓝紫色或玫瑰紫色，少白色，辐射状，长 0.8～1 cm；基部花较少发育。蒴果长圆形，长 0.4～1 cm，侧向开裂、种子浅棕色至棕色，光滑。**物候期**：花果期 4—7 月。**染色体**：$2n$=28，56（Bradley, 1975）。

【原产地及分布现状】 原产于南北美洲。**国内分布**：安徽、福建（崇安、建宁）、湖北（麻城）、台湾、浙江（临海）、江西（鹰潭、上饶）。

【生境】 生长在路旁、溪滩边、草坪和混凝土裂缝中。

【传入与扩散】 **文献记载**：异檐花一名始见于陈令静等（1992）的报道。**标本信息**：后选模式（Lectotype）Anon. s.n.，221.73 存放于林奈植物标本馆（LINN）。**传入方式**：无意引进，随轮船运输输入沿海或沿江地区。自我扩散。

【危害及防控】 **危害**：繁殖能力强，破坏当地生态环境。**防控**：加强检疫，防止侵入；对已侵入植株进行人工防除。

【凭证标本】 江西省鹰潭市鹰潭学院西门，海拔 49.8 m，28.218 9 N，117.046 3 E，

2016 年 5 月 24 日，严靖、王樟华 RQHD03441（CSH）；RQHD03453（CSH）。江西省上饶市余干县，海拔 22.4 m，28.714 3 N，116.674 0 E，2016 年 5 月 27 日，严靖、王樟华 RQHD03468（CSH）。安徽省黄山市黄山区凤凰湖公园，海拔 174.56 m，2015 年 5 月 12 日，李惠茹、王樟华、闫小玲、严靖 RQHD01944（CSH）。

【相似种】 本种与亚种卵叶异檐花 *Triodanis perfoliata* subsp. *biflora* (Ruiz & Pavón) Lammers 相近，但前者叶基抱茎，具完全花和闭鞘花两型花而易于区别。

异檐花［*Triodanis perfoliata* (Linnaeus) Nieuwland］

1. 生境；2. 花；3. 植株形态；4. 花枝；5. 叶半抱茎及蒴果；6. 叶及宿萼

参考文献

陈令静，李振宇，洪德元，1992. 中国桔梗科一新记录属——异檐花属［J］. 植物分类学报，30（5）: 473-475.

赖秀雅，吴庆玲，李想，等，2008. 浙江归化植物新资料［J］. 植物资源与环境学报，29（5）: 13-16.

王明辉，李世升，项俊，2014. 湖北省桔梗科两个新纪录种——卵叶异檐花和穿叶异檐花［J］. 湖北林业科技，43（6）: 33-34.

严靖，王樟华，闫小玲，等，2017. 江西省 8 种外来植物分布新记录［J］. 植物资源与环境学报，26（3）: 118-120.

Bradley T R, 1975. Hybridization between *Triodanis perfoliata* and *Triodanis biflora* (Campanulaceae)[J]. Brittonia, 27(2): 110–114.

Hong D Y, Thomas G L, 2011. *Triodanis*[M]//Wu Z Y, Raven P H, Hong D Y. Flora of China: vol. 19. Beijing: Science Press & St. Louis: Missouri Botanical Garden Press: 552–553.

2. **卵叶异檐花 *Triodanis perfoliata*** subsp. ***biflora*** (Ruiz & Pavón) Lammers in Novon 16(1): 72. 2006. —— *Campanula biflora* Ruiz & Pavón, Fl. Peruv. 2: 55, pl. 200, f. b. 1799.

【别名】 **异檐花**

【特征描述】 植株无毛或仅棱上具毛。茎细长，多柔弱，高 15～60 cm。叶片卵形至卵状椭圆形或倒卵状披针形，长 0.6～2 cm，全缘或具不明显的锯齿，锯齿具短而宽的齿；基部常圆形，不抱茎。早开花有 3～4 个卵形至披针形萼裂片；顶部花具 4～5 个较长的披针形萼裂片。蒴果长圆柱形，长 0.6～1 cm，从萼裂片附近开裂。**物候期：** 花果期 4—7 月。**染色体：** $2n$=28，56。

【原产地及分布现状】 原产于南北美洲。**国内分布：** 安徽、福建、台湾、浙江、江西、河南、湖南。

【生境】 生长在荒地、田角、溪边、草坪和混凝土裂缝中。

【传入与扩散】 **文献记载：** 卵叶异檐花一名见于陈令静等（1992）的报道。**标本信息：** 模式标本 L. H. Ruiz s.n. [1777] 存放在 Martin-Luther-Universität 标本馆（HAL, HAL0113527）。**传入方式：** 无意引进，随轮船运输输入沿海或沿江地区。**繁殖方式：** 种子自我扩散，逸为野生。

【危害及防控】 **危害：** 繁殖能力强，破坏当地生态环境。**防控：** 人工防除。

【凭证标本】 江西省上饶市信州区上饶师范大学，海拔 63.9 m，28.419 6 N，117.962 6 E，2016 年 4 月 18 日，严靖、王樟华 RQHD03316（CSH）；景德镇市浮梁县生态公园，海拔 43.6 m，29.357 8 N，117.205 5 E，2016 年 4 月 24 日，严靖、王樟华 RQHD03336（CSH）；鹰潭市鹰潭学院西门村，海拔 57.5 m，28.218 5 N，117.046 7 E，2016 年 5 月 24 日，严靖、王樟华 RQHD03442（CSH）。安徽省安庆市怀宁县江口毕家口，海拔 53.8 m，30.566 7 N，116.731 6 E，2015 年 5 月 11 日，严靖、李惠茹 RQHD01922（CSH）；黄山市黄山区凤凰湖公园，海拔 174.6 m，30.298 0 N，118.120 3 E，2015 年 5 月 12 日，严靖、李惠茹 RQHD01922（CSH）；浙江省金华市婺城区南路，海拔 32.7 m，29.111 9 N，119.389 0 E，2015 年 4 月 10 日，严靖、闫小玲 RQHD01640（CSH）。河南省新县卧佛山庄，2015 年 6 月 5 日，李家美等 15060553（CSH）；河南省新县卧佛山庄，2015 年 6 月 4 日，李家美等 15060511（CSH）；光山县王母观，2015 年 6 月 4 日，李家美等 15060453（CSH）。

【相似种】 本亚种与异檐花 *Triodanis perfoliata* (Linnaeus) Nieuwland 的原亚种区别于前者叶基部不抱茎，叶片边缘不具明显圆齿或锯齿，花分为不具完全花和闭锁花两型花。

卵叶异檐花 [*Triodanis perfoliata* subsp. *biflora* (Ruiz & Pavón) Lammers]

1. 生境；2. 植株形态；3. 花；4. 叶互生；5. 叶片；6. 果序；7. 蒴果；8. 蒴果纵剖，示褐色种子

参考文献

陈令静，李振宇，洪德元，1992. 中国桔梗科一新记录属——异檐花属 [J] . 植物分类学报，30 (5): 473-475.

刘瑶，王帅，2017. 河南桔梗科一新记录种——卵叶异檐花 [J] . 河南农业大学学报，51 (6): 852-854.

钱萍，邓绍勇，季春峰，2014. 江西桔梗科一新记录种——卵叶异檐花 [J] . 江西科学，29 (3): 341-342.

王明辉，李世升，项俊，2014. 湖北省桔梗科两个新纪录种——卵叶异檐花和穿叶异檐花 [J] . 湖北林业科技，43 (6): 33-34.

张芬耀，陈征海，谢文远，等，2010. 浙江植物新资料［J］. 西北植物学报，30（11）: 2340-2342.

Hong D Y, Thomas G L, 2011. *Triodanis*[M]//Wu Z Y, Raven P H, Hong D Y. Flora of China: vol.19. Beijing: Science Press & St. Louis: Missouri Botanical Garden Press: 552–553.

2. 马醉草属 *Hippobroma* G. Don

多年生草本，根粗、厚，簇生。叶互生，边缘具齿或具锯齿，有时波状，齿具尖。花大，芳香，单生叶腋生，花梗基部具 2 丝状小苞片。花冠白色，高脚碟状，筒部细长，裂片 5，开展，花丝筒贴生于花冠，所有花药具顶毛的硬毛，花药筒几乎不外露。蒴果，2 室，顶部开裂。

全属仅 1 种，原产牙买加，广泛入侵热带地区，包括中国。

参考文献

Kao M T, De-Vol C E, 1978. Campanulaceae[M]//Li H L. Flora of Taiwan: vol. 4. Taipei: Editorial Committee of the *Flora of Taiwan*: 737–764.

Lammers T G, 1998. Campanulaceae[M]//Huang T C. Flora of Taiwan: vol. 4. Taipei: Editorial Committee of the *Flora of Taiwan*: 775–800.

马醉草 *Hippobroma longiflora* (Linnaeus) G. Don, Gen. Hist. 3: 717. 1834. —— *Lobelia longiflora* Linnaeus, Sp. Pl. 2: 930. 1753.

【别名】 **许氏草、长星花**

【特征描述】 多年生草本。茎直立，高 9～35 cm，无毛或向顶端渐被毛，不分枝或自基部分枝。叶无柄或具短柄；叶片倒披针形或椭圆形，长 7～16 cm，宽 1～3.7 cm，无毛或被稀绒毛，基部渐狭，先端锐尖至渐尖，具羽状脉。花梗长 0.3～1 cm，密被柔毛；花萼筒钟状、倒圆锥状或椭球状，长 6～9 mm，密被柔毛，裂片线形，长 0.8～1.9 cm，边缘具细齿；花冠白色，筒部长 6.5～10 cm，被绒毛，檐部 5 深裂，裂片椭圆形或狭椭圆形，开展，长 1.8～2.5 cm；花药管长约 0.7 cm。蒴果倒圆锥状、钟状、宽椭球状或倒卵球状，长 1.1～1.5 cm，直径 0.8～1.2 cm，密被绒毛。种子浅褐色至红褐色，宽椭球形、圆柱形或稍扁，长约 0.7 mm，具网纹。**物候期**：花期 5—8 月。**染色体**：$2n=28$。

【原产地及分布现状】 原产于牙买加，归化于热带和亚热带地区。**国内分布**：广东（汕尾、广州）、香港、台湾（高雄）。

【生境】 生于低海拔的村旁、路边、荒地和林下。

【传入与扩散】 **文献记载**：高木村和 DeVol 称许氏草（Kao & DeVol, 1978）。Lammers 称马醉草。**标本信息**：后选模式（Lectotype）：[icon] “Rapunculus aquaticus folijs，flore albo，tubule longissimo” in Sloane, Voy. Jamaica 1: t. 101, f. 2. 1707 中的图。蒋英于 1929 年 8 月 14 日采于香港。**传入方式**：我国南方植物园引种栽培。作为园林观赏引入。**繁殖方式**：随种子飘落而逸为野生。

【危害及防控】 **危害**：马醉草全草含有毒生物碱，口服可产生呕吐、肌肉麻痹和颤抖等症状；其汁液具刺激性，可通过皮肤少量吸收，汁液进入眼睛能导致失明。**防控**：对逃逸植物在开花结果前及时清除。

【凭证标本】 广东省汕尾市政小岛，1990 年 8 月 19 日，陈炳辉 598（IBSC）；广东省广州华南植物园，1981 年 9 月 4 日，叶华谷 478A（IBSC）；香港植物园，1932 年 8 月 15 日，陈焕镛 8314（IBSC）；广东省广州市郊区华南植物园，1982 年 7 月 2 日，梁其荣 203（IBSC）；香港，1930 年 5 月 24 日，左景烈 21764（IBSC）；香港，1929 年 8 月 14 日，蒋英 3020（IBSC）；香港，1929 年 8 月 15 日，黄荣昆 3033（IBSC）；香港，1935 年 12 月 21 日，李耀 11129（IBSC）；香港，1929 年 9 月 11 日，陈焕镛 7478（IBSC）；香港山谷中，1933 年 5 月 26 日，陈焕镛 8610（IBSC）；香港劳多来路，1930 年 9 月 9 日，左景烈 22584（IBSC）；广东省广州市河南康乐中山大学育蚕室，1952 年 11 月 19 日，陈少卿 8056（IBSC）；广东省广州市郊区华南植物园，1963 年 10 月 14 日，邓良 10313（IBSC）；香港，1973 年 9 月 25 日，Kit Yock Chan 1211（IBSC）。

马醉草［*Hippobroma longiflora* (Linnaeus) G. Don］

1. 生境；2. 叶具齿；3. 花枝；4. 花正面

参考文献

朱慧，2012. 粤东地区入侵植物的克隆性与入侵性研究［J］. 中国农学通报，28（15）: 199-206.

菊科 | Asteraceae

草本、亚灌木或灌木，稀为乔木。有时有乳汁管或树脂道。叶通常互生，稀对生或轮生，全缘或具齿或分裂，无托叶，或有时叶柄基部扩大成托叶状。花两性或单性，极少有单性异株，整齐或左右对称，五基数，少数或多数密集成头状花序或为短穗状花序，为1层或多层总苞片组成的总苞所围绕；头状花序单生或数个至多数排列成总状、聚伞状、伞房状或圆锥状；花序托平或凸起，具窝孔或无窝孔，无毛或有毛；具苞片或无；萼片不发育，通常形成鳞片状、刚毛状或毛状的冠毛；花冠常辐射对称，管状，或左右对称，二唇形，或舌状，头状花序盘状或辐射状，有同形的小花，全部为管状花或舌状花，或有异形小花，即外围为雌花，舌状，中央为两性的管状花；雄蕊4～5个，着生于花冠管上，花药内向，合生成筒状，基部钝，锐尖，戟形或具尾；花柱上端两裂，花柱分枝上端有附器或无附器；子房下位，合生心皮2枚，1室，具1个直立的胚珠。果为不开裂的瘦果。种子无胚乳，具2个，稀1个子叶。

菊科（Asteraceae）属种较多，从国外引入的外来种达197属577种[①]，其中大部分为有意引种的观赏植物、药用植物、芳香植物、油料作物和蔬菜，有40余种从栽培中逃逸，成为外来入侵植物；更多的种类为无意引入或自然扩散的外来杂草。

菊科广布于全世界，温带或高山地区种类最多，热带地区种类较少，《中国植物志》记载本科约有1 000属25 000～30 000种，*Flora of China* 记载本科有1 600～1 700属约24 000种，我国原产约有199属2 348种22亚种196变种，从国外引进的种类约有199属577种11亚种16变种，其中仅有栽培的种类有134属434种8亚种15变种，仅归化或入侵但无栽培的种类有45属81种1亚种1变种（林秦文，2018），栽培后归化逸

① 见林秦文，2018年《中国栽培植物名录》。

生或入侵的种类有 19 属 22 种。最终，本志共收录 62 属 103 种 1 亚种 1 变种，基本上涵盖了大多数入侵种类。下列各属及相关种有时也被列为外来入侵或归化植物，但基于不同原因和理由本志不予收录：

（1）紫菀属（*Aster* Linnaeus）普陀狗娃花［*Aster arenarius* (Kitamura) Nemoto—*Heteropappus hispidus* subsp. *arenarius* Kitamura］在台湾地区文献（Wu et al., 2010）中被列为外来归化植物，但该种是我国本土物种，因此不予收录。

（2）雏菊属（*Bellis* Linnaeus）雏菊（*Bellis perennis* Linnaeus）在台湾地区文献（Wu et al., 2010）中被列为外来归化植物，但实际上主要处于栽培状态，因此不予收录。

（3）菊属（*Chrysanthemum* Linnaeus）蓬蒿菊（*Chrysanthemum frutescens* Linnaeus）在台湾地区文献（Wu et al., 2010）中被列为外来归化植物，但主要处于栽培状态，不予收录。

（4）白头菊属（*Clibadium* F. Allamand ex Linnaeus）苏里南白头菊（*Clibadium surinamense* Linnaeus）为灌木或小乔木，原产于中美洲和南美洲，现已归化于印度洋岛屿和印度尼西亚，我国 1997 年开始发现台湾南投县有稳定归化居群（Tseng et al., 2008; Wu et al., 2010）。鉴于该种目前种群规模不大，也未构成显著危害，本志暂不收录。

（5）锥托泽兰属（*Conoclinium* Candolle）锥托泽兰［*Conoclinium coelestinum* (Linnaeus) Candolle］在我国贵州和云南有栽培或逃逸的记载（*Flora of China*），实为紫茎泽兰［*Ageratina adenophora* (Sprengel) R.M. King & H. Robinson］的误定。

（6）鳢肠属（*Eclipta* Linnaeus）鳢肠［*Eclipta prostrata* (Linnaeus) Linnaeus— *Eclipta zippeliana* Blume］有时候被认为是外来物种（Wu et al., 2004; Wu et al., 2010），但该种在我国的唐代文献中就有记载，因此应当作为本土种看待。

（7）茼蒿属（*Glebionis* Cassini）各个种，包括茼蒿［*Glebionis coronaria* (Linnaeus) Cassini ex Spach — *Chrysanthemum coronarium* Linnaeus］、南茼蒿［*Glebionis segetum* (Linnaeus) Fourreau — *Chrysanthemum segetum* Linnaeus］和蒿子秆［*Glebionis carinata* (Schousboe) Tzvelev —*Chrysanthemum carinatum* Schousboe］，有时候也被列为外来入侵植物，实际上这些种类都是有重要经济价值的栽培蔬菜或花卉，仅有时会发生少量逸生现象，本志不予收录。

（8）小葵子属（*Guizotia* Cassini）小葵子［*Guizotia abyssinica* (Carl von Linnaeus)

Cassini］在我国早年有引种作为油料作物栽培，目前在我国西南地区可能还有个别逸生，但很罕见，尽管目前还有一些文献（Wu et al., 2010）也将该种列为外来归化植物，本志不予收录。

（9）菊三七属（*Gynura* Cassini）红凤菜［*Gynura bicolor* (Roxburgh ex Willdenow) Candolle］为我国南方本土物种，现各地常有栽培，有时也会栽培或逸生，该种在台湾地区文献中（Wu et al., 2004; Wu et al., 2010）被列为外来归化植物，本志不予收录。

（10）稻槎菜属（*Lapsana* Linnaeus）多肋稻槎菜（*Lapsana communis* Linnaeus）在北京海淀区庭院绿地中偶有发现逸生，但没有准确的馆藏标本（现有鉴定为该种的馆藏标本经核实后为错误鉴定），本志暂不收录。

（11）硬果菊属（*Sclerocarpus* Jacquin）硬果菊（*Sclerocarpus africanus* Jacquin）据记载产于我国西藏（《西藏植物志》、*Flora of China*），但所依据的是 1976 年采于拉萨市市三招待所南的唯一可疑标本（青藏队植被组 13775，PE 编号：01519268），再无其他相关材料，本志不予收录。

（12）母菊属（*Matricaria* Linnaeus）同花母菊［*Matricaria matricarioides* (Lessing) Porter］在一些地区（如台湾，Wu et al., 2010）有归化，但该种广泛分布于北温带地区，我国东北地区也有分布，在本志中也作为本土种对待，故不予收录。

（13）卤地菊属（*Melanthera* Rohr）方茎卤地菊［*Melanthera nivea* (Linnaeus) Small— *Bidens nivea* Linnaeus］为多年生亚灌木，原产美国东南部、墨西哥、西印度群岛至中南美洲，我国近年发现台湾高雄市大小区路旁有归化（陈建帆 等，2017）。鉴于该种进入我国时间尚短，并未形成稳定居群，本志暂不收录。

（14）假飞蓬属（*Pseudoconyza* Cuatrecasas）假飞蓬［*Pseudoconyza viscosa* (Miller) D. Arcy］据记载 1999 年在台湾地区屏东县采到标本，后来在高雄也有发现（Jung et al., 2009），但该种标本有待核实，本志暂不收录。

（15）金光菊属（*Rudbeckia* Linnaeus）有 23 种，产于北美及墨西哥，我国引入栽培 10 种以上，其中金光菊（*Rudbeckia laciniata* Linnaeus）和黑心金光菊（*Rudbeckia hirta* Linnaeus）各地常有栽培，有时亦有逸生，黑心金光菊在东北地区更是常在林区边缘生长，有时也被认为是外来入侵植物（陈秋霞 等，2008）。但对该属是否应当列为入侵植物尚有争议，本志暂不收录。

（16）蛇目菊属（*Sanvitalia* Cuatrecasas）蛇目菊（*Sanvitalia procumbens* Lamark）原产墨西哥，目前为常见的园林栽培花卉，《中国植物志》记载该种在香港逸为野生，但未发现明显入侵证据，本志不予收录。

（17）弯喙苣属（*Urospermum*）的弯喙苣［*Urospermum picroides* (L.) Scop. ex F. W. Schmidt］原产于南欧、北非和西亚，已在北美洲、南美洲、澳大利亚等地区归化，近来在浙江宁波地区有发现，有待进一步观察，本志暂不收录。

参考文献

陈明林，张小平，苏登山，2003. 安徽省外来杂草的初步研究［J］. 生物学杂志，20（6）：24-27.

陈秋霞，韦春强，唐塞春，等，2008. 广西桂林入侵植物调查［J］. 亚热带植物科学，37（3）：55-58.

郭水良，李扬汉，1995. 我国东南地区外来杂草研究初报［J］. 杂草科学，2：4-8.

李振宇，解焱，2002. 中国外来入侵种［M］. 北京：中国林业出版社：154-175.

马金双，李惠茹，2018. 中国外来入侵植物名录［M］. 北京：高等教育出版社：231-237.

万方浩，刘全儒，谢明，2012. 生物入侵：中国外来入侵植物图鉴［M］. 北京：科学出版社：2-69.

徐海根，强胜，2011. 中国外来入侵生物［M］. 北京：科学出版社：260-332.

臧敏，邱筱兰，黄立发，等，2006. 安徽省外来植物研究［J］. 安徽农业科学，34（20）：5306-5308.

Chen Y S, D J Nicholas H, 2011. Smallanthus[M]//Wu ZY, Raven P H, Hong D Y. Flora of China: vol. 20–21. Beijing: Science Press & St. Louis: Missouri Botanical Garden Press: 867.

Jung M J, Hsu T C, Chung S W, 2009. *Pseudoconyza cuatrac* (Asteraceae), a newly recorded genus for the flora of Taiwan[J]. Taiwania, 54(3): 261.

Torres A M, Liogier A H, 1970. Chromosome numbers of dominican compositae[J]. Brittonia, 22(4): 240–245.

Wu S H, Hsieh C F, Rejmánek M, 2004. Catalogue of the Naturalized Flora of Taiwan[J]. Taiwania, 49(1): 16–31.

Wu S H, Yang T Y A, Teng Y C, et al., 2010. Insights of the Latest Naturalized Flora of Taiwan: Change in the Past Eight Years[J]. Taiwania, 55(2): 139–159.

分族检索表

1 花序有同形舌状花；植物有乳汁，叶互生 ………………………………… 1. 菊苣族 Cichorieae

1 头状花序有同形或异形的小花，中央花非舌状；植物无乳汁；叶互生或对生 …………… 2

2 花药基部常箭形或戟形，具尾状突起；叶互生 ………………………………………………… 3

2 花药的基部钝或微尖；叶互生或对生 ……………………………………………………………… 3

3 花柱分枝细长，钻形，先端渐尖；头状花序盘状，有同形的筒状花 …… 2. 斑鸠菊族 Vernonieae

3 花柱分枝非细长钻形；头状花序盘状或辐射状 ………………………………………………… 4

4 花柱上端有稍膨大而被毛的节，节以上分枝或不分枝；头状花序有同形的筒状花，有时有不结果的辐射状花 ………………………………………………………… 3. 菜蓟族 Cynareae

4 花柱上端无被毛的节，分枝上端圆形或截形，无附器，不育花的花柱不分枝 ………………………………………………………………………………………… 4. 旋覆花族 Inuleae

5 花柱分枝圆柱形，上端有棒槌状或稍扁而钝的附器；头状花序盘状，有同形的筒状花，叶通常对生 ………………………………………………………………5. 泽兰族 Eupatorieae

5 花柱分枝上端非棒槌状，或稍有扁而钝；头状花序发射状，边缘常有舌状花，或盘状而无舌状花；叶互生或对生 ………………………………………………………………………… 6

6 花柱分枝通常一面平一面凸形，上端有尖或三角形附器，有时上端钝；叶互生 ……………………………………………………………………………………… 6. 紫菀族 Astereae

6 花柱分枝通常截形，无获有尖或三角形附器，有时分枝钻形；叶互生或对生 …………… 7

7 冠毛通常毛状；头状花序辐射状或盘状；叶互生 ………………… 7. 千里光族 Senecioneae

7 冠毛不存在，或鳞片状、芒状或冠状 ……………………………………………………………… 8

8 总苞片全部或边缘干膜质；头状花序盘状或辐射状 ……………… 8. 春黄菊族 Anthemideae

8 全部或外层总苞片叶质，绿色；头状花序通常辐射状 ……………9. 向日葵族 Heliantheae

分属检索表 1（菊苣族 Cichorieae Dumorter）

1 叶片全缘，具平行脉；总苞片 1 层 …………………………1. 婆罗门参属 *Tragopogon* Linnaeus

1 叶片通常具齿或羽状分裂，具羽状脉；总苞片 2 至多层 …………………………………… 2

2 舌状花蓝色；冠毛鳞片状 ……………………………………… 2. 菊苣属 *Cichorium* Linnaeus

2 舌状花黄色，稀白色；冠毛单毛状至羽毛状 ………………………………………………… 3

3 冠毛 1 层 ……………………………………………………………………………………… 4

3 冠毛 2 至多层 ………………………………………………………………………………… 5

4 冠毛羽毛状 ……………………………………………… 3. 猫儿菊属 *Hypochaeris* Linnaeus

4 冠毛糙毛状 ………………………………………………………… 4. 还阳参属 *Crepis* Linnaeus

5 茎通常具叶 …………………………………………………………………………………… 6

5 茎通常花葶状 ………………………………………………………………………………… 7

6 瘦果具喙；冠毛 2 层 …………………………………………… 5. 莴苣属 *Lactuca* Linnaeus

6 瘦果无喙；冠毛多层 ………………………………………… 6. 苦苣菜属 *Sonchus* Linnaeus

7 瘦果至少上部有刺状突起或瘤状突起；冠毛多层，刚毛状 ……………………………………

…………………………………………………………………… 7. 蒲公英属 *Taraxacum* F. H. Wiggers

7 瘦果上部无上述突起；冠毛 1～2 层，至少内层为羽毛状 ……………………………………

……………………………………………………………………8. 狮齿菊属 *Leontodon* Linnaeus

分属检索表 2（斑鸠菊族 Vernonieae Cassini）

1 攀援灌木；茎、叶背面及花序梗密被丁字绢毛；瘦果具 5 棱 ……………………………………

……………………… 9. 光耀藤属 *Tarlmounia* H. Robinson，S. C. Keeley，Skvarla & R. Chan

1 多年生直立草本或亚灌木；植株被单毛或兼有丁字毛；瘦果具 10 肋 ……………………… 2

2 叶对生，两面被短柔毛及丁字毛；总苞 5～7 层，外层叶状 ……………………………………

…………………………………………………………………… 10. 苹果蓟属 *Centratherum* Cassini

2 叶互生，兼备短柔毛和长柔毛或被糙毛；总苞 2～4 层，外层非叶状 ……………………… 3

3 冠毛近等长，为 5 根基部呈三角形的硬刚毛；头状花序单生或排成伞房状；叶片上面被短

柔毛，背面被长柔毛 …………………………………… 11. 地胆草属 *Elephantopus* Linnaeus

3 冠毛不等长，其中 2 根长刚毛特别长而扭曲；头状花序排成穗状；叶片两面被糙毛 ……

…………………………………………………………… 12. 假地胆草属 *Pseudelephantopus* Rohr

分属检索表 3（菜蓟族 Cynareae Lessing）

1 叶面具有白斑，边缘有刺；外层总苞片上部有叶质附片 …… 13. 水飞蓟属 *Silybum* Adanson

1 叶面无白斑，边缘无刺；总苞片边缘先端有流苏状齿或缘毛 ………………………………

………………………………………………………………… 14. 矢车菊属 *Centaurea* Linnaeus

分属检索表 4（旋覆花族 Inuleae Cassini）

1 亚灌木或多年生草本，被绒毛或微柔毛；叶具羽状；总苞片纸质或坚硬，无毛或被微柔毛；冠毛基部不合生成环 ……………………………………… 15. 阔苞菊属 *Pluchea* Cassini

1 一年生至多年生草本，被绵毛；叶侧脉不明显；总苞片膜质，被绵毛；冠毛基部合生成环

…………………………………………………… 16. 合冠鼠麹草属 *Gamochaeta* Weddell

分属检索表 5（泽兰族 Eupatorieae Cassini）

1 瘦果无冠毛 ……………………………………… 17. 裸冠菊属 *Gymnocoronis* Candolle

1 瘦果有冠毛 …………………………………………………………………………………… 2

2 冠毛膜片状，5 个 ……………………………………… 18. 藿香蓟属 *Ageratum* Linnaeus

2 冠毛毛状，多数 ……………………………………………………………………………… 3

3 总苞片 4，1 层；攀援草质藤本…………………………… 19. 假泽兰属 *Mikania* Willdenow

3 总苞片 15～30（～65），2～6 层；直立草本或灌木，稀茎上部分枝攀援 ……………… 4

4 茎初直立，后上部分枝披散或攀援；茎下部叶对生，上部叶近对生至互生 ………………
……………………………………… 20. 南泽兰属 *Austroeupatorium* R.M. King & H. Robinson

4 茎通常直立；叶对生 ……………………………………………………………………… 5

5 总苞片 2～3 层，至少基部的总苞片宿存，老时开展；冠毛基部合生 ……………………
……………………………………………………………… 21. 紫茎泽兰属 *Ageratina* Spach

5 总苞片 3～6 层，脱落，不开展；冠毛基部合生 ……………………………………… 6

6 总苞片 4～6 层；平坦至微凸；花冠内面无长乳突 ……22. 飞机草属 *Chromolaena* Candolle

6 总苞片 3～4 层；花托圆锥状；花冠内面密生长乳突 ……… 23. 假臭草属 *Praxelis* Cassini

分属检索表 6（紫菀族 Astereae Cassini）

1 舌状缘花和盘花均黄色 ……………………………………………………………………… 2

1 舌状缘花通常蓝色、紫色、粉红色或白色，盘花黄色，或由于花冠退化而失去鲜艳的色彩（白酒草属 *Conyza*）……………………………………………………………………… 3

2 茎、叶、花序无毛，有黏液；总苞宽坛状，总苞片钻形尖头反曲或呈钩状，革质；冠毛鳞片状 …………………………………………………… 24. 胶菀属 *Grindelia* Willdenow

2 茎、叶、花序常有毛，无黏液；总苞狭钟状，总苞片线状披针形，直立，草质；冠毛糙毛状 ……………………………………………… 25. 一枝黄花属 *Solidago* Linnaeus

3 总苞片 3～6 层；瘦果倒卵形，扁圆形或梭形；冠毛 4 层，均刚毛状 …………………
…………………………………………………… 26. 联毛紫菀属 *Symphyotrichum* Nees

3 总苞片 2～3 层；瘦果长圆状披针形至线状披针形；冠毛 1～2 层 …………………… 4

4 头状花序扁圆具明显和开展的舌状花；冠毛常 2 层，外层鳞状，内层刚毛状 …………
……………………………………………………………… 27. 飞蓬属 *Erigeron* Linnaeus

4 头状花序边缘的舌状花的舌片退化成丝状，或变短小而直立；冠毛 1 层，糙毛状 ………
……………………………………………………………… 28. 白酒草属 *Conyza* Lessing

分属检索表 7（千里光族 Senecioneae Cassini）

1 总苞无外苞片；花柱分枝顶端短锥形的附器 ………………………… 29. 一点红属 *Emilia* Cassini
1 总苞有外苞片；花柱分枝顶端尖或截形 …………………………………………………………… 2
2 花柱基部小球状，分枝顶端尖 ………………………30. 野茼蒿属 *Crassocephalum* Moench
2 花柱基部不膨大，分枝顶端截形 ……………………………………………………………… 3
3 外围小花 2 层雌花的花冠丝状 ……………………………… 31. 菊芹属 *Erechtites* Rafinesque
3 外围小花舌状或管状 ……………………………………………… 32. 千里光属 *Senecio* Linnaeus

分属检索表 8（春黄菊族 Anthemideae Cassini）

1 头状花序盘状，无舌状花 …………………………………………………………………………… 2
1 头状花序辐射状，边缘有舌状花 …………………………………………………………………… 3
2 头状花序有梗 ……………………………………………………… 33. 山芫荽属 *Cotula* Linnaeus
2 头状花序无梗 ……………………………………………… 34. 裸柱菊属 *Soliva* Ruiz & Pavon
3 瘦果无冠毛 ………………………………………………………… 35. 滨菊属 *Leucanthemum* Miller
3 瘦果有冠毛或齿状冠毛 ……………………………………………36. 菊蒿属 *Tanacetum* Linnaeus

分属检索表 9（向日葵族 Heliantheae Cassini）

1 雌花序的内层总苞片合生成囊状总苞，完全包被瘦果形成木质和具刺的刺果…………… 2
1 头状花序的总苞片不形成囊状总苞，瘦果多少外露 ………………………………………………… 4
2 叶对生；雌花具花冠；刺果 5～8 个排成一轮 …… 37. 刺苞果属 *Acanthospermum* Schrank
2 叶互生或仅茎上部叶互生；雌花无花冠；刺果单生或螺旋状互生 ……………………………… 3
3 叶互生；刺果具螺旋状排列的钩状刺………………………… 38. 苍耳属 *Xanthium* Linnaeus

3 茎上部叶互生，下部叶对生；刺果具常排列成环状的刺或瘤突……………………………………………………………………………………………… 39. 豚草属 *Ambrosia* Linnaeus

4 头状花序小型（直径 0.5～6 mm）而多数，密集排列于圆锥状或伞房状花序上………… 5

4 头状花序通常中至大型，稀小型，单生或少数组成松散的伞房状或聚伞状花序………… 7

5 叶互生或仅茎上部叶互生……………………………………………………………………… 6

5 叶对生…………………………………………………………………… 42. 黄顶菊属 *Flaveria* Jussieu

6 叶互生；叶片羽状分裂；头状花序具细梗；舌状花小，舌片肾形，白色；冠毛 2～3，芒刺状或鳞片状………………………………………………… 40. 银胶菊属 *Parthenium* Linnaeus

6 叶常茎上部互生，下部对生；叶片不分裂或掌状浅裂；头状花序近无梗；无舌状花；无冠毛………………………………………………………41. 假苍耳属 *Cyclachaena* Fresenius

7 花序托裸露，无托片或托毛……………………………………………………………………… 9

7 花序托具托片或托毛…………………………………………………………………………… 12

8 植株被毛；总苞片 2～3 层 …………………………………………………………………… 10

8 植株无毛；总苞片 1 层………………………………………………………………………… 11

9 叶基部沿茎下延成翅状；头状花序辐射状，直径 4～8 cm ……………………………………………………………………………………………… 43. 堆心菊属 *Helenium* Linnaeus

9 叶基部不下延成翅状；头状花序盘状，直径 3～4 cm……………………………………………………………………………………………… 44. 点叶菊属 *Porophyllum* Guettard

10 叶片常羽状深裂；总苞片合生成筒……………………………… 45. 万寿菊属 *Tagetes* Linnaeus

10 叶片全缘、具齿或浅裂；总苞片分生……………………… 46. 香檬菊属 *Pectis* Linnaeus

11 花序托具刺毛状托毛…………………………………… 47. 天人菊属 *Gaillardia* Fougeroux

11 花序托具托片………………………………………………………………………………… 13

12 冠毛基部呈鳞片状，上部羽毛状……………………… 48. 羽芒菊属 *Tridax* Linnaeus

12 冠毛鳞片状、刚毛状、芒刺状或环状，有时缺失，决不呈羽毛状………………………… 14

13 盘花不育……………………………………………………………………………………… 15

13 盘花能育……………………………………………………………………………………… 16

14 叶片具离基三出脉；瘦果倒卵形，略扁，两侧无翅，顶端稍突出 …………………………………………………………………………………… 49. 包果菊属 *Smallanthus* Mackenzie

14 叶片具羽状脉；瘦果近圆形或宽倒卵形，两侧具翅，顶端具凹缺 …………………………………………………………………………………… 50. 松香草属 *Silphium* Linnaeus

15 花序托圆锥状或圆柱状 …………………………………………………… 17

15 花序托扁平或稍凸起 …………………………………………………… 18

16 叶片全缘；总苞片 3～4 层 ………………………… 51. 百日菊属 *Zinnia* Linnaeus

16 叶片具齿或羽状分裂；总苞片通常 2 层 …………………………………… 17

17 缘花黄色，稀白色或缺失；瘦果倒卵状长圆形，具 3 角（缘花）或扁平（盘花）；冠毛存在时为 1～2（3）根短芒刺 ………………………… 52. 金钮扣属 *Acmella* Persoon

17 缘花白色；瘦果倒卵状三角形；冠毛为流苏状鳞片 …… 53. 牛膝菊属 *Galinsoga* Ruiz & Pavon

18 冠毛为具倒刺的芒刺；叶对生或上部叶互生 ………………………………… 19

18 冠毛为 2 个刚毛状骤尖或鳞片；叶对生 …………………………………… 20

19 花丝被短柔毛；瘦果顶端有喙 ………………………… 54. 秋英属 *Cosmos* Cavanilles

19 花丝无毛；瘦果顶端无喙 ………………………… 55. 鬼针草属 *Bidens* Linnaeus

20 总苞片外层少而小型，内层膜质，基部合生 ……………… 56. 金鸡菊属 *Coreopsis* Linnaeus

20 总苞片分生，近同形，内层较短 …………………………………………… 21

21 头状花序无梗或具短梗 …………………………………………………… 22

21 头状花序具长梗 …………………………………………………………… 24

22 瘦果明显两型，缘花的瘦果边缘具撕裂状翅，其他则无翅 …………………………………………………………………………………… 57. 金腰箭属 *Synedrella* Gaetner

22 瘦果多少相似，无翅或上部具稍厚的翅，翅不为撕裂状 ………………………… 23

23 头状花序辐射状；冠毛为 2 根粗糙的芒刺 ……………58. 金腰箭舅属 *Calyptocarpus* Lessing

23 头状花序盘状；冠毛钉状 ……………………… 59. 离药金腰箭属 *Eleutheranthera* Poiteau

24 茎直立；头状花序大型，直径 5 cm 以上，缘花不育 ……………………………… 25

24 茎匍匐；头状花序中型，缘花能育 ………………62. 蟛蜞菊属 *Sphagneticola* O. Hoffmann

25 叶片常 3～5 裂状分裂；花序梗上部膨大并中空 ··
·· 60. 肿柄菊属 *Tithonia* Desfontaines ex Jussieu
25 叶片不分裂；花序梗不膨大，也不中空 ······················61. 向日葵属 *Helianthus* Linnaeus

1. 婆罗门参属 *Tragopogon* Linnaeus

多年生或二年生草本，有时具有根状茎。根茎裸露或被有鞘状或纤维状撕裂的残遗物。茎直立，不分枝或少分枝，无毛或被蛛丝状毛。头状花序同型，含多数舌状小花，单生于茎顶或枝端，大或相当大，植株含少数头状花序，花序梗在头状花序下部稍膨大或相当膨大或不膨大。总苞圆柱状、总苞片 1 层，5～14 枚。花托蜂窝状，无毛。舌状小花两性，黄色或紫色，舌片顶端 5 齿裂。花柱分枝细长，花药基部箭头状。瘦果圆柱状，有 5～10 条高起纵肋，无瘤状突起或具瘤状突起，先端渐狭或急狭成短或长喙，极少无喙或喙极短。冠毛 1 层，羽毛状，污白色或黄色，基部联合成环，整体脱落，羽枝纤细，彼此纠缠，在与喙或瘦果连接处有蛛丝状毛环或无毛环，通常有 5～10 根超长的冠毛，超长冠毛顶端糙毛状。

全世界超过 150 种，主要集中在地中海沿岸地区、中亚及高加索。中国原产 18 种，集中分布于新疆。外来引进 1 种，即蒜叶婆罗门参（*Tragopogon porrifolius* Linnaeus），原产欧洲，*Flora of China* 记载北京、贵州、陕西、四川、新疆和云南等地有栽培或归化，但本志作者见到的材料主要为栽培状态，加上该种具有一定的经济价值，故未收录。此外，长喙婆罗门参（*Tragopogon dubius* Scopoli）在中国东北、西北、华北和华东地区有大面积的归化，故本志将该种作为外来入侵种对待。

长喙婆罗门参 *Tragopogon dubius* Scopoli, Fl. Carniol. ed. 2. 2: 95. 1772.

【别名】 **霜毛婆罗门参**

【特征描述】 二年生草本，植株高 40～80（～100）cm，茎直立，下部或中部 1/3 处单轴分枝，无毛，叶茎生于基部，披针形至线形，(15～40) mm × (0.3～0.5) cm。头状花序单生茎顶，花序梗膨大，直径 7～10 mm，总苞长 4～5.5 (～7) cm，总苞片 8～12 (～14)，长于舌状花，等于或长于瘦果顶端的芒尖。舌状花冠，黄色。瘦果长 2.2～3 cm，浅褐色，稍弯曲，直径 1.4～1.7 mm，具有 5 条肋，具瘤状突起；喙乳白色，长 1.2～1.6 cm，细长，不具有瘤状或齿状突起，顶端膨大，花盘具有短柔毛；冠毛污白色，长 2.2～2.8 cm。**物候期**：花果期 4—6 月。**染色体**：$2n$=12。

【原产地及分布现状】 原产于中亚和欧洲，归化于美洲。**国内分布**：北京、辽宁、山东、新疆、浙江。

【生境】 生于海拔 500～2 000 m 的山坡、草地、河谷。

【传入与扩散】 **文献记载**：1922 年出版的《辽宁植物志》下册 606 页报道辽宁省大连市和盖州市分布新记录，新拟中文名长喙婆罗门参。**标本信息**：模式标本，合模式于 1816 年采自欧洲，采集人和采集号不详（C，C10008109 和 C10008110）。**传播途径**：瘦果成熟后冠毛发达，几为菊科中冠毛最长者，可随风到处飘散，为其扩散的主要途径；会被挟带于干牧草、草种中并随之扩散；人类活动会加剧其传播，这是因为长喙婆罗门参花朵大、冠毛长，游人或采花朵带走或吹散带冠毛的瘦果以消遣，增加了该植物的进一步扩散。

【危害及防控】 **危害**：一是长喙婆罗门参繁殖能力强，在归化地没有天敌和抑制因素，其入侵后会大量定植，呈优势种或局部形成单一物种的群落，挤占本土野生物种的生存空间，威胁本土植物的物种多样性；二是长喙婆罗门参适应能力强，容易在农田、草场蔓延，与作物争夺阳光、养分，使作物减产。**防控**：应在其一年生苗期适时拔除；未结实前采取有效的防治措施；对结实的植株，应将瘦果收集袋子后，灭活处理；对已形成优势种的长喙婆罗门参群落及早清除，以防其蔓延成灾。

【凭证标本】 辽宁省鞍山市千山区 316 省道鹰峰假日山庄，海拔 19 m，39.022 4 N，121.482 3 E，2015 年 5 月 8 日，齐淑艳 RQSB03436（CSH）。

长喙婆罗门参
（*Tragopogon dubius* Scopoli）

1. 生境；2. 植株形态；3. 根；
4. 头状花序背面，示总苞；
5. 头状花序；
6. 果序中的瘦果；
7. 开裂的果序

参考文献

吕玉峰，张劲林，边勇，等，2013. 华北入侵杂草新记录——长喙婆罗门参［J］. 北京农学院学报，28（4）: 3-4.

辛晓伟，步瑞兰，高德民，2015. 山东省野生及归化植物新记录［J］. 山东科学，28（4）: 79-82.

Shi Z, Alexander P S, Mavrodiev E V, 2011. *Tragopogon*[M]//Wu Z Y, Raven P H, Hong D Y. Flora of China: vol. 20–21. Beijing: Science Press & St. Louis: Missouri Botanical Garden Press: 207–211.

2. 菊苣属 *Cichorium* Linnaeus

多年生、二年生或一年生草本植物。茎直立。基生叶莲座状，倒向羽裂或不裂而边缘有锯齿，基部渐狭成翼柄、茎生叶无柄，基部抱茎。头状花序同型，舌状，含多数（8～20 枚）小花，着生于茎中部或上部叶腋中或单生茎枝顶端。总苞圆柱状；总苞片 2 层，外层披针形至卵形，下半部坚硬，上半部草质。花托平，蜂窝状，窝缘锯齿状、縫毛状或极短的膜片状。全部小花舌状，蓝色、紫色或淡白色。花药基部附属物箭头形，顶端附属物钝三角形。花柱分枝细长。瘦果倒卵形或椭圆形或倒楔形，外层瘦果极扁，紧贴内层总苞片，3～5 边形，有 3～5 条高起的棱，顶端截形。冠毛极短，鳞片状，2～3 层。

全世界约 7 种，分布于欧洲、亚洲、北非，主产地中海地区和西南亚。中国引入栽培 3 种，其中 1 种归化逸生。

菊苣 *Cichorium intybus* Linnaeus, Sp. Pl. 2: 813. 1753.

【别名】 **欧洲菊苣**

【特征描述】 多年生草本，高 40～100 cm。茎直立，单生，分枝开展或极开展，全部茎枝绿色，有条棱，被极稀疏的长而弯曲的糙毛或刚毛或几无毛。基生叶莲座状，花期生存，倒披针状长椭圆形，包括基部渐狭的叶柄，全长 15～34 cm，宽 2～4 cm，基部渐狭有翼柄，大头状倒向羽状深裂或羽状深裂或不分裂而边缘有稀疏的尖锯齿，侧裂片 3～6 对或更多，顶侧裂片较大，向下侧裂片渐小，全部侧裂片镰刀形或不规则镰刀形或三角形。茎生叶少数，较小，卵状倒披针形至披针形，无柄，基部圆形或戟形扩大半抱茎。全部叶质地薄，两面被稀疏的多细胞长节毛，但叶脉及边缘的毛较多。头状花序多数，单生或数个集生于茎顶或枝端，或 2～8 个为一组沿花枝排列成穗状花序。总苞圆柱状，长 8～12 mm；总苞片 2 层，外层披针形，长 8～13 mm，宽 2～2.5 mm，上半部绿色，草质，边缘有长缘毛，背面有极稀疏的头状具柄的长腺毛或单毛，下半部淡黄白色，质地坚硬，革质，内层总苞片线状披针形，长达 1.2 cm，宽约 2 mm，下部稍坚硬，上部边缘及背面通常有极稀疏的头状具柄的长腺毛并杂有长单毛。舌状小花蓝色，长约 14 mm，有色斑。瘦果倒卵状、椭圆状或倒楔形，外层瘦果压扁，紧贴内层总苞片，3～5 棱，顶端截形，向下收窄，褐色，有棕黑色色斑。冠毛极短，2～3 层，鳞片状，长 0.2～0.3 mm。**物候期：** 花果期 5—10 月。**染色体：** $2n=18$（葛荣朝 等，2002）。

【原产地及分布现状】 原产于欧洲、西亚、北非。归化于东亚、南亚、非洲和美洲。**国内分布：** 北京、黑龙江、江西、辽宁、山东、山西、陕西、台湾、新疆、云南。

【生境】 生于滨海荒地、河边、水沟边或山坡。

【传入与扩散】 **文献记载：** 贾祖璋、贾祖珊《中国植物图鉴》（1937）称为欧洲菊苣。胡先骕 1951 年出版的《种子植物分类学讲义》以及中国科学院编译局《种子植物名称》（1954）改称菊苣。**标本信息：** 模式标本采自欧洲，Lackark 在 Rechinger 主编的 Fl. Iran. 122: 6. 1977 上指定 Herb. Linn.-962.1（LINN）为后选模式。**传入方式：** 作为蔬菜有意引进，人工引种栽培后逸生。此外，该种有无意引种的案例。彭镜毅于 1977 年 5 月在台湾地区桃园县杨梅镇和台南县新化镇的两个饲料植物引种实验地调查时都发现埃及车轴草（*Trifolium alexandrinum* Linnaeus）田里混生菊苣，这两处在 1976 年引种埃及车轴草之前没有人见到菊苣（Peng, 1978）。**扩散途径**：通过人工引种扩散。**繁殖方式**：种子繁殖。**可能扩散的区域**：淮河以北及西北地区（徐海根、强胜，2011）。

【危害及防控】**危害**：路边常见杂草，影响景观。**防控**：引种控制，开展利用研究。可作畜禽及草鱼优质青饲料。

【凭证标本】新疆维吾尔自治区塔城地区额敏县郊区，海拔 655 m，46.344 9 N，83.850 3 E，2015 年 8 月 13 日，张勇 RQSB02191（CSH）；云南省保山市腾冲叠瀑，海拔 1 631 m，25.031 4 N，98.476 8 E，2016 年 10 月 4 日，税玉民 RQXN03014（CSH）。

【相似种】栽培菊苣 *Cichorium endivia* Linnaeus，栽培食用。

菊苣（*Cichorium intybus* Linnaeus）

1. 生境；2. 基生叶莲座状；3. 头状花序背面，示总苞；4. 头状花序正面；5. 植株形态

参考文献

葛荣朝，赵茂林，高洪文，等，2002. 普那菊苣的核型分析和 C-分带研究［J］. 草地学报，10（3）：190-193.

罗燕，白史且，彭燕，等，2010. 菊苣种质资源研究进展 [J] . 草业科学，27 (07): 123-132.

Peng C I, 1978. Some new records for the *Flora of Taiwan*[J]. Botanical Bulleting of Academia Sinica, 19: 83–86.

Shi Z, Norbert K, 2011. *Cichorium*[M]//Wu Z Y, Raven P H, Hong D Y. Flora of China: vol. 20–21. Beijing: Science Press & St. Louis: Missouri Botanical Garden Press: 350.

3. 猫儿菊属 *Hypochaeris* Linnaeus

多年生草本，极少一年生。茎单生，不分枝或少分枝，有叶或无叶，有基生的莲座状叶丛。头状花序大或中等大小，卵状、宽半球形或钟形，植株含 1～3 个头状花序，单生茎顶或枝端，有多数同形两性舌状小花。总苞片 2 至多层，覆瓦状排列。花托平，有托片，托片长膜质，线形，基部包围舌状小花。全部小花舌状，两性、结实，黄色，舌片顶端截形，5 齿裂。花药基部箭形，花柱分柱纤细，顶端微钝。瘦果圆柱形、长椭圆体形或纺锤状，有多条高起的纵肋，或纵肋少数，顶端有喙，喙细或短，或顶端截形而无喙。冠毛羽毛状，1 层。

本属约有 60 种，主要分布南美洲、欧洲与亚洲。中国原产 2 种，产于中国北部地区；外来归化 4 种，台湾报道记录较为全面，大陆虽也有入侵，但尚少见报道。

参考文献

Jung M J, Hsu T C, Chung S W, 2010. Two newly naturalized plants in Taiwan[J]. Taiwania, 55(4): 412–416.

Peng C I, Chung K F, Li H L, 1998. Compositae[M]//Huang, T C. Flora of Taiwan: vol. 4. 2nd ed. Taipei: Editorial Committee, Dept. Bot.: 946–951.

Shi Z, Norbert K, 2011. *Hypochaeris*[M]//Wu Z Y, Raven P H, Hong D Y. Flora of China: vol. 20–21. Beijing: Science Press & St. Louis: Missouri Botanical Garden Press: 345–347.

分种检索表

1 冠毛具2层刚毛，内层羽毛状，外层糙毛状 ………………………………………………… 2

1 冠毛仅为单层羽毛状刚毛 ………………………………………………………………… 3

2 小花稍微超出总苞，内层瘦果具喙，边缘瘦果不具喙 ……………………………………

…………………………………………………… 1. 光猫儿菊 *Hypochaeris glabra* Linnaeus

2 小花超出总苞许多、内层瘦果和边缘瘦果均具喙 …………………………………………

……………………………………… 2. 假蒲公英猫儿菊 *Hypochaeris radicata* Linnaeus

3 小花白色，总苞无毛，茎基部叶不抱茎 ……………………………………………………

………… 3. 白花猫儿菊 *Hypochaeris albiflora* (Kuntze) Azevêdo-Gonçalves & Matzenbacher

3 小花黄色，总苞多少具硬毛，茎基部叶抱茎…………………………………………………

…………………………………………4. 智利猫儿菊 *Hypochaeris chillensis* (Kunth) Britton

1. **光猫儿菊** ***Hypochaeris glabra*** Linnaeus, Sp. Pl. 2: 811. 1753.

【特征描述】 一年生草本，高10～30 cm，莲座状。茎单一或少数，上升到直立，单生或顶端稀疏分枝，无毛，无叶或具少数三角状卵形苞片。莲座叶倒卵形至倒披针形，（3～5）cm×（0.5～1.5）cm，近无毛至具短硬毛，基部变窄，边缘具波状齿，先端圆形至近急尖。头状花序单生，少数至数个，可排成稀疏的伞房花序。头状花序常具20～40朵小花，具长花序梗。总苞圆柱状至狭钟状，花期时（7～10）mm×（3～4）mm，果期时1.3～1.5 cm。总苞片近无毛，外层披针形，内层线形披针形。小花黄色，稍长于总苞。瘦果褐色，二型。外层瘦果圆柱状，长3～4 mm，具肋，多刺，先端截形；内层瘦果果体纺锤状，长3～4 mm，具肋，多刺，先端具喙，喙毛细管状，与果体等长或长于果体。刚毛状冠毛长7～8 mm，内层羽状，外层糙毛状且短于内层。**物候期**：花果期3—4月。**染色体**：$2n$=10。

【原产地及分布现状】 原产北非和欧洲。**国内分布**：台湾（南投、台中）和湖南（城步）。

【生境】 生于牧场路边、荒地，在原产地垂直分布在海拔 0～2 300 m 处，在我国垂直分布在海拔 1 400～2 300 m 的地区。

【传入与扩散】 **文献记载**：光猫儿菊一名出自钟明哲等（Jung et al., 2008）的报道。**标本信息**：后选模式，Herb. Linn. 959.4 (LINN; lectotype) 由 Alavi 于 Jafri & El-Gadi (eds.), Fl. Libya 107: 347. 1983 选定。光猫儿菊还被引入东非和南非、南亚和西南亚、澳大利亚、日本、北美洲、南美洲以及太平洋岛屿（新西兰）。在中国，该种目前在湖南省城步县南山牧场有大面积入侵，在台湾也发现有入侵。

【危害及防控】 **危害**：该种具有强烈的杂草性和入侵性。**防控**：一旦发现入侵，应尽早清除。

【凭证标本】 台湾地区台中市清水镇，台中港区公园，2007 年 3 月 30 日，钟明哲 1611（TAIF）。

光猫儿菊（*Hypochaeris glabra* Linnaeus）

1. 基生叶莲座状；2. 头状花序背面，示总苞；3. 头状花序；4. 开裂的果序

参考文献

Jung M J, Hsu T C, Chung S W, 2008. Notes on two newly naturalized plants in Taiwan[J]. Taiwania, 53(2): 230–235.

2. **假蒲公英猫儿菊** ***Hypochaeris radicata*** Linnaeus, Sp. Pl. 2: 811. 1753.

【别名】 **猫儿菊**

【特征描述】 多年生草本，高 15～60 cm，莲座状，具主根。茎少数到多数，上升到直立，单生或顶端分枝，除少数苞片外，全株无毛。莲座叶倒披针形，长（4～）8～15（～30）cm，宽 1～3（～7.5）cm，不分裂或呈羽状，基部变窄，边缘波齿状，先端圆形到急尖。少数头状花序排列成稀疏的伞房花序。头状花序具很多小花、花序梗长。总苞圆柱状至狭钟状，花期长 1～1.5 cm，宽 0.4～0.6 cm，果期达 2 cm。总苞片先端微具纤毛，中脉具硬毛或无毛，外层披针形，先端具钝尖，内层线形披针形。小花亮黄色，远远超过总苞。瘦果褐色，圆柱状，长 3～7 mm，具棱、喙毛细管状，长 7～10 mm。冠毛长 0.9～1.3 cm，内层羽状，外层糙毛状且短于内层。**物候期**：花果期 8—10 月。**染色体**：$2n$=8。

【原产地及分布现状】 原产于北非和欧洲。**国内分布**：福建、台湾、江西、云南（昆明 2009 年曾有发现）。在台湾中、高海拔地区广泛分布。

【生境】 生于草地、路旁、山地农场，海拔 1 700～3 300 m。

【传入与扩散】 **文献记载**：假蒲公英猫儿菊始见于彭镜毅等的报道（Peng et al., 1978）。**标本信息**：后选模式为欧洲，A. J. Scott 1993 在 Lactuceae Cass. Fl. Mascareignes 109: 28 上指定 LINN 959.5（LINN）。假蒲公英猫儿菊还被引入南非和东南非、南亚和东南亚、澳大利亚、印度北部、日本、北美洲、南美洲以及太平洋岛屿（新西兰）。在中国，该种最早的归化植物标本为彭镜毅 622 于 1974 年 10 月 24 日采自台湾地区南投县。在云南和福建仅有单一或极少量的采集记录，江西庐山植物园有成片生长的种群，为该种的新分布记录。

【危害及防控】 **危害**：该种具有强烈的杂草性和入侵性。**防控**：一旦发现入侵，应尽早清除。

【凭证标本】 福建省宁德市柘荣县东狮山，海拔 1 115 m，27.232 5 N，119.921 1 E，2016 年 7 月 31 日，陈炳华等 CBH01204（FNU0037931）；台湾地区南投县梅峰，海拔 2 100 m，24.097 7 N，121.181 6 E，1974 年 10 月 24 日，彭镜毅 622（TAI166663）；1975 年 9 月 1 日，彭镜毅 2236（TAI166662），彭镜毅 2322（TAI166661）；翠峰－梅峰，2005 年 5 月 21 日，李哲豪 1185（TAI 255990）；台中大雪山庄－小雪山，海拔 2 250～2 996 m，24.277 7 N，121.017 2 E，1984 年 9 月 28 日，H. Ohashi 和 H. Iketani 21095（TAI240810）；台中 710 林道（思源林道），海拔 1 800 m，1990 年 7 月 24 日，Y. C. Lu 137（TAI 255547）。

假蒲公英猫儿菊（*Hypochaeris radicata* Linnaeus）

1. 生境；2. 头状花序侧面，示总苞；3. 头状花序

参考文献

陈洁，谢婷婷，王静，等，2017. 福建省新分布植物（Ⅳ）[J]. 福建师范大学学报（自然科学版），33（2）：112–116.

Jung M J, Hsu T C, Chung S W, 2010. Two newly naturalized plants in Taiwan[J]. Taiwania, 55(4): 412–416.

Ortiz M Á, Tremetsberger K, Terrab A, et al., 2008. Phylogeography of the invasive weed *Hypochaeris radicata* (Asteraceae): from Moroccan origin to worldwide introduced populations[J]. Molecular Ecology, 17(16): 3654–3667.

Peng C I, 1978. Some new records for the *Flora of Taiwan*[J]. Botanical Bulletin of Academia Sinica, 19(1): 83–86.

3. **白花猫儿菊** ***Hypochaeris albiflora*** (Kuntze) Azevêdo-Gonçalves & Matzenbacher, Compositae Newslett. 42: 3. 2005. —— *Hypochaeris brasiliensis* (Lessing) Grisebach var. *albiflora* Kuntze，Revis. Gen. Pl. 3(2): 159.1898. —— *Hypochaeris microcephala* (C. H. Schultz) Cabrera var. *albiflora* (Kuntze) Cabrera，Notas Mus. La Plata，Bot. 2(16): 201. 1937.

【特征描述】 多年生草本，高 20～50 cm，莲座状，具主根。茎直立，顶端稀疏分枝，无毛或被疏硬毛，具叶。莲座叶狭椭圆形至倒披针形，（4～10）cm ×（1～5）cm，不分裂（边缘具波状齿）至羽状分裂（边缘全缘），两面无毛至被稀疏长柔毛，基部狭窄，先端钝至急尖，侧裂片和顶生裂片线状披针形（如果存在）。茎生叶少数，较小，羽状分裂而具少数裂片，或者不分裂而为线状披针形，或者近似于莲座叶。头状花序少数至数个，排成伞房花序。头状花序常具 20～40 朵小花、花序梗长。总苞圆柱状至狭钟状，花期时长 0.8～1.2 cm，宽 0.3～0.4 cm，果期时长 1.5～1.8 cm。总苞片无毛，外层披针形，内层线状披针形。小花白色，稍长于总苞。瘦果褐色，果体纺锤形，长约 4 mm，具肋，多刺，喙毛细管状，长 4～5 mm。冠毛长 7～8 mm，均为羽毛状刚毛。**物候期**：花果期 4—5 月。**染色体**：2*n*=8。

【原产地及分布现状】 原产于南美洲。**国内分布**：仅台湾北部发现归化。

【生境】 生于公园和城区的草地、路旁，海拔 0～200 m。

【传入与扩散】 **文献记载**：白花猫儿菊一名始见于钟明哲等在关于本种的报道（Jung et al., 2009）。白花猫儿菊也被引入到南非、澳大利亚东部、北美洲东南部。在我国，该种最早于 2005 年在台湾记录到，此后形成稳定居群并有所扩散。**标本信息**：模式标本采集阿根廷和巴拉圭，2006 年 Cristiane F. Azevêdo-Gonçalves 和 Nelson Ivo Matzenbacher 选定后选模式（F）。**传入方式**：无意引进。

【危害及防控】 **危害**：该种具有一定的杂草性和入侵性。**防控**：一旦发现入侵，应尽早清除。

【凭证标本】 台湾台北市关渡，2005 年 5 月 25 日，钟诗文 8155（TAIF）。

白花猫儿菊
[*Hypochaeris albiflora* (Kuntze) Azevêdo-Gonçalves & Matzenbacher]
1. 生境；2. 植株形态

参考文献

Jung M J, Wu M J, Chung S W, 2009. Three newly naturalized plants in Taiwan[J]. Taiwania, 54(4): 391–398.

Shi Z, Norbert K, 2011. *Hypochaeris*[M]//Wu Z Y, Raven P H, Hong D Y. Flora of China: vol. 20–21. Beijing: Science Press & St. Louis: Missouri Botanical Garden Press: 345–347.

4. **智利猫儿菊** ***Hypochaeris chillensis*** (Kunth) Britton, Bull. Torrey Bot. Club. 19: 371. 1892. —— *Apargia chillensis* Kunth，Nov. Gen. Sp. (folio ed.) 4: 2. 1820 (1818).

【特征描述】 多年生草本，高 20～50 cm，莲座状，具主根。茎直立，顶端稀疏分枝，无毛或基部被硬毛，具叶。莲座叶狭椭圆形，披针形或倒披针形，（5～10）cm×（1～2）cm，不分裂（边缘具粗糙波状齿和缘毛）或羽状分裂（裂片三角形至披针形），背面中脉具疏柔毛，正面无毛，基部狭窄，先端急尖至渐尖。茎生叶少数，较小，较狭长，不分裂，基部多少抱茎，或者近似于莲座叶。头状花序少数至数个，排成伞房花序。头状花序常具多数小花（多于 50 朵）、花序梗长。总苞圆柱状至狭钟状，花期时长 0.9～1.2 cm，宽 0.4～0.6 cm，果期时长 1.5～1.8 cm。总苞片密被粗毛，外层披针形至线状披针形，内层线状披针形。小花黄色，稍长于总苞。瘦果褐色，果体纺锤形，长 4～5 mm，具肋，多刺，喙毛细管状，长 4～5 mm。冠毛长 4～7 mm，均为羽毛状刚毛。**物候期**：花果期 6—7 月。**染色体**：$2n$=8。

【原产地及分布现状】 原产于南美洲东部的厄瓜多尔、玻利维亚和秘鲁。**国内分布**：仅台湾地区有归化。

【生境】 生于路边，海拔 500～600 m。

【传入与扩散】 **文献记载**：钟明哲等人在关于该种的报道中使用“智利猫儿菊”一名，种加词“chillensis”指厄瓜多尔基多地区的奇洛（Chillo）而非智利。**标本信息**：模式标本，厄瓜多尔的基多（Quito）地区，奇洛（Chillo）附近，Humboldt & Bonpland s.n. (holotype, P)。智利猫儿菊也被引入南非和北美洲东南部。在中国，该种最早于2009年在台湾被记录到。

【危害及防控】 **危害**：该种具有一定的杂草性和入侵性。**防控**：一旦发现入侵，应尽早清除。

【凭证标本】 台湾台北市风柜嘴（Fongguizui），2009年6月2日，钟明哲4085（TAIF）。

智利猫儿菊［*Hypochaeris chillensis* (Kunth) Britton］

1. 生境；2. 头状花序；3. 果序；4. 果序示瘦果；5. 头状花序侧面，示总苞

参考文献

Jung M J, Chen C W, Chung S W, 2010. Two newly naturalized plants in Taiwan[J]. Taiwania, 55(4): 412–416.

Shi Z, Norbert K, 2011. *Hypochaeris*[M]//Wu Z Y, Raven P H, Hong D Y. Flora of China: vol. 20–21. Beijing: Science Press & St. Louis: Missouri Botanical Garden Press: 345–347.

4. 还阳参属 *Crepis* Linnaeus

多年生、二年生或一年生草本，有直根或根状茎。茎具叶或无叶而呈花葶状。叶羽状分裂或不裂，边缘有锯齿或无齿。头状花序同型，舌状，大或中等大小或小，通常有多数舌状小花，在茎枝顶端排成伞房花序、圆锥花序或总状花序，或头状花序单生茎顶。总苞钟状或圆柱状、总苞片 2～4 层，外层及最外层短或极短，内层及最内层长或最长，全部苞片外面被各式毛被或光滑无毛。花托平，蜂窝状，窝缘有短缘毛或流苏状毛或无毛。全部小花舌状，两性，结实，黄色，极少紫红色，舌片顶端 5 齿裂，花冠管部被长或短柔毛或无毛，花柱分枝细，花丝基部有箭头状附属物。瘦果圆柱状、纺锤状，向两端收窄，近顶处有收缢，有 10～20 条高起的等粗纵肋，沿脉有小或微刺毛或无毛，顶端无喙或有喙状物或有长细喙。冠毛 1 层，白色，与瘦果等长或稍长于瘦果或短于瘦果，不脱落或脱落，硬或软，基部联合成环或不联合成环，糙毛状。

本属约有 200 余种，广布欧洲、亚洲、非洲及北美大陆。中国原产 18 种，引入栽培 4 种，其中 1 种归化逸生。

屋根草 ***Crepis tectorum*** Linnaeus, Sp. Pl. 2: 807. 1753.

【别名】 **还阳参**

【特征描述】 一年生或二年生草本，根长倒圆锥状，生多数须根。茎直立，高 30～90 cm，基部直径 2～5 mm，自基部或自中部伞房花序状或伞房圆锥花序状分枝，分枝多数，斜升，极少自上部少分枝，全部茎枝被白色的蛛丝状短柔毛，上部粗糙，被稀疏的头状具柄的短腺毛或被淡白色的小刺毛。基生叶及下部茎叶全形披针状线形、披针形或倒披针形，包括叶柄长 5～10 cm，宽 0.5～1 cm，顶端急尖，基部楔形渐窄成短翼柄，边缘有稀疏的锯齿或凹缺状锯齿至羽状全裂，羽片披针形或线形，中部茎叶与基生叶及下部茎叶同形或线形，等样分裂或不裂，但无柄，基部尖耳状或圆耳状抱茎、上部茎叶线状披针形或线形，无柄，基部亦不抱茎，边缘全缘，全部叶两面被稀疏的小刺毛及头状具柄的腺毛。头状花序多数或少数，在茎枝顶端排成伞房花序或伞房圆锥花序。总苞钟状，长 7.5～8.5 mm；总苞片 3～4 层，外层及最外层短，不等长，线形，长 2 mm，宽不足 0.2 mm，顶端急尖，内层及最内层长，等长，长 7.5～8.5 mm，长椭圆状披针形，顶端渐尖，边缘白色膜质，内面被贴伏的短糙毛；全部总苞片外面被稀疏的蛛丝状毛及头状具柄的长或短腺毛。舌状小花黄色，花冠管外面被白色短柔毛。瘦果纺锤形，长约 3 mm，向顶端渐狭，顶端无喙，有 10 条等粗的纵肋，沿肋有向上的小刺毛。冠毛白色，长约 4 mm。**物候期**：花果期 7—10 月。**染色体**：2*n*=8。

【原产地及分布现状】 原产于欧洲。蒙古、俄罗斯（西伯利亚、远东地区）、哈萨克斯坦有分布。**国内分布**：甘肃、河北、黑龙江、吉林、江西、辽宁、内蒙古、新疆。

【生境】 生于山地林缘、河谷草地、田间或撂荒地，海拔 900～1 800 m。

【传入与扩散】 **文献记载**：北川政夫（M. Kitagawa）于 Lineam. Fl. Mansh.（1939）记载该种分布我国东北。《东北植物检索表》（1959）称“还阳参”。《内蒙古植物志》（第二版）4：831（1993）改称屋根草。曲波等（2006）报道辽宁省的分布新记录。**标本信息**：模式标本采自西欧，原始材料包括 Herb.Linn. 的两号标本［955.12 和 955.13（LINN）］，但后选模式未定。**传入方式**：无意引进。

【危害及防控】 **危害**：种子产量较高，寿命长，耐土壤贫瘠或抗逆性较强，风险程度一般。**防控**：加强监控管理。

【凭证标本】 黑龙江省佳木斯市同江市沿江路，海拔 55 m，47.656 8 N，132.471 4 E，2015 年 8 月 8 日，齐淑艳 RQSB04056（CSH）；内蒙古自治区呼和浩特市呼和浩特市博物馆，海拔 1 046 m，43.928 3 N，116.054 0 E，2016 年 11 月 17 日，刘全儒等 RQSB09389（CSH）。

屋根草（*Crepis tectorum* Linnaeus）

1. 生境；2. 头状花序排列成伞房状圆锥花序；3. 植株形态；4. 头状花序；
5. 头状花序纵剖面；6. 花序枝

参考文献

曲波，吕国忠，杨红，等，2006. 辽宁省外来有害植物初报［J］. 辽宁农业科学（4）：22-25.

石洪山，曹伟，高燕，等，2016. 东北草地外来入侵植物现状与防治策略［J］. 草业科学，33（12）：2485-2493.

郑美林，曹伟，2013. 中国东北地区外来入侵植物的风险评估［J］. 中国科学院大学学报，30（5）：651-656.

Shi Z, Norbert K. *Crepis*[M]//Wu Z Y, Raven P H, Hong D Y, 2011. Flora of China: vol. 20–21. Beijing: Science Press & St. Louis: Missouri Botanical Garden Press: 245–251.

Knops J M, Tilman D, Haddad N M, et al., 1999. Effects of plant species richness on invasion dynamics, disease outbreaks, insect abundances and diversity[J]. Ecology Letters, 2(5): 286–293.

5. 莴苣属 *Lactuca* Linnaeus

一年、二年或多年生草本。叶分裂或不分裂。头状花序同型，舌状，小，在茎枝顶端排成伞房花序、圆锥花序分枝。总苞果期长卵球形、总苞片 3～5 层，质地薄，覆瓦状排列。花托平，无托毛。舌状小花黄色，7～25 枚，舌片顶端截形，5 齿裂。花药基部附属物箭头形，有急尖的小耳。花柱分枝细。瘦果褐色，倒卵形、倒披针形或长椭圆形，极扁，每面有 3～10 条细脉纹或细肋，极少每面有 1 条细脉纹，顶色急尖成细喙，喙细丝状，与瘦果等长或短于瘦果，但通常 2～4 倍长于瘦果，喙顶端有一圆形果盘；冠毛白色，纤细，2 层，微锯齿状或几成单毛状。

本属约有 75 种，主要分布北美洲、欧洲、中亚、西亚及地中海地区。中国原产 7 种，全国各地均有，但主产地为西南部。外来引入 2 种，其中 1 种为莴苣（*Lactuca sativa* Linnaeus），主要作为蔬菜栽培，偶有逸生。另外 1 种为野莴苣（*Lactuca serriola* Linnaeus），为外来入侵杂草。本志收录 1 种。

野莴苣 *Lactuca serriola* Linnaeus, Cent. Pl. 2: 29. 1756.

【别名】 **刺莴苣、毒莴苣、欧洲山莴苣**

【特征描述】 一年生草本，高 50～80 cm。茎单生，直立，无毛或有时有白色茎刺，上部圆锥状花序分枝或自基部分枝。中下部茎叶倒披针或长椭圆形，长 3～7.5 cm，宽 1～4.5 cm，倒向羽状或羽状浅裂、半裂或深裂，有时茎叶不裂，宽线形，无柄，基部箭头状抱茎，顶裂片与侧裂片等大，三角状卵形或菱形，或侧裂片集中在叶的下部或基部而顶裂片较长，宽线形，侧裂片 3～6 对，镰刀形、三角状镰刀形或卵状镰刀形，最下部茎叶及接圆锥花序下部的叶与中下部茎叶同形或披针形、线状披针形或线形，全部叶或裂片边缘有细齿或刺齿或细刺或全缘，下面沿中脉有刺毛，刺毛黄色。头状花序多数，在茎枝顶端排成圆锥状花序。总苞果期卵球形，长 1.2 cm，宽约 6 mm；总苞片约 5 层，外层及最外层小，长 1～2 mm，宽 1 mm 或不足 1 mm，中、内层披针形，长 7～12 mm，宽达 2 mm，全部总苞片先端急尖，外面无毛。舌状小花 15～25

枚，黄色。瘦果倒披针形，长约 3.5 mm，宽约 1.3 mm，扁平，浅褐色，上部有稀疏的上指的短糙毛，每面有 8～10 条高起的细肋，顶端急尖成细丝状的喙，喙长约 5 mm。冠毛白色，微锯齿状，长约 6 mm。**物候期**：花果期 6—8 月。**染色体**：$2n$=18。

【原产地及分布现状】 原产于地中海地区，在各洲广泛分布。**国内分布**：吉林、辽宁、河北、山东、河南、江苏、安徽、浙江、福建、江西、香港、湖北、湖南、重庆、四川、陕西、甘肃、新疆。

【生境】 生于荒地、路旁、河滩砾石地、山坡石缝中及草地，海拔 500～2 000 m。

【传入与扩散】 **文献记载**：野莴苣一名始见于祁天锡《江苏植物名录》（1921），贾祖璋、贾祖珊《中国植物图鉴》（1937）称毒莴苣。**标本信息**：模式标本 Herb. Linn 950.3（LINN）采自欧洲南部，由 Prince 和 Carter 于 Watsonia 11: 337. 1977 选定为后选模式。据 H. von Handel-Mazzetti（Sym. Sin. 7: 1181. 1936）记载在云南昆明采到标本。**传入方式**：可能随作物种子挟带传入。**传播途径**：种子可借风力传播。

【危害及防控】 **危害**：野莴苣全株有毒，种子能够混杂于谷物、豆类及牧草中随之传播，降低作物品质。**防控**：加强检验检疫。

【凭证标本】 安徽省淮南市田家庵区奥林匹克公园，海拔 43 m，32.571 1 N，117.019 8 E，2014 年 7 月 24 日，严靖、李惠茹、王樟华、闫小玲 RQHD00358（CSH）；浙江省舟山市嵊泗县石子岙附近，海拔 7.96 m，30.739 6 N，122.446 0 E，2014 年 11 月 17 日，严靖、闫小玲、王樟华、李惠茹 RQHD01525（CSH）；河南省三门峡市卢氏县卢氏收费站，海拔 609 m，34.037 6 N，111.028 8 E，2016 年 10 月 25 日，刘全儒、何毅等 RQSB09533（BNU）；福建省泉州市水头镇，海拔 25 m，24.703 2 N，118.415 9 E，2015 年 6 月 29 日，曾宪锋 RQHN07042（CSH）；江西省赣州市瑞金市谢坊镇，海拔 202 m，25.873 3 N，116.010 8 E，2015 年 8 月 13 日，曾宪锋、邱贺媛 RQHN07275（CSH）。

【相似种】 莴苣（*Lactuca sativa* Linnaeus），广泛栽培食用。

野莴苣
（*Lactuca serriola* Linnaeus）
1. 生境；2. 叶片；
3. 花序枝；4. 头状花序；
5. 植株形态

参考文献

郭水良，方芳，倪丽萍，等，2006. 检疫性杂草毒莴苣的光合特征及其入侵地群落学生态调查［J］. 应用生态学报，17（12）：2316-2320.

韩亚光，1995. 新侵入辽宁地区的杂草——野莴苣［J］. 沈阳农业大学学报，26（1）：77-78.

赖秀雅，吴庆玲，李想，等，2008. 浙江归化植物新资料［J］. 温州大学学报（自然科学版），29（5）：13-16.

Shi Z, Norbert K, 2011. *Lactuca*[M]//Wu Z Y, Raven P H, Hong D Y. Flora of China: vol. 20–21. Beijing: Science Press & St. Louis: Missouri Botanical Garden Press: 233–238.

6. 苦苣菜属 *Sonchus* Linnaeus

一年生、二年生或多年生草本。叶互生。头状花序稍大，同型，舌状，含多数舌状小花，通常 80 朵以上，在茎枝顶端排成伞房花序或伞房圆锥花序。总苞卵状、钟状、圆柱状或碟状，花后常下垂。总苞片 3～5 层，覆瓦状排列，草质，内层总苞片披针形、长椭圆形或长三角形，边缘常膜质。花托平，无托毛。舌状小花黄色，两性，结实，舌状顶端截形，5 齿裂，花药基部短箭头状，花柱分枝纤细。瘦果卵形或椭圆形，极少倒圆锥形，极扁或粗厚，有多数（达 20 条）高起的纵肋，或纵肋少数，常有横皱纹，顶端较狭窄，无喙。冠毛多层多数，细密、柔软且彼此纠缠，白色，单毛状，基部整体联合成环或联合成组，脱落。

本属约有 90 种，广布于欧洲、亚洲与非洲。中国原产 4 种，外来归化 1 种。苦苣菜（*Sonchus oleraceus* Linnaeus）在以往文献资料中常被认为是外来种，但该种是欧亚大陆广布种，其原产地已不可考证，而中国古代就已经有该种的记载，故本志将该种作为本土种对待。此外，尚有不少资料（Wu et al., 2010）提及欧洲苣荬菜（*Sonchus arvensis* Linnaeus）在中国的分布，但大多数材料实际上是本土种苣荬菜（*Sonchus wightianus* Candolle）的错误鉴定。

参考文献

时丽冉，2013. 苦苣菜染色体数目及核型分析［J］. 江苏农业科学，40（12）：362-364.

Shi Z, Norbert K, 2011. Lactuca[M]//Wu Z Y, Raven P H, Hong D Y. Flora of China: vol. 20–21. Beijing: Science Press & St. Louis: Missouri Botanical Garden Press: 239–242.

Wu S H, Yang T Y A, Teng Y C, et al., 2010. Insights of the Latest Naturalized *Flora of Taiwan*: Change in the Past Eight Years[J]. Taiwania, 55(2): 139–159.

续断菊 *Sonchus asper* (Linnaeus) Hill, Herb. Brit. 1: 47. 1769. ——*Sonchus oleraceus* Linnaeus var. *asper* Linnaeus, Sp. Pl. 2: 794. 1753.

【别名】 **花叶滇苦菜**

【特征描述】 一年生草本。根倒圆锥状，褐色，垂直直伸。茎单生或少数茎成簇生。

茎直立，高 20～50 cm，有纵纹或纵棱，上部长或短总状或伞房状花序分枝，或花序分枝极短缩，全部茎枝光滑无毛或上部及花梗被头状具柄的腺毛。基生叶与茎生叶同型，但较小；中下部茎叶长椭圆形、倒卵形、匙状或匙状椭圆形，包括渐狭的翼柄长 7～13 cm，宽 2～5 cm，顶端渐尖、急尖或钝，基部渐狭成短或较长的翼柄，柄基耳状抱茎或基部无柄，耳状抱茎；上部茎叶披针形，不裂，基部扩大，圆耳状抱茎。或下部叶或全部茎叶羽状浅裂、半裂或深裂，侧裂片 4～5 对椭圆形、三角形、宽镰刀形或半圆形。全部叶及裂片与抱茎的圆耳边缘有尖齿刺，两面光滑无毛，质地薄。头状花序少数（5 个）或较多（10 个）在茎枝顶端排稠密的伞房花序。总苞宽钟状，长约 1.5 cm，宽约 1 cm；总苞片 3～4 层，向内层渐长，覆瓦状排列，绿色或绿色，草质，外层长披针形或长三角形，长约 3 mm，宽不足 1 mm，中内层长椭圆状披针形至宽线形，长达 1.5 cm，宽 1.5～2 mm、全部苞片顶端急尖，外面光滑无毛。舌状小花黄色。瘦果倒披针状，褐色，长 3 mm，宽 1.1 mm，压扁，两面各有 3 条细纵肋，肋间无横皱纹。冠毛白色，长达 7 mm，柔软，彼此纠缠，基部联合成环。**物候期：**花果期 5—10 月。**染色体：**$2n$=18=18 m。

【原产地及分布现状】 原产于欧洲地中海地区。欧洲、西亚、俄罗斯（西伯利亚、远东地区）、哈萨克斯坦、乌兹别克斯坦、日本、喜马拉雅山也有分布。模式标本采自欧洲。**国内分布：**安徽、北京、重庆、福建、广东、广西、河北、河南、黑龙江、湖北、湖南、吉林、江苏、江西、辽宁、内蒙古、宁夏、青海、陕西、山东、山西、上海、四川、西藏、新疆、云南、浙江。

【生境】 生于山坡、林缘及水边，海拔 1 550～3 650 m。适生于疏松肥沃土壤，适应性强。

【传入与扩散】 **文献记载：**续断菊一名出自祁天锡《江苏植物名录》(1921)，《中国植物志》称花叶滇苦菜。**标本信息：**模式标本，即 Boulos 在 Taxon 47: 368. 1998 上指定 Herb. Burser-VI: 14.（UPS）为后选模式。1908 年在澳门首次采到标本。**传入方式：**无意引进，可能分别从海外输入华南和华东后扩散蔓延到华北、中南、西南和西北地区。**传播途径**：子实可随风飘散。**繁殖方式**：种子繁殖。

【**危害及防控**】**危害**：杂草。危害作物、草坪，影响景观。**防控**：可用二甲戊灵、氯氟吡氧乙酸、百草敌进行化学防控。

【**凭证标本**】安徽省淮北市烈山区南湖铁路边，海拔 30 m，33.903 1 N，116.802 9 E，2014 年 7 月 6 日，严靖、李惠茹、王樟华、闫小玲 RQHD00127（CSH）；福建省宁德市福鼎市霞浦县太姥山，海拔 536 m，27.122 5 N，120.197 0 E，2014 年 11 月 30 日，曾宪锋 ZXF16363（CZH）；河南省登封市薛家门外，海拔 444 m，34.470 5 N，113.050 8 E，2016 年 10 月 25 日，刘全儒、何毅等 RQSB09504（BNU）；湖北省恩施州鹤峰县，海拔 800 m，2016 年 7 月 12 日，金效华、张成、江燕 JXH17146（CSH）；天津市红桥区西沽公园，海拔 2 m，39.174 1 N，117.166 9 E，2014 年 8 月 27 日，苗雪鹏 14082705（CSH）；浙江省杭州市淳安县千岛湖旅游码头附近，海拔 109 m，29.596 6 N，119.011 1 E，2014 年 9 月 22 日，严靖、闫小玲、王樟华、李惠茹 RQHD00948（CSH）；重庆市石柱县枫木乡新村，海拔 1 376 m，30.246 2 N，108.463 5 E，2014 年 9 月 27 日，刘正宇、张军等 RQHZ06456（CSH）；山东省邹城市岗山街道金山大道，海拔 82.5 m，2013 年 5 月 12 日，郝加琛 1305023-2（CSH）。

续断菊 [*Sonchus asper* (Linnaeus) Hill]

1. 生境；2. 叶片；3. 植株上部；4. 花侧面，示总苞；5. 头状花序；
6. 果序；7. 瘦果；8. 花枝；9. 果序中瘦果形态

参考文献

许桂芳，王鸿升，刘明久，2011. 外来植物续断菊的化感作用研究［J］. 河南师范大学学报（自然科学版），39（5）：141-144.

杨德奎，周俊英，1995. 续断菊的染色体研究［J］. 山东师范大学学报（自然科学版），10（4）：429-431.

Shi Z, Norbert K, 2011. *Lactuca*[M]//Wu Z Y, Raven P H, Hong D Y. Flora of China: vol. 20–21. Beijing: Science Press & St. Louis: Missouri Botanical Garden Press: 239–242.

7. 蒲公英属 *Taraxacum* F. H. Wiggers

多年生葶状草本，具白色乳状汁液。茎花葶状。花葶 1 至数个，直立，中空，无叶状苞片叶，上部被蛛丝状柔毛或无毛。叶基生，密集成莲座状，具柄或无柄，叶片匙形、倒披针形或披针形，羽状深裂、浅裂，裂片多为倒向或平展，或具波状齿，稀全缘。头状花序单生花葶顶端，总苞钟状或狭钟状，总苞片数层，有时先端背部增厚或有小角，外层总苞片短于内层总苞片，通常稍宽，常有浅色边缘，线状披针形至卵圆形，伏贴或反卷，内层总苞片较长，多少呈线形，直立；花序托多少平坦，有小窝孔，无托片，稀少有托片；全为舌状花，两性、结实，头状花序通常有花数十朵，有时 100 余朵，舌片通常黄色，稀白色、红色或紫红色，先端截平，具 5 齿，边缘花舌片背面常具暗色条纹；雄蕊 5，花药聚合，呈筒状，包于花柱周围，基部具尾，戟形，先端有三角形的附属物，花丝离生，着生于花冠筒上；花柱细长，伸出聚药雄蕊外，柱头 2 裂，裂瓣线形。瘦果纺锤形或倒锥形，有纵沟，果体上部或几全部有刺状或瘤状突起，稀光滑，上端突然缢缩或逐渐收缩为圆柱形或圆锥形的喙基，喙细长，少粗短，稀无喙；冠毛多层，白色或有淡的颜色，毛状，易脱落。

本属形态变异大，物种概念和划分依据不一，导致不同著作中的物种数量差异很大，《中国植物志》记载全世界约 120 种以上，*Flora of China* 记载全世界有超过 2 500 种，*Flora of North America* 记载全世界有 60（～2 000）种，主产北半球温带至亚热带地区，少数产热带南美洲。本属在中国广布于东北、华北、西北、华中、华东及西南各省区，西南和西北地区最多，《中国植物志》记载中国有近 100 种，包括外来引入种药用蒲公英（*Taraxacum officinale* F. H. Wiggers），*Flora of China* 记载中国原产 113 种，外来引入 3 种，包括瑞典蒲公英（*Taraxacum scanicum* Dahlstedt）、椭圆蒲公英（*Taraxacum oblongatum* Dahlstedt）、红座蒲公英（*Taraxacum rhodopodum* Dahlstedt ex M. P. Christiansen & Wiinstedt），并将药用蒲公英（*Taraxacum officinale* F. H. Wiggers）处理为组名称。鉴于蒲公英属分类的困难，狭义种多数不可信，因此本志采用大种的概念，认为中国外来引入归化 2 种，收录药用蒲公英 1 种，瑞典蒲公英由于材料的欠缺，暂不收录。

药用蒲公英 *Taraxacum officinale* F. H. Wiggers, Prim. Fl. Holsat. 56. 1780. —— *Taraxacum dens-leonis* Desfontaines, Fl. Atlant. 2: 228. 1799.

【别名】 **西洋蒲公英、洋蒲公英**

【特征描述】 多年生草本。根颈部密被黑褐色残存叶基。叶狭倒卵形、长椭圆形，稀少倒披针形，长 4～20 cm，宽 10～65 mm，大头羽状深裂或羽状浅裂，稀不裂而具波状齿，顶端裂片三角形或长三角形，全缘或具齿，先端急尖或圆钝，每侧裂片 4～7 片，裂片三角形至三角状线形，全缘或具齿状，裂片先端急尖或渐尖，裂片间常有小齿或小裂片，叶基有时显红紫色，无毛或沿主脉被稀疏的蛛丝状短柔毛。花葶多数，高 5～40 cm，长于叶，顶端被丰富的蛛丝状毛，基部常显红紫色；头状花序直径 25～40 mm；总苞宽钟状，长 13～25 mm，总苞片绿色，先端渐尖、无角，有时略呈胼胝状增厚；外层总苞片宽披针形至披针形，长 4～10 mm，宽 1.5～3.5 mm，反卷，无或有极窄的膜质边缘，等宽或稍宽于内层总苞片；内层总苞片长为外层总苞片的 1.5 倍；舌状花亮黄色，花冠喉部及舌片下部的背面密生短柔毛，舌片长 7～8 mm，宽 1～1.5 mm，基部筒长 3～4 mm，边缘花舌片背面有紫色条纹，柱头暗黄色。瘦果浅黄褐色，长 3～4 mm，中部以上有大量小尖刺，其余部分具小瘤状突起，顶端突然缢缩为长 0.4～0.6 mm 的喙基，喙纤细，长 7～12 mm；冠毛白色，长 6～8 mm。**物候期：**花果期 6—8 月。

【原产地及分布现状】 原产欧洲，归化于非洲、亚洲、北美洲和中、南美洲。**国内分布：**重庆、甘肃、广东、河北、北京、河南、黑龙江、湖北、江苏、江西、青海、陕西、山西、上海、四川、台湾、香港、新疆、浙江。

【生境】 生于海拔 700～2 200 m 的低山草原、森林草甸、草坪、田间与路边。

【传入与扩散】 **文献记载：**该种在我国最早的记载是以异名 *Taraxacum dens-leonis* Desfontaines 出现在 G. Bentham 的 *Flora Hong Kongensis*（香港植物志）(1861) 中。药用蒲公英一名见于《杨氏园艺植物大名典》9：6730（1984）。**标本信息：**模式标本，即 Herb. Burser, Hortus Siccus VI: 37.（UPS）左下方的标本为后选模式，由 J. Kirschner 和 J. Stepanek 于 Taxon 60 (1): 219. 1011 选定。Champion 在香港采到第一份标本。**传入方式：**主要混在进口草皮种子中引进，常在城镇草坪上生长，例如在台湾的台北市出现在南京东路和台湾大学校园的草坪中（Peng，1978），同时也有部分从邻近地区传入。**传播途径：**瘦果有发达的冠毛，可借风力传播，果体上部有尖刺，也可附着衣服、动物皮毛传播。**繁殖方式：**种子繁殖。**入侵特点：**传播能力强，容易扩散。

【危害及防控】 **危害：**该种生长迅速，种子产量大，适应性广，可成为草坪和田园杂草，风险程度一般。**防控：**加强监控管理，在结果前清除。

【凭证标本】 青海省海北藏族自治州祁连县县城，海拔 2 770 m，38.185 8 N，100.243 5 E，2015 年 7 月 13 日，张勇 RQSB02719（CSH）；新疆维吾尔自治区昌吉回族自治州木垒县郊区，海拔 1 311 m，43.825 3 N，90.299 4 E，2015 年 8 月 10 日，张勇 RQSB02357（CSH）；云南省红河州绿春县大小沟宋壁村，海拔 1 955 m，25.141 3 N，102.738 3 E，2015 年 7 月 7 日，陈文红、陈润征等 RQXN00410（CSH）。

【相似种】 多种蒲公英属植物。

药用蒲公英
[*Taraxacum officinale* F. H. Wiggers]

1. 生境；2. 莲座状基生叶；3. 植株形态；4、5. 头状花序；6. 果序；7. 果序剖开，示瘦果；8. 头状花序侧面，示总苞

参考文献

葛学军，林有润，翟大彤，1999. 蒲公英属［M］// 林有润，葛学军 . 中国植物志：第 80 卷 . 北京：科学出版社：1－94.

Ge X J, Jan K, Jan S, 2011. *Taraxacum*[M]//Wu Z Y, Raven P H, Hong D Y. Flora of China: vol. 20–21. Beijing: Science Press & St. Louis: Missouri Botanical Garden Press: 270–325.

Peng C I, 1978. Some new records for the *Flora of Taiwan*[J]. Botanical Bulletin of Academia Sinica, 19: 83–86.

8. 狮齿菊属 *Leontodon* Linnaeus

一年生或多年生草本。根纤维状，有时块茎状，或有主轴。茎 1～20 cm，花葶状单生或少分枝，无毛，被柔毛或多粗糙毛。叶基生，有叶柄，具翅。叶片倒披针形，边缘全缘或齿状或深裂，表面无毛或具糙毛。头状花序单生或 2～5 枚松散排列，伞房状。花序梗略微膨胀，苞片有或无，总苞钟状，总苞片 16～20 枚，2 层，狭披针形，近等长，无毛或被毛。花托凸起，有凹痕，有时略带柔毛。小花 20～30 枚，花冠自黄色到橙色。瘦果棕色或红棕色，梭形或圆柱状，弯曲，向远端变窄，无喙或具喙，肋 10～14，表面粗糙，无毛；冠毛明显，1～2 层，黄白色、棕褐色或淡褐色鬃毛。

本属约有 50 种，分布于欧洲，北非，地中海，亚洲西部。中国外来归化 1 种。

糙毛狮齿菊 ***Leontodon hispidus*** Linnaeus, Sp. Pl. 2: 798. 1753.

【特征描述】 多年生草本，株高 10～60 cm。主根不很明显，侧根相对发达，呈浅棕色。叶莲座状基生，叶片倒披针形或倒卵状披针形，长 5～15 cm，宽 0.5～4 cm，边缘粗糙齿状，羽状深裂，顶端裂片略大，呈三角形或三角状戟形，每侧裂片 4～10 片，基部渐狭成叶柄，叶表面通常具较多的粗糙硬毛，毛顶通常 2～3 裂。花葶多个，长于叶，高 20～30 cm，基部无毛或密被长硬毛，每个花葶上端具一个头状花序，直径 1～2 cm。总苞钟状，长 7～13 mm，绿色，苞片上无毛或有毛，可分为无毛型，疏毛型和多毛型，总苞上具内外两轮苞片，差异显著，外轮苞片分为不明显的两层，10～12 枚，长 1～3 mm，基部淡绿色，先端紫红色；内轮苞片近等长，排成 1 轮，约 13 枚，披针形，长 6～10 mm。头状花序具 30～50 舌状花，舌片长约 8 mm，宽约 3 mm，黄色，边缘花舌片背面具紫黑色条纹。聚药雄蕊及柱头黄色。瘦果纺锤形或近圆柱形，先端密布短喙状突起，早期嫩绿色，成熟时变暗褐色，长 3～5 mm，宽 1～1.5 mm，纤细；冠毛两型，外层冠毛鬃状鳞型，呈王冠状；内层为长羽毛状冠毛，长约 6 mm，浅褐色。**物候期**：花果期 3—10 月。**染色体**：$2n=14$。

【原产地及分布现状】 原产于欧洲大部分地区、小亚细亚、高加索地区和伊朗，北非、北美和新西兰广泛引入归化。**国内分布：** 山东（威海）。

【生境】 广泛生于中、低海拔地区的山坡草地、路边、田野、河滩。

【传入与扩散】 **文献记载：** 2015 年首次在山东威海发现。糙毛狮齿菊一名出自薛渊元等（2017）的报道。**标本信息：** 模式标本 Fl. Iran. 122: 129. 1977. 上指定 Linn−53.9（LINN）为后选模式。**传播途径：** 随美国进口草皮种子引入，随着人类的活动和风力进行传播。

【危害及防控】 **危害：** 草坪杂草。糙毛狮齿菊与蒲公英外形相似，因此被误当作本地种。由于其花期长、果实小、产量高、质轻，且具有羽状冠毛，易随着人类的活动和风力进行传播。**防控：** 应对本次发现的中国新记录属种糙毛狮齿菊的入侵风险进行评估并引起重视，以便更好地进行管理和利用。

【凭证标本】 山东威海山东大学海洋学院文心湖畔北侧草坪，海拔 10 m，37.626 6 N，122.053 9 E，2016 年 5 月 5 日，薛渊元 No. 2016050501 至 2016050505（山东大学海洋学院植物标本室）。

糙毛狮齿菊（*Leontodon hispidus* Linnaeus）

1. 生境；2. 植株形态；3. 头状花序正面；4. 头状花序侧面，示总苞；
5. 果序；6. 瘦果；7. 叶片正面及背面；8. 单个舌状花和聚药雄蕊

参考文献

薛渊元，杨烁，赵宏，2017. 中国新记录属种——狮齿菊属和糙毛狮齿菊［J］. 植物科学学报，35（3）：321-325.

Finch R A, 1967. Natural chromosome variation in *Leontodon*[J]. Heredity, 22(3): 359–386.

Monica M, Luis S, Elisabete F D, et al., 2015. A revision of the genus *Leontodon* (Asteraceae) in the Azores based on morphological and molecular evidence[J]. Phytotaxa, 210(1): 24–46.

9. 光耀藤属 *Tarlmounia* H. Robinson, S. C. Keeley, Skvarla & R. Chan

常绿攀援灌木。茎细长，髓实心；茎、叶背面以及花序梗密被银色绢毛，毛呈“T”字形，具长臂。叶互生，具短柄；叶片椭圆形至倒椭圆形，基本钝，边缘全缘至具疏齿，先端圆至突尖，上面绿色，近无毛，仅有少数散生毛；背面密被绢毛，毛呈T字形，纤细，伏贴，二级脉羽状，4～6对，向上不规则弯拱。花序生于分枝顶端，呈窄圆锥形，常具侧生的短伞房状分枝和小分枝，老分枝常在节处偏斜；头状花序排成小而相当紧凑的花簇；总苞片约5层，覆瓦状排列，先端阔钝至圆形，内层总苞片渐脱落；花托无毛。小花约5个；花冠白色，或花蕾时淡紫色后变白色，花冠壁质薄，至基部1.5 mm以上呈漏斗状，无毛，散生腺体；药囊具细小基生縫毛，先端附属物狭长圆形；花柱基部变宽，具硬化细胞形成的圆环；花柱柄和分枝具钝毛。瘦果具棱，稀具更多棱，无毛，具腺点，表面具多数异细胞，壁上具散生小菱形或短长圆形针晶；心皮柄窄瓶塞状，近圆柱状，长大于宽；冠毛由多数纤细刚毛组成，近基部变窄，先端加宽，多少易碎，散布少数短刚毛。

本属仅1种，从广义的斑鸠菊属（*Vernonia* Schreber）分出。分布于南亚和东南亚，中国也有栽培或归化。

光耀藤 *Tarlmounia elliptica* (Candolle) H. Robinson，S.C. Keeley, Skvarla & R. Chan, Proc. Biol. Soc. Washington 121(1): 32. 2008. —— *Vernonia elliptica* Candolle in Wight, Contr. Bot. India. 5. 1834.

【特征描述】 常绿攀援灌木。茎具条纹，密被灰白色绢毛，毛呈“T”字形。叶柄弯曲，长约 2 mm；叶片椭圆状长圆形，长 2～6.5（～10）cm，宽 1～4（～6）cm，背面密被绢毛，上面主脉上具绢毛，其他无毛或具疏毛，侧脉 4～6 对，基部截形至圆形，边缘全缘，先端圆或突尖。复合花序顶生或近顶生，为伸长的圆锥花序，似总状聚伞花序。头状花序簇生于分枝顶端。总苞管状，长 3～4 mm，宽 1.5～2.5 mm；总苞片约 5 层，先端具紫色；外层近圆形，具贴伏绢毛，先端圆形；内层总苞片长圆状椭圆形。小花约 5 个；花冠白色或淡紫色，长 5～6 mm，具稀疏腺体，裂片长约 2 mm。瘦果淡棕色，圆柱状棒形，长 1.8～2.2 mm，具 5 棱，密被小腺体。冠毛褐白色，内层刚毛长 4～5.5 mm，粗糙。**物候期**：花果期春夏季。**染色体**：$2n$=40。

【原产地及分布现状】 原产印度、缅甸和泰国，现在新加坡、马来西亚等地也有栽培或归化。在云南、香港、台湾作为观赏植物栽培，在台湾归化。

【生境】 攀援于抬升珊瑚礁石低山上小道边或生于矿区。

【传入与扩散】 **文献记载**：光耀藤一名始见于赖明洲《最新台湾园林观赏植物》（1995）介绍该种在台湾作观赏植物栽培。彭镜毅等（Peng et al., 1998）报道归化新记录，吴姗桦等（Wu et al., 2004; Wu et al., 2010）在台湾归化种名录中也收录了该种。**标本信息**：模式标本为采集于印度的 R. Wight1377/149（E00413302）。**传入方式**：作为观赏植物引种栽培后逃逸归化。**繁殖方式**：种子繁殖，也可通过攀援枝条蔓延繁殖。

【危害及防控】 **危害**：植株蔓延成片覆盖在其他植物上，影响其他植物生长，影响当地生物多样性。**防控**：控制引种栽培，如发现有逸生归化现象及时进行人工清除。

【凭证标本】 中国台湾地区高雄市寿山，海拔约 50 m，彭镜毅 16180（HAST）；寿山南部矿区，杨 388，427，519（HAST，TAIF）；台北市汐止镇，2008 年 1 月 1 日，钟明哲 2118（PE01894639）。

光耀藤 [*Tarlmounia elliptica* (Candolle) H. Robinson，S.C. Keeley, Skvarla & R. Chan]

1. 生境（群体）；2. 植株形态；3. 花序枝；4. 果序枝

参考文献

赖明洲，1995. 最新台湾园林观赏植物［M］. 台北：地景企业股份有限公司 .

Chen Y L, Michael G G, 2011. Vernonieae[M]//Wu Z Y, Raven P H, Hong D Y. Flora of China: vol. 20–21. Beijing: Science Press & St. Louis: Missouri Botanical Garden Press: 354–369.

Mathew A, Mathew P M, 1988. Cytological studies on the south Indian Compositae[J]. Glimpses Pl. Res, 8: 1–177.

Peng C I, Chung K F, Leu W P, 1998. Notes on Three newly naturalized plants (Asteraceae) in Taiwan[J]. Taiwania, 43(4): 320–329.

10. 苹果蓟属 *Centratherum* Cassini

草本或亚灌木。茎常多分枝，被柔毛或幼时有毛。叶对生，有柄或无柄、叶片卵形、线性或倒披针形，先端钝至近急尖，基部楔形至渐狭，边缘锯齿状或浅裂、两面无毛、具腺点或被短柔毛，或兼有丁字毛。头状花序单生于枝顶，小花多数，同形。总苞圆柱状钟形，直径 8～25 mm、总苞片多层，外层叶状、花冠管状，紫红色，常具腺体。瘦果圆柱形至倒圆锥形。冠毛刚毛状，淡黄色，易脱落。

本属有 2～4 种，分布于美洲热带地区。中国外来归化 1 种。本属虽由 L. K. Krikman 于 1981 年修订，但仍存在一些问题，需后续进一步的研究。

苹果蓟 ***Centratherum punctatum*** subsp. ***fruticosum*** (S. Vidal) K. Kirkman ex Shih H. Chen, M. J. Wu & S. M. Li in Taiwania 44: 300, figs. 2-4. 1999. —— *Centratherum fruticosum* S. Vidal, Rev, Pl. Vasc. Filip. 159. 1886.

【别名】 **菲律宾纽扣花、蓝冠菊**

【特征描述】 多年生草本或半灌木，高可达 1～1.4 m，常多分枝。茎基部常木质化，光滑，幼枝被粗毛，常带沟槽。叶在节间常近簇生，叶片椭圆状卵形至菱形，长 1～6 cm，宽 0.5～3 cm，基部楔形渐狭，边缘不规则锯齿至圆锯齿形，两面被短柔毛及丁字毛和腺点，叶柄有翼，长可达 2 cm，较小叶的叶柄不明显。头状花序单生于枝顶，直径 2～2.8 cm，小花多数，同形；花序梗长 3～8 cm，被短柔毛；总苞钟形至近球形，长约 1 cm，基部轮生叶状苞片，总苞 5～7 层，具腺体，边缘膜质，先端紫色，具小尖头，外层总苞三角形，长 3.5～5 mm，宽 1～1.2 mm，内层总苞线状倒披针形，长 8 mm，宽 2.5～2.7 mm；花冠管状，紫红色，长 8～15 mm，外侧具腺毛，檐部 5 裂；花柱白色，花柱分枝线状；雄蕊 5，白色，花药线形，长 3 mm，宽 0.5 mm，先端附片披针形，基部有距。瘦果褐色，无毛，长约 2.5 mm，具 10 肋。冠毛刚毛状，淡黄色，易脱落。**物候期**：花果期全年。

【原产地及分布现状】 原产于菲律宾，在澳大利亚、泰国、缅甸、老挝等地归化。**国内分布**：台湾（花莲、台北），云南（瑞丽）。

【生境】 生于路边、荒地、农田

【传入与扩散】 **文献记载**：苹果蓟一名出自沈佳豪等（2019）的报道。**标本信息**：模式标本为菲律宾，Distr. Lepanto，1876 年，S.Vidal 1502（Syntypes, A, L, MA.）。彭镜毅 1984 年 2 月 15 日首次在台湾地区台北市南港区采到标本（彭镜毅 6395，HAST）。Wu et al.（2004）关于台湾外来归化种的报道中也提到了该种。**传入方式**：作观赏花卉引入台湾、香港、澳门和广东等热带地区。该种在中南半岛已成为入侵种，云南野外种群可能从缅甸和老挝蔓延入境。**传播途径**：种子借风和水流传播扩散，从栽培中逃逸或从境外传入。**繁殖方式**：主要以种子繁殖。**入侵特点**：结实量大，生长快，植株较高大，多分枝。**可能扩散的区域**：热带和南亚热带地区。

【危害及防控】 **危害**：高大杂草。**防控**：发现逸生植株及时清除。

【凭证标本】 台湾地区花莲县国福路旁，1998 年 11 月 20 日，李思明无号（HLTC）；云南省德宏傣族景颇族自治州瑞丽市畹町镇回环村，海拔 935 m，98.044 4 N，24.117 7 E，2017 年 4 月，危金谱，王雪兵，蔡和晨，何雪菲 RL0832（HCNGB）.

苹果蓟
[*Centratherum punctatum* subsp. *fruticosum* (S. Vida) K. Kirkman ex Shih H. Chen, M. J. Wu & S. M. Li]
1. 生境；2. 植株形态；3. 头状花序

参考文献

沈佳豪，牛帼豪，张国进，等，2019. 苹果蓟属，东南亚大陆菊科一新归化属 [J] . 广西植物，39 (10): 1407.

Chen S H, Wu M J, Li S M, 1999. *Centratherum punctatum* Cass. ssp. *fruticosum*, a newly naturalized sunflower species in Taiwan[J]. Taiwania, 44 (2): 299–305.

Kirkman L K, 1981. Taxonomic revision of *Centratherum* and *Phyllocephalum* (Compositae: Vernonieae) [J]. Rhodora, 83: 1–24.

Wu S H, Hsieh C F, Rejmánek M, 2004. Catalogue of the Naturalized Flora of Taiwan[J]. Taiwania, 49(1): 16–31.

11. 地胆草属 *Elephantopus* Linnaeus

多年生坚硬草本，被柔毛。叶互生，无柄，或具短柄，全缘或具锯齿，或少有羽状浅裂，具羽状脉。头状花序多数，密集成团球状复头状花序，复头状花序基部被数个叶状苞片所包围，具坚硬的花序梗，在茎和枝端单生或排列成伞房状，具数个花；总苞圆柱形或长圆形，稍压扁；总苞片 2 层，覆瓦状，交叉对生，长圆形，顶端急尖或具小刺尖，外层 4 个较内层的 4 个短、花托小，无毛、花全部两性，同形，结实，花冠管状，檐部漏斗状，上端 5 裂，通常一侧深裂；花药顶端短尖，基部短箭形，具钝耳；花柱分枝丝状，被微毛，顶端钻形。瘦果线状长圆体形，顶端截形，具 10 条肋，被短柔毛；冠毛 1 层，具 5 条硬刚毛，基部宽扁。

本属约有 30 种，大部分产于美洲，少数种分布于热带非洲、亚洲及大洋洲。中国有 2 种，分布于华南和西南部，其中 1 种为外来入侵种。

白花地胆草 *Elephantopus tomentosus* Linnaeus, Sp. Pl. 2: 814. 1753. —— *Elephantopus bodinieri* Gagnepain, Bull. Soc. Bot. France 68: 117. 1921.

【别名】 **白花地胆头**

【特征描述】 根状茎粗壮，斜升或平卧，具纤维状根、茎直立，高 0.8～1 m，或更高，基部 3～6 mm，多分枝，棱条被白色开展的长柔毛，具腺点、叶散生于茎上，基部叶在花期常凋萎，下部叶长圆状倒卵形，长 8～20 cm，宽 3～5 cm，先端尖，基部渐狭成具翅的柄，稍抱茎，上部叶椭圆形或长圆状椭圆形，长 7～8 cm，宽 1.5～2 cm，近无柄或具短柄，最上部叶极小，全部叶具有小尖的锯齿，稀近全缘，上面皱而具疣状突起，被疏或较密短柔毛，下面被密长柔毛和腺点；头状花序 12～20 个在茎枝顶端密集成团球状复头状花序，复头状花序基部有 3 个卵状心形的总苞片，具细长的花序梗，排成疏伞房状；总苞长圆体形，长 8～10 mm，宽 1.5～2 mm；总苞片绿色，或有时顶端紫红色，外层 4 个，披针状长圆形，长 4～5 mm，先端尖，具 1 脉，无毛或近无毛，内层 4 个，椭圆状长圆形，长 7～8 mm，顶端急尖，具 3 脉，被疏贴短毛和腺点；花 4 朵，花冠白色，漏斗状，长 5～6 mm，管部细，裂片披针形，无毛；瘦果线状长圆体形，长约 3 mm，具 10 条肋，被短柔毛；冠毛污白色，具 5 条硬刚毛，长约 4 mm，基部急宽成三角形。**物候期**：花期 8 月至翌年 5 月。**染色体**：$2n=22=22$ m（4 sat）。

【原产地及分布现状】 原产美国东南部；在各热带和亚热带地区有广泛分布。**国内分布**：澳门、广东、广西、海南、江西、福建、台湾、香港、浙江。

【生境】 生于山坡旷野、路边或灌丛中。

【传入与扩散】 **文献记载**：白花地胆草一名出自侯宽昭《广州植物志》（1956），由《广州常见经济植物》（1952）的白花地胆头改名。**标本信息**：模式标本采自美国弗吉尼亚，Reveal et al. 于 Huntia 7: 220.1987. 指定 Clayton s. n.（BM）为后选模式。国内第一号标本是 E. Bodinier 534（P），于 1894 年 3 月 24 日采自香港，曾被误当新种 *E. bodinieri* Gagnepain 发表。**传入方式**：随进口农产品传入。**繁殖方式**：种子繁殖。

【危害及防控】 **危害**：杂草。**防控**：加强检疫，化学防控。

【凭证标本】广东省江门市台山市石花公园，海拔 39 m，22.261 6 N，112.803 5 E，2015 年 10 月 1 日，王发国、段磊、王永琪 RQHN03234（CSH）；广西壮族自治区梧州市岑溪市水汶镇，海拔 159.2 m，22.675 2 N，110.982 8 E，2016 年 1 月 16 日，韦春强、李象钦 RQXN07975（CSH）。

【相似种】白花地胆草有时被误定为原产热带美洲的紫花地胆草（*Elephantopus mollis* Kunth），前者花冠白色，瘦果长约 3 mm，冠毛长约 4 mm；后者花冠淡紫色，瘦果长约 4 mm，冠毛长约 3.5 mm。紫花地胆草已在多个热带非洲国家归化。

白花地胆草
（*Elephantopus tomentosus* Linnaeus）

1. 生境；
2. 复头状花序；
3. 头状花序纵剖，示管状花形态；
4. 叶片上的短柔毛（扫描电镜照片）；
5. 叶片；
6. 花序枝

参考文献

谢珍玉，郑成木，2003. 中国海南岛 13 种菊科植物的细胞学研究［J］. 植物分类学报，41（6）: 545-552.

Chen Y L, Michael G G, 2011. Vernonieae[M]//Wu Z Y, Raven P H, Hong D Y. Flora of China: vol. 20–21. Beijing: Science Press & St. Louis: Missouri Botanical Garden Press: 354–369.

Leung G P, Hau B C, Corlett R T, 2009. Exotic plant invasion in the highly degraded upland landscape of Hong Kong, China[J]. Biodiversity and Conservation, 18(1): 191.

12. 假地胆草属 *Pseudelephantopus* Rohr

多年生草本。茎直立，稍坚硬。叶互生，最下部叶通常密集而呈莲座状，近无柄，全缘或具疏锯齿，具羽状脉；头状花序 1～6 个束生于茎上部叶腋，且密集成团球状，无柄，具 4 个花；总苞长圆形；总苞片紧贴，4 层，每层各有 1 对，交叉着生，覆瓦状，最外的 2 层短于最内的 2 层；花托小，无毛；花两性，结实，花冠管状，上部有 5 浅裂，裂片上半部开展，花期转向头状花序边缘、花药顶端短，稍钝，基部短箭形，具钝小耳；花柱分枝纤细，丝状，被毛，顶端尖；瘦果线状长圆形，扁平，具 10 条肋，被毛；冠毛少数（5～15 条）不等长，刚毛状，其中有 2 条极长且顶端常扭曲。

本属约有 2 种，分布于热带美洲和非洲。中国外来归化 1 种。

假地胆草 ***Pseudelephantopus spicatus*** (Jussieu ex Aublet) C.F. Baker, Trans. Acad. Sci. St. Louis. 12: 55. 1902. —— *Elephantopus spicatus* Jusseu ex Aublet, Hist. Pl. Guiane 2: 808. 1775.

【特征描述】 多年生草本，高（40）60～100 cm。茎直立基部径 3～10 mm，有分枝，具条纹，被疏硬毛或近无毛。叶近无柄，稍抱茎，全缘或具疏锯齿，侧脉 8～11 对，上面粗糙，被疏糙毛或近无毛，具腺点，下面特别脉上被糙毛，具密腺点，下部叶长圆状倒卵形或长圆状匙形，长 7～20 cm，宽 1～5 cm，基部渐狭，顶端稍钝或短尖，上部叶长圆状披针形，长 2.5～11.5 cm，宽 0.5～1.5 cm，两端渐狭；头状花序 1～6 个聚集成团球状，束生于茎枝上端叶腋，无花序梗，作长顶生的穗状花序排列；总苞长圆形，长 10～12 mm，宽约 4 mm；总苞片椭圆状长圆形，先端渐尖或急尖，长 10 mm，宽 2 mm，暗绿色，具 1 条凸出的中肋，具腺点；花冠近管状，白色，长 7 mm，上部有 5 个披针形的裂片，檐部渐狭成细管；瘦果线状长圆形，长约 6 mm，具 10 条肋，被密绒毛，肋间有腺点；冠毛长 4 mm，少数，不等长，具 2 条顶端常扭曲的长刚毛。**物候期**：花期 12 月至翌年 2 月，果期 1—4 月。

【原产地及分布现状】 原产热带美洲，归化于亚洲。**国内分布**：广东、台湾、香港。

【生境】 生于路边、草地、荒地、旱田。

【传入与扩散】 **文献记载**：A. Henry 于 List. Pl. Form. 51. 1896 记载台湾分布。假地胆草一名始见于李惠林《台湾植物志》第一版，第四卷 924 页（1978）。**标本信息**：模式标本 H. Sloane (BM-SLOANE vol. 5 page 9) tab. 150, figs. 3 & 4 根据牙买加植物绘制的图。1912 年前就在广东和香港被发现，北村四郎（S. Kitamura）于 1932 年在台湾高雄采到标本。**传入方式**：无意引进，人类活动裹挟带入。**传播途径**：通过人类活动传播。**繁殖方式**：以种子及地下芽繁殖。

【危害及防控】 **危害**：杂草，危害旱田作物。**防控**：加强检疫，可以用草甘膦、2 甲 4 氯、百草敌等进行化学防除。

【凭证标本】 台湾地区高雄县，六龟乡，山坡阔叶林，海拔 200 m，2001 年 1 月 22 日，梁慧舟 2126（PE）；南投县，信义乡，和社，海拔 800 m，1984 年 4 月 10 日，彭镜毅 6566（PE）。

假地胆草 [*Pseudelephantopus spicatus* (Jussieu ex Aublet) C.F. Baker]

1. 植株形态；2. 花序枝

参考文献

曹晖，毕培曦，1999. 中国地胆草属和假地胆草属（菊科）分合的分子依据［J］. 热带亚热带植物学报，7（3）：181−190.

徐海根，强胜，2004. 花卉与外来物种入侵［J］. 中国花卉园艺，14：6−7.

Chen Y L, Michael G G, 2011. Vernonieae[M]//Wu Z Y, Raven P H, Hong D Y. Flora of China: vol. 20−21. Beijing: Science Press & St. Louis: Missouri Botanical Garden Press: 354−369.

13. 水飞蓟属 *Silybum* Adanson

一年生或二年生草本。叶互生，有白色斑纹。头状花序较大，下垂或倾斜，同型，含有多数的同型两性小花。总苞球形或卵球形。总苞片6层，覆瓦状排列，向内层渐长，中外层苞片上部转变成叶质附片状，叶质附片边缘有针刺，顶端钻状披针形伸出，成长硬刺、内层苞片边缘无针刺，上部无叶质附属物。花托平，肉质，被稠密的托毛。小花两性，管状，紫色，极少白色，檐部短，5裂；花丝短，宽扁，上部分离，下部由于被黏质短柔毛而黏合。花药基部附属物线形撕裂；花柱上部粗厚，被分枝的长柔毛，花柱分枝大部贴合，仅上部分离。瘦果长椭圆形或长倒卵形，侧扁，基底着生面，顶端有果缘，果缘边缘全裂，无锯齿，软骨质。冠毛多层，刚毛状，向中层或内层渐长，冠毛刚毛边缘锯齿状，基部联合成环；最内层的冠毛刚毛柔毛状，极短，边缘全缘，排列在冠毛环上。

全世界有2种，分布中欧、南欧、地中海地区与苏联中亚。我国引入栽培1种，并有归化逸生。

水飞蓟 ***Silybum marianum*** (Linnaeus) Gaertner, Fruct. Sem. Pl. 2: 378. 1791. —— *Carduus marianus* Linnaeus, Sp. Pl. 2: 823. 1753.

【特征描述】 一年生或二年生草本，高达1.2 m。茎直立，分枝，有条棱，多分枝，全部茎枝有白色粉质复被物，被稀疏的蛛丝毛或脱毛。莲座状基生叶与下部茎叶有叶柄，全形椭圆形或倒披针形，长达 50 cm，宽达 30 cm，羽状浅裂至全裂、中部与上部茎叶渐小，长卵形或披针形，羽状浅裂或边缘浅波状圆齿裂，基部尾状渐尖，基部心形，半抱茎，最上部茎叶更小，不分裂，披针形，基部心形抱茎。全部叶两面同色，绿色，具大型白色花斑，无毛，质地薄，边缘或裂片边缘及顶端有坚硬的长达 5 mm 的黄色针刺。头状花序较大，生枝端，植株含多数头状花序，但不形成明显的花序式排列。总苞球形或卵球形，直径 3～5 cm。总苞片 6 层，中外层宽匙形，椭圆形、长菱形至披针形，包括顶端针刺长 1～3 cm，包括边缘针刺宽达 1.2 cm，基部或下部或大部紧贴，边缘无针刺，上部扩大成圆形、近菱形或三角形的坚硬的叶质附属物，附属物边缘或基部有坚硬的针刺，每侧针刺 4～12 个，长 1～2 mm，附属物顶端有长达 5 mm 的针刺、内层苞片线状披针形，长约 2.7 cm，宽 4 cm，边缘无针刺，上部无叶质附属物，顶端渐尖。全部苞片无毛，中外层苞片质地坚硬，革质。小花红紫色，少有白色，长约 3 cm，细管部长约 2.1 cm，檐部 5 裂，裂片长约 6 mm。花丝短而宽，上部分离，下部由于被黏质柔毛而黏合。瘦果侧扁，长椭圆形或长倒卵形，长约 7 mm，宽约 3 mm，褐色，有线状长椭圆形的深褐色色斑，顶端有果缘，果缘边缘全缘，无锯齿。冠毛多层，刚毛状，白色，向中层或内层渐长，长达 1.5 cm；冠毛基部联合成环，整体脱落；最内层冠毛极短，柔毛状，边缘全缘，排列在冠毛环上。**物候期：**花果期 5—10 月。**染色体：**$2n$=16。

【原产地及分布现状】原产于西亚、北非、南欧等地中海地区。**国内分布：**安徽、福建、河北、江苏、辽宁、山东、上海、四川、云南、浙江。

【生境】生于农田、荒地、路边、渠岸。

【传入与扩散】**文献记载：**侯宽昭《中国种子植物科属辞典》(1958) 记载北京有引种栽培。**标本信息：**模式标本采自西欧，Jeffrey 在 Kew Bull. 22: 131 (1968) 上指定 Clifford: 393, Carduus 9 (BM/A: 000646928) 为后选模式。王汉臣于 1941 年 8 月采于云南大理。**传入方式：**有意引进，作药用植物或观赏植物引种。**传播途径：**人工引种。**繁**

殖方式：种子繁殖。

【**危害及防控**】 **危害**：危害不大的杂草，瘦果入药，能榨油，能提制水飞蓟素供药用。**防控**：做好栽培管理，该种从开花至果熟需 25～30 天。种植过程中也应在种子成熟前采收。

【**凭证标本**】 甘肃省庆阳市西峰区陇东学院，海拔 1 385 m，35.729 0 N，107.684 1 E，2015 年 7 月 27 日，张勇、张永 RQSB03069（CSH）；重庆市南川区三泉镇三泉村，海拔 582 m，29.131 8 N，107.202 9 E，2015 年 5 月 28 日，刘正宇、张军等 RQHZ06070（CSH）。

【**相似种**】 象牙蓟（*Silybum eburneum* Cossini）原产地中海地区，我国各地栽培或逸生。

水飞蓟
[*Silybum marianum* (Linnaeus) Gaertner]

1. 生境；2. 叶片；
3. 中上部叶；
4. 头状花序侧面，示总苞；
5. 果序纵剖；6. 果序；
7. 头状花序

参考文献

徐海根，强胜，2011. 中国外来入侵生物［M］. 北京：科学出版社：315-316.

14. 矢车菊属 *Centaurea* Linnaeus

多年生、二年生或一年生草本。茎直立或匍匐，极少无茎。叶不裂至羽状分裂。头状花序异型，小或较大，含少数小花或多数小花，在茎枝顶端通常排成圆锥花序、伞房花序或总状花序，极少植株仅有 1 个头状花序的。总苞球形、卵形或短圆柱状、碗状、钟状等。总苞片多层，覆瓦状排列，质地坚硬，形状不一，顶端有各种各样的附属物，极少无附属物。花托有托毛。全部小花管状，花色种种。边花无性或雌性，通常为细丝状或细毛状，顶端（4）5～8（10）裂、中央管状花两性。全部小花冠光滑无毛。花丝扁平，有乳突状毛或乳突。花药基部附属物极短小。花柱分枝极短，分枝基部有毛环。瘦果无肋棱，但或有细脉纹，被稀疏的柔毛或脱毛，极少无毛，侧生着生面，顶端截形，有果缘，果缘边缘有锯齿。冠毛 2 列，多层，白色或褐色，与瘦果等长或短于或长于瘦果，外列冠毛多层，向内层渐长，冠毛刚毛毛状，边缘锯齿状或糙毛状，内列冠毛 1 层，膜片状，极少为毛状，极少为无冠毛。

全世界 300～450 种，主要分布地中海地区及西南亚地区。中国原产 6 种，全部分布在新疆地区。引入外来种类超过 20 种，主要栽培供观赏用，一些种类已经淘汰现已很少见到，现在较常见的栽培种类有矢车菊（*Centaurea cyanus* Linnaeus）、山矢车菊（*Centaurea montana* Costa）、白粉矢车菊（*Centaurea dealbata* Willdenow）、斑点矢车菊（*Centaurea stoebe* Linnaeus — *Centaurea maculosa* Lamarck）等。其中矢车菊在各地常见有逸生现象，白粉矢车菊（*Centaurea dealbata* Willdenow）在内蒙古乌海地区道路边沙地上有逸生现象；斑点矢车菊（*Centaurea stoebe* Linnaeus）在美国和加拿大入侵较为严重，在中国也有发现报道，但本志作者未见到确切材料。此外，发现于辽宁的铺散矢车菊（*Centaurea diffusa* Lamarck）作为一种典型的外来杂草，更可能是无意引入，而不是人为栽培。最终，本志收录矢车菊和铺散矢车菊 2 种。

分种检索表

1 瘦果倒长卵形，浅黑色，长 2 mm，宽不及 1 mm，无冠毛；总苞片 5 层，顶端具针刺，边缘具栉齿状针刺 ································ 1. 铺散矢车菊 *Centaurea diffusa* Lamarck

1 瘦果非倒长卵形，具冠毛；总苞片约 7 层，顶端有浅褐色或白色的附属物，全部附属物边缘流苏状锯齿 ·· 2. 矢车菊 *Centaurea cyanus* Linnaeus

1. **铺散矢车菊** ***Centaurea diffusa*** Lamarck, Encycl. 1(2): 675. 1785.

【特征描述】 二年生草本。茎直立或基部稍铺散，高 15～50 cm，自基部多分枝，分枝纤细。全部茎枝被稠密的长糙毛及稀疏的蛛丝毛。基生叶及下部茎叶二回羽状全裂，有叶柄，中部茎叶一回羽状全裂，无叶柄，全部叶的末回羽裂片线形，边缘全缘，顶端急尖，上部及接头状花序下部的叶不裂，线形或线状披针形，宽 1～3 mm。全部叶上面被长糙毛。头状花序小，极多数，含少数小花，在茎枝顶端排成疏松圆锥花序。总苞卵状圆柱形或圆柱形，直径 3～5 mm。总苞片 5 层，外层与中层披针形或长椭圆形，包括顶端针刺长 3～7 mm，淡黄色或绿色，顶端有坚硬附属物，附属物沿苞片边缘长或短下延，针刺化，顶端针刺长三角形，长 1～2 mm，边缘栉齿状针刺 1～5 对，栉齿状针刺长达 1.5 mm，全部顶端针刺斜出，并不作弧形向下反曲之状；内层苞片宽线形，长 8 mm，宽 1 mm，顶端附属物透明，膜质，附属物边缘或有锯齿。小花淡红色或白色。瘦果倒长卵形，浅黑色，长 2 mm，宽不及 1 mm，被稀疏的白色短柔毛。无冠毛。**物候期**：花果期 9 月。**染色体**：$2n$=18，36。

【原产地及分布现状】 在欧洲的大部分地区及美国、加拿大、澳大利亚的部分地区有分布。美国西部牧场大量滋生，估计发生面积有 120 多万公顷，并且每年还以 20% 左右的面积扩增。**国内分布**：辽宁（旅顺）。

【生境】 喜阳光充足，排水良好的砂质土壤，常见于山坡，海拔 100 m。

【传入与扩散】 **文献记载**：铺散矢车菊一名出自《中国植物志》第78卷第1分册（1987）。早年在旅顺曾采得过该种的标本。**标本信息**：模式标本采自地中海地区，Tournefort s. n.（holotype, P）。**繁殖方式**：种子繁殖。

【危害及防控】 **危害**：有较强的化感作用，竞争优势强，影响入侵地生物多样性。铺散矢车菊，严重影响生物多样性和当地的自然生态系统，是一种极具风险的外来有害生物。**防控**：开花前拔除，大面积可用2甲4氯、百草敌、嗪草酮、溴苯腈辛酸酯、甲磺隆等除草剂有效防除。

【凭证标本】 中国大连市旅顺口区老铁山自然保护区盛家，2008年7月11日，老铁山采集队371（PE）。

铺散矢车菊（*Centaurea diffusa* Lamarck）

1. 生境；2. 幼苗，植株铺散；3. 叶羽状全裂；4. 头状花序（小花淡红色）；5. 头状花序（小花白色）；6. 果序；7. 果序剖面，示瘦果

参考文献

石铸，1987. 矢车菊属［M］// 林榕，石铸 . 中国植物志：第 78 卷第 1 分册 . 北京：科学出版社：196-204.

吴锦容，彭少麟，2005. 化感——外来入侵植物的“Novel Weapons”［J］. 生态学报，25（11）：3093-3097.

Marrs R A, Sforza R, Hufbauer R A, 2008. When invasion increases population genetic structure: a study with *Centaurea diffusa*[J]. Biological Invasions, 10(4): 561–572.

Shi Z, Ludwig M, 2011. *Centaurea*[M]//Wu Z Y, Raven P H, Hong D Y. Flora of China: vol. 20–21. Beijing: Science Press & St. Louis: Missouri Botanical Garden Press: 191–194.

2. **矢车菊** ***Centaurea cyanus*** Linnaeus, Sp. Pl. 2: 911, 1753.

【别名】 **蓝芙蓉**

【特征描述】 一年生或二年生草本，高 30～70 cm 或更高，直立，自中部分枝，极少不分枝。全部茎枝灰白色，被薄蛛丝状卷毛。基生叶及下部茎叶长椭圆状倒披针形或披针形，不分裂，边缘全缘无锯齿或边缘疏锯齿至大头羽状分裂；侧裂片 1～3 对，长椭圆状披针形、线状披针形或线形，边缘全缘无锯齿，顶裂片较大，长椭圆状倒披针形或披针形，边缘有小锯齿。中部茎叶线形、宽线形或线状披针形，长 4～9 cm，宽 4～8 mm，顶端渐尖，基部楔状，无叶柄边缘全缘无锯齿，上部茎叶与中部茎叶同形，但渐小。全部茎叶两面异色或近异色，上面绿色或灰绿色，被稀疏蛛丝毛或脱毛；下面灰白色，被薄绒毛。头状花序多数或少数在茎枝顶端排成伞房花序或圆锥花序。总苞椭圆状，直径 1～1.5 cm，有稀疏蛛丝毛。总苞片约 7 层，全部总苞片由外向内椭圆形、长椭圆形，外层与中层包括顶端附属物长 3～6 mm，宽 2～4 mm，内层包括顶端附属物长 1～11 cm，宽 3～4 mm。全部苞片顶端有浅褐色或白色的附属物，全部附属物沿苞片短下延，边缘流苏状锯齿。边花增大，超长于中央管状花，蓝色、白色、红色或紫色，檐部 5～8 裂，管状花浅蓝色或红色。瘦果椭圆形，长 3 mm，宽 1.5 mm，有细条纹，被稀疏的白色柔毛。冠毛白色或浅土红色，2 列，外列多层，向内层渐长，长达 3 mm，内列 1 层，极短；全部冠毛刚毛毛状。**物候期**：花果期 2—8 月。**染色体**：2*n*=24。

【原产地及分布现状】 原产南美洲。欧洲、苏联（高加索及中亚、西伯利亚及远东地区）、北美等地区有分布。**国内分布**：广东、甘肃、河北、湖北、江苏、青海、山东、陕西、台湾、西藏、新疆。

【生境】 生于草原、荒地、路边。

【传入与扩散】 **文献记载**：矢车菊一名源于日本名，孙云台《植物图说》（1920）首次采用，祁天锡 1921 年出版的《江苏植物名录》也有记载。T. Loesener（1919）于 *Prodromus Florae Tsingtauensis*（P. 478）记载山东青岛有栽培。**标本信息**：模式标本采自欧洲，Wagenitz 在 Rechinger 主编的 Fl. Iranica 139b: 418（1980）上指定 Linn 1030.16 为后选模式。1910 年在湖南采到标本。**传入方式**：有意引进，作为观赏植物引种栽培。**传播途径**：其种子可借助风力传播。**繁殖方式**：种子繁殖。**可能扩散的区域**：中国亚热带及温带地区。

【危害及防控】 **危害**：一般性杂草，发生量少，危害轻。**防控**：开花前拔除，大面积可用 2 甲 4 氯、百草敌、嗪草酮、溴苯腈辛酸酯、甲磺隆等除草剂有效防除。

【凭证标本】 安徽省淮南市凤台县毛集区淮河风情文化园附近，海拔 318 m，32.654 2 N，116.627 7 E，2015 年 5 月 7 日，严靖、李惠茹、王樟华、闫小玲 RQHD01820（CSH）；甘肃省平凉市崆峒区南山公园，海拔 1 442 m，35.532 9 N，106.664 6 E，2015 年 7 月 29 日，张勇、李鹏 RQSB02556（CSH）；四川省甘孜藏族自治州泸定二郎山，海拔 3 452 m，29.857 9 N，102.284 7 E，2016 年 10 月 29 日，刘正宇、张军等 RQHZ05375（CSH）。

矢车菊（*Centaurea cyanus* Linnaeus）

1. 生境；2、3. 植株形态；4. 头状花序；5. 头状花序侧面，示总苞；6. 开花植株；
7，9. 头状花序；8. 漏斗状花（左）与管状花（右）；10. 管状花解剖，示花冠和聚药雄蕊；
11. 果序纵剖，示瘦果；12. 头状花序与果序

参考文献

孙云台，1920. 植物图说 [M] . 上海：新学会社 .
Shi Z, Ludwig M, 2011. *Centaurea*[M]//Wu Z Y, Raven P H, Hong D Y. Flora of China: vol. 20–21. Beijing: Science Press & St. Louis: Missouri Botanical Garden Press: 191–194.

15. 阔苞菊属 *Pluchea* Cassini

灌木或亚灌木，稀多年生草本。茎直立，被绒毛或柔毛。叶互生，有锯齿，稀全缘或羽状分裂。头状花序小，在枝顶作伞房花序排列或近单生，有异型小花，盘状，外层雌花多层，白色、黄色或淡紫色，结实，中央的两性花少，不结实。总苞卵形、阔钟形或近半球状；总苞片多层，覆瓦状排列，坚硬或有时近膜质，外层宽，通常阔卵形，内层常狭窄，稍长。花托平，无托毛。雌花花冠丝状，顶端 3 浅裂或有细齿，两性花花冠管状，檐部稍扩大，顶端 5 浅裂。花药基部矢状，有渐尖的尾部。两性花花柱丝状，全缘或 2 浅裂，被微硬毛或乳头状突起。瘦果小，略扁，4～5 棱，无毛或被疏柔毛。冠毛毛状，1 层，宿存。

本属约有 80 种，分布于美洲、非洲、亚洲和澳大利亚的热带和亚热带地区。中国原产 3 种，外来入侵 2 种，分布台湾和华南及西南部各省区。

分种检索表

1 灌木；头状花序 ································· 1. 美洲阔苞菊 *P. carolinensis* (Jacquin) G. Don
1 多年生草本；伞状花序顶生和腋生 ·············· 2. 翼茎阔苞菊 *P. sagittalis* (Lamarck) Cabrera

1. **美洲阔苞菊 *Pluchea carolinensis*** (Jacquin) G. Don, Hort. Brit. ed. 3. 350. 1839. —— *Conyza carolinensis* Jacquin, Icon. Pl. Rar. 3(1): pl. 585. 1788.

【特征描述】 灌木，直立，高 1～2.5 m，多分枝，密被绒毛。叶柄长 1～2.5 cm，叶片长圆状卵形至椭圆形，长 6～15 cm，宽 2～6 cm，两面具浅绒毛和腺体，背面呈灰绿色，正面绿色，基部变薄，边缘全缘或近全缘，先端钝尖。头状花序，直径 5～7 mm，新鲜时，直径约 10 mm，干后约为 6 mm，顶生或腋生，密集，花序梗长 3～8 mm。总苞卵形或钟状，总苞片青紫色，4 或 5 层排列，外层宽椭圆形至宽倒卵形，长 2～4 mm，宽 1.5～2 mm，背面被绒毛，边缘具毛，先端圆形，内层披针形至线状披针形，长 4～5 mm，宽 0.5～1 mm，疏被短柔毛或无毛，先端锐尖。花托扁平，无毛。边缘小花多；花冠浅绿白色，顶端粉红色，丝状，长 3.5～4 mm，3 裂；冠毛白色，略短于花冠。中心小花 20～25 枚；花冠白色，顶端粉红色，长 4～5 mm，基部疏生腺毛；花药先端钝，基部具短尾，花药和花柱外露。瘦果退化。**物候期**：花果期 8—10 月。**染色体**：$2n$=20。

【原产地及分布现状】 原产于美洲温暖地区，北起美国的佛罗里达，南达厄瓜多尔和委内瑞拉。归化于东半球热带和亚热带地区。**国内分布**：台湾。

【生境】 生于荒地、路旁，侵入泥岩山坡或灌丛中，海拔 50～200 m。

【传入与扩散】 **文献记载**：美洲阔苞菊一名始见于彭镜毅等人的报道（Peng et al., 1998）。**标本信息**：模式标本 W. T. Gillis 在 Taxon 26 (5/6): 591.1977. 上指定 Jacq., Icon. Pl. Rar. 3: t. 585 [1786-1793(1788)] 为后选模式。1987 年在台湾采到标本。**传入方式**：无意引进，随进口种子传入。**繁殖方式**：种子繁殖。

【危害及防控】 **危害**：具有很强的扩散能力，挤占本地植物生存空间。**防控**：在结果前清除，较大面积发生可用 2 甲 4 氯、氯氟吡氧化酸等进行化学防除。

【凭证标本】 台湾高雄市小岗山，2010 年 3 月 14 日，钟明哲 4875（PE）。

美洲阔苞菊 [*Pluchea carolinensis* (Jacquin) G. Don]

1. 头状花序；2. 花序枝；3. 生境

参考文献

蒋慕琰，徐玲明，袁秋英，等，2003. 台湾外来植物之危害与生态［J］. 小花蔓泽兰危害与管理研讨会专刊：97–109.

Chen Y S, Arne A A, 2011. Inuleae[M]//Wu Z Y, Raven P H, Hong D Y. Flora of China: vol. 20–21. Beijing: Science Press & St. Louis: Missouri Botanical Garden Press: 820–850.

Peng C I, Chen C H, Leu W P, et al., 1998. *Pluchea* Cass. (Asteracrar: Inuleae) in Taiwan[J]. Bot. Bull. Acad. Sin., 39: 287–297.

2. **翼茎阔苞菊** ***Pluchea sagittalis*** (Lamarck) Cabrera, Bol. Soc. Argent. Bot. 3: 36. 1949. —— *Conyza sagittalis* Lamarck, Ency. 2(1): 94. 1786.

【**特征描述**】多年生草本，茎直立，有香气，粗糙，高 1～1.5 m，直径约 1.5 cm。基部多分枝，密被绒毛。叶下延，茎明显具翼。中部叶无柄，披针形至宽披针形，长 6～12 cm，宽 2.5～4 cm，表面具黏性腺体薄绒毛，基部纤细，边缘锯齿状，先端渐尖。头状花序直径 7～8 mm，新鲜的时候直径 10 mm。干燥后 4～5 mm，伞状花序顶生和腋生，花序梗长 5～25 mm。总苞半球形，总苞片青褐色，4～5 片排列，外部宽椭圆形至宽倒卵形，长 1～2 mm，宽 1～1.5 mm，背面被绒毛，边缘具毛，先端渐尖，内部披针形至线形披针形，长 3～4 mm，宽 0.4～0.6 mm，渐变无毛。花托扁平，无毛。边缘小花多数；花冠白色，3～3.5 mm，3 裂；瘦果棕色，圆柱形，具 5 条浅肋，长 0.6～0.8 mm，宽 0.2 mm，具黏性腺体；冠毛白色，略长于花冠。中心小花 50～60 朵，花冠白色，先端紫色，长 2.5～3 mm，基部稍被腺毛；花药尖端尖锐，基部有短尾；花药和花柱外露；瘦果退化。**物候期**：花果期 3—10 月。**染色体**：2*n*=20。

【**原产地及分布现状**】原生于南美洲热带地区，在其他温暖的沿海地区归化。**国内分布**：广东、福建、台湾。

【**生境**】生于开阔的平坦地带，河床和沼泽地，海滨、废弃的稻田和草地。

【传入与扩散】 **文献记载**：翼茎阔苞菊一名始见于彭镜毅等的报道（Peng et al., 1998）。**标本信息**：模式标本采自乌拉圭，1767 年，Commerson s.n.（holotype, P）。1994 年在台湾采到标本。**传入方式**：随引种或国际交往带入。**传播途径**：随交通工具和随风传播扩散。**繁殖方式**：种子繁殖。

【危害及防控】 **危害**：瘦果数量大，带冠毛，可随风传播，具有较强的潜在扩散能力，成为草地、荒地、山坡和果园杂草。**防控**：严密监控入侵种群动态，发现野外种群应及时采取清除措施。可以用 2 甲 4 氯、2, 4−D 丁酯、草甘膦等进行化学防除。

【凭证标本】 福建省宁德市绿化公园，海拔 16 m，26.643 1 N，119.546 1 E，2015 年 6 月 23 日，曾宪锋 ZXF16572（CZH）；广东省佛山市高明区明城镇禾仓，海拔 10 m，22.653 5 N，112.723 8 E，2014 年 10 月 15 日，王瑞江 RQHN00545（CSH）。

翼茎阔苞菊［*Pluchea sagittalis* (Lamarck) Cabrera］

1. 生境；2. 植株形态；3. 花序枝；4. 头状花序；5. 成熟的果序；6. 瘦果

参考文献

蒋慕琰，徐玲明，袁秋英，等，2003. 台湾外来植物之危害与生态［J］. 小花蔓泽兰危害与管理研讨会专刊：97-109.

周劲松，王发国，邢福武，2010. 中国大陆菊科一归化药用植物——翼茎阔苞菊［J］. 广西植物，30（4）：455-457.

Chen Y S, Arne A A, 2011. Inuleae[M]//Wu Z Y, Raven P H, Hong D Y. Flora of China: vol.20 –21. Beijing: Science Press & St. Louis: Missouri Botanical Garden Press: 820–850.

Peng C I, Chen C H, Leu W P, et al., 1998. *Pluchea* Cass. (Asteracreae: Inuleae) in Taiwan[J]. Bot. Bull. Acad. Sin., 39: 287–297.

16. 合冠鼠麹草属 *Gamochaeta* Weddell

一年生或多年生草本。叶互生，扁平，两面均被绵毛，全缘。头状花序盘状，通常排列成连续的团伞花序或间断的穗状花序，有时为圆锥花序。总苞片褐色，膜质，不分离。花托扁平，无托片。外部小花紫色，丝状，中央的小花两性，紫色，花药具有扁平的附属物。花柱分枝截形，顶端具毛。瘦果长圆形，具球状的双生毛。冠毛细小直立，较硬，基部合生成环。

本属约有 53 种，主产加勒比海、中美洲、北美洲和南美洲，一些种类在亚洲、澳大利亚、欧洲和其他一些地区引入并归化。中国原产 4 种，外来归化或入侵 4 种（Wu et al., 2010）。本志收录 3 种，另有 1 种直茎合冠鼠麹草［*Gamochaeta calviceps* (Fernald) Cabrera］由于缺乏材料，暂作为相似种列出。

参考文献：

Wu S H, Yang T Y A, Teng Y C, et al., 2010. Insights of the Latest Naturalized Flora of Taiwan: Change in the Past Eight Years[J]. Taiwania, 55(2): 139–159.

分种检索表

1 植株通常分枝，基生叶通常在花期枯萎，上部叶片大小与下部叶片类似 ……………………………………………… 1. 匙叶合冠鼠麹草 *Gamochaeta pensylvanica* (Willdenow) Cabrera

1 植株通常不分枝，基生叶通常宿存，上部叶片逐渐比下部叶片小 ……………………… 2

2 叶片上面无毛或近无毛；总苞长 2.5～3 mm，基部无毛；外层苞片倒卵状椭圆形至宽卵状圆形，先端圆形至钝形；小花褐绿色至浅褐色 ……………………………………………… 2. 里白合冠鼠麹草 *Gamochaeta coarctata* (Willdenow) Kerguélen

2 叶片上面具稀疏而明显宿存的蛛丝状长毛；总苞长 3～4.5（～5）mm，邻近基部（嵌在绒毛中）的 1/5～1/2 处常有稀疏分布的蛛丝状长毛，外层苞片卵形，卵状三角形或卵状披针形，先端急尖到渐尖；小花常紫色 ……………………………………………… 3. 合冠鼠麹草 *Gamochaeta purpurea* (Linnaeus) Cabrera

1. **匙叶合冠鼠麴草** ***Gamochaeta pensylvanica*** (Willdenow) Cabrera, Bol. Soc. Argent. Bot. 9: 375. 1961. —— *Gnaphalium pensylvanicum* Willdenow, Enum Pl. 2: 867. 1809. —— *Gnaphalium spathulatum* Lamarck, Encycl. 2: 758, non N.L. Burman (1768). —— *Gnaphalium chinese* Gandoger, Bull. Soc. Bot. France 65: 43.1918.

【别名】 **匙叶鼠麴草**

【特征描述】 一年生草本植物。茎直立，常从基部分枝，少数单生，高 10～50 cm，具浅灰色绒毛。基生叶在花期凋落，茎生叶远离，向上叶片大小几乎不变，无柄，倒披针形至匙形，长 2.5～8 cm，宽 0.4～1.8 cm，背面灰绿色，被绵毛，上面淡绿色，无光泽，具松散的蛛丝状毛，全缘或微波状，先端圆形至圆钝，中脉细狭，不变白。头状花序多数，簇生于叶腋处，形成多少与叶（叶长 1.5～5.5 cm）相间的穗状圆锥花序，当干燥时叶片长约 3 mm，宽 1～1.5 mm，从基部开始的 2/3 部位密被绵毛，较低的枝条通常蔓延。外层总苞片卵状披针形或披针形，长 2～2.5 mm，先端较长且尖锐；内层总苞片长椭圆形，长约 3 mm，先端圆形至急尖。外部小花大约 100 朵，花冠长约 2.25 mm。中央小花 2～3 朵，花冠长约 2.25 mm。瘦果褐色，椭圆形，长约 0.5 mm，其上具有腺点；冠毛污白色，长约 2.3 mm，基部联合成环，易脱落。**物候期**：花期 12 月至翌年 5 月。**染色体**：$2n$=28。

【原产地及分布现状】 原产于美洲，在非洲、亚洲、澳大利亚和欧洲归化。**国内分布**：福建、广东、广西、贵州、海南、湖南、江西、四川、台湾、西藏、云南、浙江。

【生境】 生于荒地、路边、农田、茶园、果园、草地等，海拔 1 500 m 以下。

【传入与扩散】 **文献记载**：在香港植物志（1861）将该种误定为 *Gnaphalium purpureum* Linnaeus，匙叶鼠麴草一名出自《中国植物志》75 卷（1979），*Flora of China* vol. 20-21（2011）改称匙叶合冠鼠麴草。**标本信息**：模式标本 *Gnaphalium spathulatum* Lamarck 为

晚出同名，其模式标本采自阿根廷布宜诺斯艾利斯，Commerson s.n. (holotype, P-LAM)。而较晚的替代名称 *G. pensylvanicum* Willdenow 根据美国宾夕法尼亚州标本描述。香港植物志 1861 年出版后，法国人 O. Debeaux 在香港采的标本，曾被误当作新种 *Gnaphalium chinense* Gandoger 发表。**传入方式：**无意引入，随引种栽培植物种子或货物输入，也可能随风传播进入华南和西南边境地区。**传播途径：**随交通工具和风传播。**繁殖方式：**以种子繁殖。**入侵特点：**瘦果带冠毛，可以随风传播，具有较强的潜在扩散能力，成为农田、草地和果园杂草。**可能扩散的区域：**亚热带及其以南地区。

【危害及防控】 **危害：**潜在扩散能力较强，存在于农田、草地和果园中，与作物争夺养分，滋生病虫害，危害夏收作物（麦类、油菜、马铃薯）、蔬菜、果树及茶树，但发生量小，危害较轻，为一般性杂草。**防控：**严密控制入侵种群的动态，发现野外种群最好及时采取清除措施。可以用 2 甲 4 氯、2, 4-D 丁酯、灭草松或克阔乐等进行化学防除。

【凭证标本】 湖南省邵东县范家山镇丘陵山坡草丛中，海拔约 410 m，2005 年 5 月 1 日，刘建红 7185（PE）；四川省峨眉山市报国寺地边，海拔约 500 m，1995 年 6 月 6 日，徐洪贵 3694（PE）；云南省景洪市勐养至基诺山公路边阴湿山坡，海拔约 1 000 m，2005 年 1 月 23 日，王洪 7885（PE）。

【相似种】 原产南美洲的直茎合冠鼠麹草［*Gamochaeta calviceps* (Fernald) Cabrera］在台湾（台北、桃园和新竹）发现，该种叶片线状披针形，先端急尖。

匙叶合冠鼠麹草
[*Gamochaeta pensylvanica* (Willdenow) Cabrera]

1. 生境；
2. 头状花序簇生于叶腋；
3. 植株上部形态；
4. 花序枝；
5. 植株形态

参考文献

徐海根，强胜，2011. 中国外来入侵生物［M］. 北京：科学出版社：563-564.

Chen Y S, Bayer R J, 2011. *Gamochaeta*[M]//Wu Z Y, Raven P H, Hong D Y. Flora of China: vol. 20–21. Beijing: Science Press & ST. Louis: Missouri Botanical Garden Press: 776– 778.

2. **里白合冠鼠麹草** ***Gamochaeta coarctata*** (Willdenow) Kerguélen, Lejeunia. 120: 104. 1987. —— *Gnaphalium coarctatum* Willdenow, Sp. Pl. Editio quarta, 3(3): 1886. 1803. —— *Gnaphalium spicatum* Lamarck, Encycl. 2(2): 757. 1788, non Miller (1768). —— *Gamochaeta spicata* Cabrera Bol. Soc. Argent. Bot. 9: 380. 1961. —— *Gnaphalium liuii* S.S. Ying, Coloured Ill. FL. Taiwan 6: 666, photo 1644. 1998.

【别名】 **里白鼠麹草**

【特征描述】 一年生或二年生草本植物，高 15～35（～60）cm。茎上升生长，被紧实的白色毡毛。叶生于茎基部，呈莲座状，花期宿存，叶两面通常不同色，匙状长圆形至倒卵状披针形，长 6～15（～22）mm，宽（1.5～）3～8（～12）mm，背面密被紧实的白色毡毛，叶上面无毛或近无毛，叶片向上逐渐变小，稍微肉质化，基部稍抱茎，边缘干燥时常皱缩成细圆齿状，中脉宽，近白色。头状花序通常开始时密集，连续，呈穗状排列，长 2～20 cm，宽 10～14 mm，随后形成分枝，不连续排列。总苞壶状-钟状，长 2.5～3 mm，基部无毛，绿色，总苞片排成 4～5 层，倒卵状椭圆形至宽卵状椭圆形，先端圆形至钝形；内层总苞片椭圆形，薄片褐色透明，先端圆形至钝形，具细尖。两性小花 2～3 朵。所有小花的花冠通常上部略带淡褐色。瘦果长椭圆形，长 0.5～0.6 mm。冠毛白色，长约 2.5 mm，基部联合生成环，脱落。**物候期：** 花期 4—8 月。**染色体：** $2n$=28。

【原产地及分布现状】 原产于南美洲，在北美、加勒比地区、欧洲、亚洲、大洋洲、太平洋诸岛等地归化。**国内分布：** 在贵州（贵阳）和台湾（台北）归化。

【生境】生于荒野、路边、沟渠，海拔 400～1 400 m。

【传入与扩散】**文献记载**：该种于 1998 年在台湾被记载，但误当新种 *Gnaphalium liuii* S. S.Ying 发表。*Flora of Taiwan* 2nd ed., vol. 4（1998）称里白鼠麹草，*Flora of China* vol. 20–21（2011）改称里白合冠鼠麹草。**标本信息**：模式标本常用名 *Gnaphalium spicatum* Lamarck 为晚出同名，其模式标本采自乌拉圭的蒙得维的亚（Monte-Video），Commerson s. n.（holotype, P–LAM）。**传入方式**：随货物贸易或人为有意引进。**传播途径**：随交通工具、动物或风力传播扩散。**繁殖方式**：以种子繁殖。**入侵特点**：瘦果带冠毛，可以随风传播，具有较强的潜在扩散能力，成为农田、草地和果园杂草。**可能扩散的区域**：亚热带及其以南地区。

【危害及防控】**危害**：潜在扩散能力较强，存在于农田、草地和果园中，与作物争夺养分，滋生病虫害，影响经济效益。**防控**：严密监控入侵种群动态，发现野外种群最好及时清理，也可用除草剂除去。

【凭证标本】贵州省贵阳市白云区沙子哨，海拔约 1 350 m，2003 年 5 月 7 日，安明态 5061（PE）。

里白合冠鼠麹草 [*Gamochaeta coarctata* (Willdenow) Kerguélen]

1. 生境；2—4. 植株

参考文献

Chen Y S, Bayer R J, 2011. *Gamochaeta*[M]//Wu Z Y, Raven P H, Hong D Y. Flora of China: vol. 20–21. Beijing: Science Press & St. Louis: Missouri Botanical Garden Press: 776– 778.

3. 合冠鼠麴草 *Gamochaeta purpurea* (Linnaeus) Cabrera, Bol. Soc. Argent. Bot. 9: 377. 1961. —— *Gnaphalium purpureum* Linnaeus, Sp. Pl. 2: 854. 1753, nom. cons.

【别名】 **合缨鼠麴草、鼠麴舅**

【特征描述】 一年生或二年生草本植物。茎直立或斜生，不分枝或从基部开始有 1 或 2 个分枝，高 10～40 cm，被覆紧密或疏松的毡状绒毛。叶生长在茎基部，呈莲座状，在花期枯萎但宿存，叶片倒披针形或匙形，长 1～6 cm，宽 5～14 mm，上部的叶片较小，两面通常不同色，背面密生白色绵毛，近轴面通常稀疏分布着蛛丝状的长毛（毛的基部细胞宿存，开展，透明），有时变无毛。头状花序最初呈紧密的穗状排列，长 1～4（～5）cm，宽（5～）10～15 mm，后来疏离，团伞花序广泛分离，具苞片，近端花梗通常相对较长。总苞片螺旋状排列成圆柱状，长 3～4.5 mm，基部具稀疏的蛛丝状长毛；苞片 4～5 层，外层的为卵状三角形，长度是内层总苞片的 1/3～2/3 倍，先端急尖至渐尖、内层总苞片为三角状披针形（通常具条纹）、薄片略带紫色（在芽期）到带白色或银色（在果期），先端急尖（不具细尖）。两性小花 3～4 朵。所有小花的花冠通常略带紫色。瘦果椭圆形，长 0.6～0.7 mm；冠毛基部联合成环，长约 2.5 mm。**物候期**：花期 4—5 月。**染色体**：$2n=28$。

【原产地及分布现状】 原产于北美，在亚洲、欧洲和南美归化。**国内分布**：台湾、香港、浙江归化。

【生境】 生于低海拔荒地。

【传入与扩散】 **文献记载**：*Flora of Taiwan* ed. 2，vol. 4（1998）称鼠麴草，*Flora of China*（2011）改称合冠鼠麴草。**标本信息**：后选模式 van Royen Herb. 900, 286-424，由 Hilliard & Burtt 于 Bot. J. Linn. Soc. 82: 246, 1981 选定。**传入方式**：由于货物贸易无意引进。**传播途径**：随交通工具、动物或风力传播。**繁殖方式**：以种子繁殖。**入侵特点**：瘦果带冠毛，可以随风传播，具有较强的潜在扩散能力，成为农田、草地和果园杂草。**可能扩散的区域**：亚热带及其以南地区。

【危害及防控】 **危害**：瘦果细小，扩散较容易且方式多样，扩散能力较强。存在于农田、茶园、草地和果园中。**防控**：加强检查防控，减少入侵概率，发现野外种群应及时清除。

【凭证标本】 台湾台北市台湾大学校园，彭镜毅 2580（HAST）。

合冠鼠麴草 [*Gamochaeta purpurea* (Linnaeus) Cabrera]

1. 生境；2. 植株形态；3. 花枝

参考文献

Chen Y S, Bayer R J, 2011. *Gamochaeta*[M]//Wu Z Y, Raven P H, Hong D Y. Flora of China: vol. 20–21. Beijing: Science Press & St. Louis: Missouri Botanical Garden Press: 776–778.

17. 裸冠菊属 *Gymnocoronis* Candolle

一年生或多年生草本，半水生。茎具棱；叶对生，无柄或具柄。头状花序聚伞状。总苞片约 2 层，非覆瓦状，等长或近等长，狭长圆形、花托凸起。头状花序内有小花 50～200 朵，花冠狭漏斗状，花冠裂片三角形，花丝顶端略扩大，花药顶端附属物小，花柱分枝顶端狭长卵形。瘦果棱柱状，（4～）5 肋，肋间具腺体。无冠毛。

本属有 5 种，原产于墨西哥、南美洲热带和亚热带地区，其中 1 种最近在中国和日本归化。

裸冠菊 ***Gymnocoronis spilanthoides*** (D. Don ex Hooker & Arnott) Candolle, Prodr. 7: 266. 1838. —— *Alomia spilanthoides* D. Don ex Hooker & Arnott, Companion Bot. Mag. 1: 238. 1835.

【特征描述】 多年生草本，株高 40～120 cm。茎直立或有时基部略横卧，不分枝或茎上部具对生的分枝，茎多棱，粗大茎中空，具稀疏腺毛，老时近无毛。叶密集，对生，具柄，基部叶较大，向顶端逐渐变小；叶片披针形至卵状披针形，长 4.5～20 cm，宽 1.5～5 cm，顶端急尖，基部宽或窄楔形，边缘具锯齿，上部叶近乎全缘，两面无毛或仅幼叶两面具极稀疏的腺毛，叶脉近羽状；叶柄长 0.7～2.8 cm，有狭翼，茎顶端的叶近乎无柄。头状花序在茎上部排列成疏圆锥状聚伞花序，花序梗密被腺毛，小花受精后下垂。总苞半球形，长约 6 mm，宽约 6 mm；总苞片 20～30 个，约 2 层，近等长，条形，顶端渐尖或略钝，总苞片外面密被细小的腺毛；花序托略凸起，具明显的近多边形小窝孔，窝孔之间具松软组织，无毛，无托片。小花 70～80 朵，花冠狭漏斗形，长 3.5～3.9 mm，表面生腺毛；新鲜时花冠筒淡紫红色，花冠裂片绿色，干后全部变为污黄色；花冠裂片三角形，长宽近相等；花丝顶端增大，圆柱状；花药顶端附属物小；花柱基部不扩大，无毛；花柱分枝白色，远伸出花冠，分枝顶端狭长卵形，略肥厚，基部两侧具 2 条明显的柱头线，黄色。瘦果棱柱状，长约 1.3 mm，具 5 肋，肋间具明显细小腺点。无冠毛。本种形态上接近于下田菊属（*Adenostemma*）植物，但区别在于裸冠菊无冠毛。**物候期**：花果期 8—11 月。

【原产地及分布】 该种的自然分布区主要位于南美洲的热带和亚热带地区，包括智利、秘鲁、阿根廷、玻利维亚、巴拉圭和乌拉圭，墨西哥也有分布。现在其分布区已经扩展到澳大利亚和新西兰、匈牙利、印度、日本以及中国等地。

【生境】 生于湿地环境。

【传入与扩散】 **文献记载**：裸冠菊一名始见于高天刚和刘演（2007）的报道。**标本信息**：模式标本采自阿根廷，1821 年 3 月 J.Gillies 60（CK）。该种在我国于 2006 年 11 月在广西壮族自治区阳朔镇首次被发现。**传入方式**：该种作为水族箱观赏水草在国内被广泛引种栽培，可能栽培后逸生。**可能扩散的区域**：目前，台湾、广西、广东、浙江、云南以及内陆四川均有发现。此外，在贸易频繁和气候温暖的省区均有存在裸冠菊的可能。

【危害及防控】 **危害**：该种对湿地生态系统有明显的影响，裸冠菊生长旺盛，极易堵塞河道；与本土植物争夺养分；具有极强的蝶类传粉争夺力，导致其他植物传粉障碍。**防控**：相关部门应当加强对裸冠菊的监控，加强检疫，防患于未然；做好监测，了解该植物的分布扩散情况；加强宣传，提高公众的防疫意识。此外，根据其相关生物学特性，在花期前及时采取人工、机械、化学等防治措施。

【凭证标本】 广西阳朔漓江岸边，海拔 110 m，2006 年 11 月 5 日，高天刚 3381（PE）；阳朔，2006 年 11 月 8 日，高天刚 3382（PE）；云南昆明盘龙江河道中，海拔 1 900 m，王焕冲 20060031、200900105（YUKU）；浙江舟山岱山高亭镇，海拔 10 m，生于池塘、路边草丛中，2010 年 9 月 4 日，高浩杰 DS2010090401（ZJFC）；广东广州华南植物园，海拔 28 m，生于农田水渠中，2015 年 8 月 3 日，李西贝阳、李仕裕、王永淇 RQGD03188（IBSC）；四川成都青白江区自由贸易试验区河沟边，付志玺 3050（SCNU）。

裸冠菊 [*Gymnocoronis spilanthoides* (D. Don ex Hooker & Arnott) Candolle]

1～3. 生境；4. 植株上部；5. 小花；6. 植株形态；7. 头状花序侧面；8. 群体；
9. 头状花序；10. 茎节部；11. 叶；12. 总苞片；13. 小花

参考文献

高浩杰，陈征海，2011. 裸冠菊属：华东地区一新归化属［J］. 浙江农林大学学报，28（6）：992-994.

高天刚，刘演，2007. 中国菊科泽兰族的一个新归化属——裸冠菊属［J］. 植物分类学报，45（3）：329-332.

李西贝阳，王永淇，李仕裕，等，2016. 广东菊科一新归化属与海南旋花科一新归化种［J］. 热带作物学报，37（7）：1245-1248.

王焕冲，万玉华，王崇云，等，2010. 云南种子植物中的新入侵和新分布种［J］. 云南植物研究，32（3）：227-229.

Chen Y L, Takayuki K, D J Nicholas H, 2011. *Gymnocoronis*[M]//Wu Z Y, Raven P H, Hong D Y. Flora of China: vol. 20–21. Beijing: Science Press & St. Louis: Missouri Botanical Garden Press: 882.

18. 藿香蓟属 *Ageratum* Linnaeus

一年生或多年生草本或灌木。叶对生或上部叶互生。头状花序小，同型，有多数小花，在茎枝顶端排成紧密伞房状花序，少有排成疏散圆锥花序的。总苞钟状，总苞片2～3层，线形，草质，不等长。花托平或稍突起，无托片或有尾状托片。花全部管状，檐部顶端有5齿裂。花药基部钝，顶端有附片。花柱分枝伸长，顶端钝。瘦果有5纵棱。冠毛膜片状或鳞片状，5个，急尖或长芒状渐尖，分离或联合成短冠状、或冠毛鳞片10～20个，狭窄，不等长。

本属约有40种，产美国、墨西哥和中美洲，其中2种在世界各地广泛归化或入侵，在中国各地也常有归化或入侵。

分种检索表

1 总苞钟状或半球形，总苞片长圆形或披针状长圆形，外面无毛，边缘撕裂状 ……………………………………………………………… 1. 藿香蓟 *Ageratum conyzoides* Linnaeus

1 总苞钟状，总苞片狭披针形，外面被较多的腺质柔毛，边缘全缘状 ……………………………………………………………… 2. 熊耳草 *Ageratum houstonianum* Miller

1. **藿香蓟** ***Ageratum conyzoides*** Linnaeus, Sp. Pl. 2: 839. 1753.

【别名】 **胜红蓟**

【特征描述】 一年生草本，高 50～100 cm，有时又不足 10 cm。无明显主根。茎粗壮，基部径 4 mm，或少有纤细的，而基部径不足 1 mm，不分枝或自基部或自中部以上分枝，或下基部平卧而节常生不定根。全部茎枝淡红色，或上部绿色，被白色尘状短柔毛或上部被稠密开展的长绒毛。叶对生，有时上部互生，常有腋生的不发育的叶芽。中部茎叶卵形或椭圆形或长圆形，长 3～8 cm，宽 2～5 cm；自中部叶向上向下及腋生小枝上的叶渐小或小，卵形或长圆形，有时植株全部叶小形，长仅 1 cm，宽仅达 0.6 mm。全部叶基部钝或宽楔形，基出三脉或不明显五出脉，顶端急尖，边缘圆锯齿，叶柄长 1～3 cm，两面被白色稀疏的短柔毛且有黄色腺点，上面沿脉处及叶下面的毛稍多有时下面近无毛，上部叶的叶柄或腋生幼枝及腋生枝上的小叶的叶柄通常被白色稠密开展的长柔毛。头状花序 4～18 个在茎顶排成通常紧密的伞房状花序，花序直径 1.5～3 cm，少有排成松散伞房花序。花梗长 0.5～1.5 cm，被尘状短柔毛。总苞钟状或半球形，宽约 5 mm。总苞片 2 层，长圆形或披针状长圆形，长 3～4 mm，外面无毛，边缘撕裂状。花冠长 1.5～2.5 mm，外面无毛或顶端有尘状微柔毛，檐部 5 裂，淡紫色。瘦果黑褐色，5 棱，长 1.2～1.7 mm，有白色稀疏细柔毛。冠毛膜片 5～6 个，长圆形，顶端急狭或渐狭成长或短芒状，或部分膜片顶端截形而无芒状渐尖，全部冠毛膜片长 1.5～3 mm。**物候期：**花果期全年。**染色体：**2*n*=20，38，40。

【原产地及分布现状】 原产中南美洲，现广泛分布于非洲、亚洲和大洋洲热带和亚热带地区。**国内分布：**澳门、福建、重庆、广东、广西、贵州、海南、湖南、江苏、江西、四川、台湾、西藏（东南部）、香港、云南、浙江。

【生境】 喜温暖，阳光充足的环境。生于山谷、山坡林下或林缘、河边或山坡草地、田边或荒地上，低海拔到海拔 2 800 m 的地区都有分布。

【传入与扩散】 **文献记载**：藿香蓟在中国最早由 G. Bentham 记载于 1861 年出版的《香港植物志》(Xie et al., 2001)。日本名为胜红蓟。藿香蓟一名出自《种子植物名称》(1954)。**标本信息**：根据美洲植物所作的图，C. E. Jarvis, F. R. Barrie, D. M. Allan & J. L. Reveal. 于 Regnum Veg. 127: 15.1993 指定 Hermann, Parad. Bat., t. 161.1698 的图为后选模式。**传入方式**：19 世纪有意引进香港，随人工引种和观赏植物引种及贸易携带传播。**传播途径**：早期由于人为引种而导致其逸生为主要的传播途径。自然环境中，瘦果具冠毛，可随风进行近距离漂移扩散 (李红松，2006)。**繁殖方式**：有性繁殖或扦插繁殖。**入侵特点**：① 繁殖性 藿香蓟的种子量很大，每株有 20～100 个花序，每个花序有 30～50 枚种子，具冠毛。另外，藿香蓟在 5—11 月陆续开花，发生时间很长，7 月中下旬种子相继成熟，散落的种子遇适宜的条件即可萌发，并较快形成植株，进入下一轮生育期 (李红松，2006)。② 适应性 该种生长迅速，繁殖力强，种子发芽势强，抗逆性好，适应性较广，常在入侵地形成单优或共优群落 (强胜 等，2001)。**可能扩散的区域**：该种因有观赏价值，已作为花卉植物逐渐向北引种和蔓延，可能会入侵整个长江流域，甚至更往北方 (强胜 等，2001)。

【危害及防控】 **危害**：20 世纪 90 年代后藿香蓟逐渐侵入农田，并上升为旱地主要杂草，该种生长迅速，繁殖能力强，有强烈的趋肥趋湿性，与作物争水争光争肥，严重影响作物生长，几乎可危害所有夏、秋季旱地作物及果树 (李红松，2006)。另外藿香蓟通过化感作用对常见旱地作物种子的萌发和幼苗生长均有显著的抑制作用 (孔垂华，1997)。**防控**：可结合中耕除草。严重地区可采用化学防治，用绿海灵喷施，持效期可达 2～3 个月。

【凭证标本】 安徽省安庆市潜山县余井镇虾子塘，海拔 67 m，30.739 6 N，116.620 3 E，2014 年 7 月 29 日，严靖、李惠茹、王樟华、闫小玲 RQHD00463 (CSH)；澳门竹湾至金像农场路石面盆古道，海拔 17 m，22.118 4 N，113.556 4 E，2015 年 4 月 24 日，王发国 RQHN02750 (CSH)；福建省福鼎市霞浦县太姥山，海拔 509 m，27.121 2 N，120.196 0 E，2014 年 11 月 30 日，曾宪锋 ZXF16383 (CZH)；广东省梅州市平远县大柘

镇，2014 年 9 月 7 日，曾宪锋、邱贺媛 ZXF18281（CZH）；广西壮族自治区桂林市雁山区雁山镇，27.121 2 N，120.196 0 E，2014 年 7 月 8 日，韦春强 GL22（IBK）；海南省三亚市三亚机场附近，海拔 9 m，18.290 8 N，109.399 5 E，2015 年 12 月 22 日，曾宪锋 ZXF18703（CZH）；湖北省宜昌市宜昌市集装箱港码头，海拔 59 m，30.473 6 N，111.452 6 E，2014 年 9 月 3 日，李振宇、范晓虹、于胜祥、龚国祥、熊永红 13267（PE）；湖南省怀化市会同县，海拔 500 m，2016 年 7 月 16 日，金效华、张成、江燕 JXH17327（CSH）；江苏省常州市武进区夏溪花木市场，海拔 10.47 m，31.710 5 N，119.762 2 E，2015 年 7 月 1 日，严靖、闫小玲、李惠茹、王樟华 RQHD02584（CSH）；江西省抚州市宜黄县汽车站附近，海拔 862 m，27.556 1 N，116.235 5 E，2016 年 5 月 30 日，严靖、王樟华 RQHD03497（CSH）；四川省泸州市江阴区蓝田，海拔 460 m，28.863 1 N，105.427 6 E，2016 年 10 月 31 日，刘正宇、张军等 RQHZ05161（CSH）；香港特别行政区新界西贡区北潭涌，海拔 13 m，22.404 9 N，114.323 8 E，2015 年 7 月 30 日，王瑞江、薛彬娥、朱双双 RQHN01106（CSH）；云南省大理州永平县澜沧江大桥，海拔 1 140 m，24.753 3 N，99.894 8 E，2017 年 1 月 21 日，税玉民、席辉辉 RQXN03291（CSH）；浙江省杭州市建德市姚村，海拔 322 m，29.550 4 N，119.701 5 E，2014 年 9 月 21 日，严靖、闫小玲、王樟华、李惠茹 RQHD00930（CSH）；重庆市涪陵区白涛，海拔 221 m，29.541 7 N，107.493 9 E，2016 年 10 月 21 日，刘正宇、张军等 RQHZ05607（CSH）。

【相似种】 熊耳草 *Ageratum houstonianum* Miller 的叶片基部心形或近截形。

藿香蓟（*Ageratum conyzoides* Linnaeus）

1. 生境；2. 白色头状花序；3. 植株；4. 头状花序；5. 花枝；
6. 粉色头状花序；7. 部分枝叶；8. 头状花序侧面，示总苞；9. 果序剖面，示瘦果

参考文献

孔垂华，胡飞，骆世明，1997. 胜红蓟（*Ageratum conyzoides* L.）对作物的化感作用［J］. 中国农业科学，30（5）：95.

李红松，2006. 兴安县旱地杂草胜红蓟发生为害特点及防除政策［J］. 广西植保，19（4）：32-33.

强胜，曹学章，2001. 外来杂草在我国的危害性及其管理对策［J］. 生物多样性，9（2）：188-195.

Chen Y L, Takayuki K, D J Nicholas H, 2011. *Ageratum*[M]//Wu Z Y, Raven P H, Hong D Y. Flora of China: vol. 20–21. Beijing: Science Press & St. Louis: Missouri Botanical Garden Press: 883.

Okunade A L, 2002. *Ageratum conyzoides* L. (Asteraceae)[J]. Fitoterapia, 73(1): 1–16.

Xie Y, Li Z Y, William P G, et al., 2001. Invasive species in China — an overview[J]. Biodiversity and Conservation, 10(8): 1317–1341.

2. **熊耳草** ***Ageratum houstonianum*** Miller, Gard. Dict., ed. 8. Ageratum no. 2. 1768.

【别名】 **大花藿香蓟、新叶藿香蓟、墨西哥胜红蓟**

【特征描述】 一年生草本，高 30～70 cm，有时达 1 m。无明显主根。茎直立，不分枝，或自中上部或自下部分枝而分枝斜升，或下部茎枝平卧而节生不定根。茎基部径达 6 mm。全部茎枝淡红色或绿色或麦秆黄色，被白色绒毛或薄棉毛，茎枝上部及腋生小枝上的毛常稠密，开展。叶对生，有时上部的叶近互生，宽或长卵形，或三角状卵形；中部茎叶长 2～6 cm，宽 1.5～3.5 cm，或长宽相等；自中部向上及向下和腋生的叶渐小或小。全部叶有叶柄，长 0.7～3 cm，边缘有规则的圆锯齿，齿大或小，密或稀，顶端圆形或急尖，基部心形或近截形，三出基脉或不明显五出脉，两面被稀疏或稠密的白色柔毛，下面及脉上的毛较密，上部叶的叶柄、腋生幼枝及幼枝叶的叶柄通常被开展的白色长绒毛。头状花序 5～15 或更多在茎枝顶端排成直径 2～4 cm 的伞房或复伞房花序，花序梗被密柔毛或尘状柔毛。总苞钟状，径 6～7 mm；总苞片 2 层，狭披针形，长 4～5 mm，边缘全缘，顶端长渐尖，外面被较多的腺质柔毛。花冠长 2.5～3.5 mm，檐部淡紫色，5 裂，裂片外面被柔毛。瘦果黑色，有 5 纵棱，长 1.5～1.7 mm。冠毛膜片状，5 个，分离，膜片长圆形或披针形，全长 2～3 mm，顶端芒状长渐尖，有时冠毛膜片顶端截形，而无芒状渐尖，长仅 0.1～0.15 mm。**物候期**：花果期全年。**染色体**：$2n$=20，40。

【原产地及分布现状】 原产墨西哥及毗邻地区。**国内分布**：安徽、福建、广东、广西、贵州、海南、黑龙江、江苏、上海、山东、四川、台湾、云南、浙江。

【生境】 阳生，生于路边、农田、果园和茶园。

【传入与扩散】 **文献记载**：熊耳草一名出自侯宽昭《广州植物志》（1956），徐炳声《上海植物名录》（1959）记载该种作草花栽培逸生。**标本信息**：模式标本 William Houstoun s.n.（holotype, BM），采自墨西哥 Veracruz。P. Miller（1768）记载熊耳草引种到欧洲多个植物园后，生长良好并逸生。**传入方式**：1911 年从日本引入中国台湾。**传播途径**：随人工引种扩散。**繁殖方式**：种子繁殖。

【危害及防控】 **危害**：常危害旱田作物，对甘蔗、花生、大豆危害较大，并危害果园及橡胶园。**防控**：控制引种，可使用氯氟吡氧乙酸进行化学防除。

【凭证标本】 广西壮族自治区百色市右江区阳圩镇，海拔 152.7 m，23.908 3 N，106.462 5 E，2014 年 12 月 25 日，唐赛春、潘玉梅 RQXN07649（IBK）；贵州省黔西南州兴义市桔山大道附近八洞桥，海拔 1 180 m，25.130 2 N，104.931 1 E，2016 年 7 月 14 日，马海英、彭丽双、刘斌辉、蔡秋宇 RQXN05181（CSH）；香港特别行政区大埔区元墩，海拔 111 m，22.429 2 N，114.161 5 E，2015 年 7 月 27 日，王瑞江、薛彬娥、朱双双 RQHN00970（CSH）；重庆市丰都县工业园区，海拔 183 m，29.893 6 N，107.749 4 E，2014 年 9 月 28 日，刘正宇、张军等 RQHZ06509（CSH）。

熊耳草（*Ageratum houstonianum* Miller）

1. 生境；2. 头状花序侧面，示总苞；3. 叶片；4. 花序枝；5. 头状花序；6. 叶对生

参考文献

李扬汉，1998. 中国杂草志［M］. 北京：中国农业出版社：238.

Chen Y L, Takayuki K, D J Nicholas H, 2011. *Ageratum*[M]//Wu Z Y, Raven P H, Hong D Y. Flora of China: vol. 20–21. Beijing: Science Press & St. Louis: Missouri Botanical Garden Press: 883.

Saini J P, 1999. Herbicidal control of billgoat weed (*Ageratum houstonianum* Mill.) in Himachal Pradesh[J]. Indian Journal of Weed Science, 31(3–4): 250–252.

19. 假泽兰属 *Mikania* Willdenow

灌木或攀援草本。叶对生，通常有叶柄。头状花序小或较小，排列成穗状总状伞房状或圆锥状花序。总苞长椭圆状或狭圆柱状；总苞片1层，4枚，稍不等长，向基部结合，或另有5枚附加的外层小苞片，有明显的纵行脉纹。花托小，无托毛。头状花序含小花4枚，全部为结实的两性花。花冠白色或微黄色，等长，辐射对称，管部细，檐部通常扩大成钟状，稀不扩大，顶端有5个裂齿。花药上端有附属片，基部钝，全缘。花柱分枝细长，顶端急尖，边缘有乳突。瘦果有4～5棱，顶端截形。冠毛糙毛状，多数，1～2层，基部通常结合为环状。

本属有430～450种，泛热带分布，但大多数种类集中分布在美洲（尤其巴西），美洲以外地区仅有9种。中国原产1种，归化入侵1种。

薇甘菊 ***Mikania micrantha*** Kunth in Humboldt et al. Nov. Gen. Sp. (folioed.) 4: 105. 1818.

【别名】 **蔓菊、米干草、山瑞香、假泽兰、小花蔓泽兰**

【特征描述】 多年生攀援草质藤本，多分枝。茎黄色或褐色，通常为圆柱状，略带条纹，光滑至被稀疏微柔毛。叶对生，有腺点，叶柄长1～6 cm；叶片卵形，长3～13 cm，宽达10 cm，两面具许多腺点，基部心形或深凹，边缘全缘至粗齿状，先端短渐尖。头状花序多数在枝端排成伞房花序或复伞房花序。总苞片长圆形，长3.5～4.5 mm，有腺点，无毛至微柔毛，先端短渐尖，花冠宽钟状，白色，长2.5～3 mm，管狭窄，宽钟状，内具乳突；花丝常部分外伸，花药淡褐色。瘦果长1.5～2 mm，具纵肋，有许多分散的腺体。冠毛污白色，长1.5～2.5 mm。**物候期**：常年花果期。**染色体**：$2n$=36，72。

【原产地及分布现状】 原产热带美洲、归化于热带亚洲。**国内分布**：澳门、福建、广东、广西、贵州、海南、湖南、江西、四川、台湾、西藏、香港、云南。

【生境】生于森林，居民区附近的洼地、沟地、路旁、撂荒地等人为干扰强烈之处和疏于管理的果园、圃地。

【传入与扩散】**标本信息**：模式标本采自委内瑞拉，Humboldt & Bonpland 235 (holotype, P-HBK, P00320111)，香港渔农自然护理署香港植物标本室收藏的标本表明，1884 年香港动植物公园就已栽培薇甘菊，1919 年在哥赋山采到逸生标本（王伯荪 等，2003）。薇甘菊于 1984 年在深圳出现，现已在珠江三角洲广泛扩散，并有进一步蔓延的趋势。云南种群可能源自缅甸的自然扩散。**传入方式**：薇甘菊原产于中美洲，其达到亚洲的远距离扩散，完全是人为因素造成的；入侵中国的香港、深圳等地亦未能排除人为因素造成的扩散。**传播途径**：有自然扩散和人为扩散，且两者常相互关联。薇甘菊的自然扩散为其种子随风、水流等扩散，人为扩散则是通过运输及人为活动等携带传播扩散，而在苗圃及其周边生长的薇甘菊繁殖体（种子或枝条）可随苗木的运出定植而扩散。**繁殖方式**：种子繁殖和营养繁殖。**入侵特点**：① 繁殖性　种子量巨大，10 万～20 万粒 /m^2（Zhang et al., 2003）；重量轻，千粒重仅为 0.089 29 g；萌发率高，在适宜的条件下，萌发率为 83.3%～95.3%。② 传播性　种子具冠毛，极易随风传播，也随现代交通工具远距离传播。

【危害及防控】**危害**：薇甘菊生命力强，繁殖容易，生长迅速，开花量大，种子细小，传播距离远、范围广。遇灌木或小乔木则缠绕而上，数年后，老茎及当年叶片形成厚覆盖层，阻止覆盖层下其他植物的生长，最终导致其攀附植物的死亡。因此，能快速入侵，通过竞争或化感作用抑制作物或自然植被的生长。在东南亚地区，薇甘菊严重危害经济作物，如油棕、椰子、可可、茶叶、橡胶、柚木等。薇甘菊在中国深圳沿海、广东沿海地区主要入侵对象是天然次生林、水源保护林、农田区、耕荒地、海岸滩涂、红树林林缘滩地等。在广东内伶仃岛福田国家级自然保护区已造成相当严重的灾害，全岛的 468 hm^2 乔灌木林中有 60% 被其覆盖，致使树木枯死，约 7 hm^2 的乔灌木丛林逆行演替成草丛。**防控**：受危害的一些国家和地区，可利用草甘膦、氯氟吡氧乙酸等化学防治，可用假泽兰瘤瘿螨［*Aceria mikaniae*（Nalepa）］、真菌山地圆梗霉（如 *Basidiophora montana* R. W.

Barreto)、菟丝子(*Cuscuta* sp.)进行生物防治，或者采用人工铲除等方法。

【凭证标本】 广东深圳梧桐山好汉坡，2004年11月9日，张寿洲、庄雪影等人 SCAUF1283(SZG)；广东省潮州市湘桥区凤凰洲，海拔20 m，23.640 6 N，116.636 9 E，2014年10月6日，曾宪锋 ZXF15649(CZH)；广东省揭东县玉湖镇，海拔60 m，2016年11月13日，黄雅凤 HYF016(CZH)；广东省梅州市兴宁区神光山，2016年10月6日，曾宪锋 ZXF18845(CZH)；广东省江门市蓬江区环市街道群星村群星公园，海拔25 m，2015年4月15日，王发国、李西贝阳 RQHN02664(CSH)；福建云霄县将军山，海拔20 m，2016年9月23日，曾宪锋 ZXF21899(CZH)；海南儋州洋浦镇，平地，2015年12月19日，曾宪锋 ZXF18568(CZH)；海南省三亚市凤凰镇荒地，海拔8 m，18.298 9 N，109.397 8 E，2015年12月22日，曾宪锋 ZXF18715(CZH)；广西壮族自治区梧州市城东镇，海拔21.7 m，23.475 6 N，111.408 1 E，2014年10月13日，韦春强 WZ34(IBK)；广西玉林市新圩镇，2012年11月29日，梁宏温 450981121129060LY(GXMG)；广西容县石寨镇，海拔90 m，2016年1月18日，韦春强、李象钦 RQXN08027(IBK)。

【相似种】 本属植物有三种为广布的有害杂草，即米甘草[*Mikania scandens* (Linnaeus) Willdenow]和假泽兰[*Mikania cordata* (N.L. Burman) B.L. Robinson]以及薇甘菊，它们的营养体十分相似，不易区分，较易混淆(孔国辉 等，2000)。米甘草原产美国南部至东南部，在夏威夷和太平洋其他一些岛屿归化，花冠淡紫色，花丝不外伸，花药紫黑色。原产旧热带的假泽兰的花冠白色，花丝和花药也接近薇甘菊，但叶苞片和花冠无腺点，总苞片长5～7 mm，花冠狭钟状，长3.5～5.5 mm，瘦果长3.5～4 mm。

薇甘菊（*Mikania micrantha* Kunth）

1. 生境；2. 群体；3. 花序枝；4. 头状花序；5. 叶对生，叶基心形；6. 叶背面

参考文献

蒋露，张艳武，郭强，等，2016. 我国入侵植物薇甘菊（菊科）的细胞学研究［J］. 热带亚热带植物学报：508-514.

孔国辉，吴七根，胡启明，等，2000. 薇甘菊（*Mikania micrantha* H.B.K.）的形态、分类与生态资料补记［J］. 热带亚热带植物学报，8（2）：128-130.

王伯荪，廖文波，昝启杰，等，2003. 薇甘菊 *Mikania micrantha* 在中国的传播［J］. 中山大学学报（自然科学报），42（4）：47-54.

Chen Y L, Takayuki K, D J Nicholas H, 2011. *Mikania*[M]//Wu Z Y, Raven P H, Hong D Y. Flora of China: vol. 20–21. Beijing: Science Press & St. Louis: Missouri Botanical Garden Press: 880–881.

Holmes W C, 1982. Revision of the Old World *Mikania* (Compositae)[J]. Bot. Jahrb. Syst., 103: 211–246.

Zhang W Y, Li M G, Wang B S, et al., 2003. Seed production characteristics of an exotic weed Mikania micrantha[J]. Journal of Wuhan Botanical Research, 21(2): 143–147.

20. 南泽兰属 *Austroeupatorium* R.M. King & H. Robinson

亚灌木或多年生草本。茎直立。茎下部叶对生，上部叶常近对生或互生、叶片卵圆至狭长圆形，通常具细圆齿或细锯齿。花序复合成顶生和平顶的伞房状圆锥花序；总苞钟状，长 5～6 mm，宽 4～5 mm，总苞片 12～18 枚，2～3 层，大多数不相等，花托扁平或稍凸起。小花 9～23 朵，芳香；花冠白色，稀淡紫色，狭漏斗形，具很细的筒部，外面具腺体，裂片长为宽的 1.5 倍，无气孔，花丝下部细而曲折，花药附属物卵状长圆形，长大于宽，花柱基部不扩大，密被微柔毛，花柱丝状。瘦果棱柱状，具 5 棱，果柄明显；冠毛刚毛状，30～40 枚，具倒刺毛，宿存。染色体 *X*=10。

本属有 13 种，产南美洲，其中 1 种在旧大陆热带地区归化或入侵，在中国台湾也有归化。

南泽兰 *Austroeupatorium inulifolium* (Kunth) R.M. King & H. Robinson, Phytologia, 19 (7): 434. 1970. —— *Eupatorium inulifolium* Kunth, Nova Gen. Sp. Pl. 4；85. 1818.

【异名】 **假泽兰**

【形态描述】 多年生草本或灌木，高达 2～3 m。茎圆柱形，常具条纹，分枝，初为直立，后分枝披散至攀援，淡褐色，密被微柔毛。叶于茎下部对生，于上部近对生或互生、叶柄长 1～2 cm，被短柔毛；叶片狭卵圆形至狭长圆形，长 7～15 cm，宽 2～6 cm，先端渐尖，基部圆形至楔形，常下延至叶柄，边缘具小锯齿或圆齿状锯齿，具离基三出脉，上面被糙伏毛和腺点，下面被短柔毛和腺点。花序顶生或生上部叶腋。或伞房状圆锥花序，头状花序具短梗。总苞圆柱状倒圆锥形，总苞片 12～18 枚，近覆瓦状排列，3～4 层，宿存，椭圆形至卵形，长 1.5～6 mm，先端短急尖至圆形，外面微被柔毛，具 3～5 脉，边缘和先端干膜质。小花 7～13 朵，花冠白色，两性，狭漏斗状，具狭的筒部，长约 4 mm，檐部 5 裂，裂片三角形，裂片和筒部有时具腺体；花药内藏，顶端附属物卵状长圆形，长大于宽；花柱基部被短柔毛，分枝丝状。瘦果倒卵状长圆体形，长 1.8～2 mm，具 5 肋，具腺体，具短柄；冠毛 1 层，长 3.5～5 mm，灰白色，宿存，具粗糙的倒刺毛。**物候期**：花期 9 月至翌年 1 月。**染色体**：$2n$=20。

【原产地及分布现状】 原产热带美洲，分布巴拿马、哥伦比亚、委内瑞拉、厄瓜多尔、秘鲁、玻利维亚、巴西、乌拉圭和阿根廷，曾用于山坡水土保持，以及南洋松（*Pinus merkusii* Junghuhm & Vriese）、金鸡纳树和茶种植园的地被植物引种到南亚及东南亚，后在印度尼西亚和斯里兰卡归化。**国内分布**：台湾地区南投县。

【生境】 生于山坡、路边、荒地和农田，海拔 1 300～1 400 m。适应开阔和人为干扰的生境。

【传入与扩散】 **文献记载**：南泽兰一名出自许再文等关于该种新记录的报道（Hsu et al., 2006）。**标本信息**：模式标本采自哥伦比亚，1801 年 6 月，Humboldt & Bonpland s.n.（P-Bonpl.）。王秋美和李庆尧于 2001 年 9 月 18 日首次在台湾地区南投县仁爱乡，海拔 1 400 m 处采到标本。**传入方式**：该种在国外作为水土保持或地被植物栽培，在国内未曾有引种记录，可能为无意引种。**传播途径**：植株可产生大量瘦果，借风力飘扬或人与动物携带传播，枝条被埋后也可能产生新的个体。**繁殖方式**：主要以种子繁殖，也可扦插繁殖。**入侵特点**：南泽兰结实量大，适应风力传播，也可以黏附在包装物、衣物或动物体表传播。**可能扩散的区域**：该种在热带地区可适应多种生境，包括热带稀树草原、沼泽地、林缘、种植园和多种人为干扰破坏的环境，海拔从近海平面至 2 100 m，因此在热带地区有广泛的潜在分布区。

【危害及防控】 **危害**：全株含有毒生物碱，在印度尼西亚的苏门答腊曾导致家畜死亡。该种在热带植株更高大而且具明显的攀援性，高可达 6 m，可制约许多草本植物，包括白茅的生长。**防控**：在热带地区应引种谨慎，作风险评估。对逸生植株，应在果实成熟前清除。

【凭证标本】 台湾地区南投县仁爱乡仁爱初中附近，海拔 1 400 m，2001 年 9 月 18 日，王秋美、李庆尧 5270（HAST，TNM）；同地，2001 年 10 月 5 日，王秋美、李庆尧 5284（TNM，PE 01912801）；台湾地区南投县仁爱乡力行产业道路，海拔 1 315 m，2003 年 1 月 21 日，王秋美、许逸玫 6545（TNM）。

南泽兰
[*Austroeupatorium inulifolium* (Kunth) R. M. King & H. Robinson]
1. 生境；2. 植株形态

参考文献

Chen Y L, Kawahara T, Nicholas H D J, 2011. *Austroeupatorium*[M]//Wu Z Y, Raven P H, Hong D Y. Flora of China: vol. 20–21. Beijing: Science Press & St. Louis: Missouri Botanical Garden Press: 889.

Hsu T W, Peng C I, Wang C M, 2006. *Austroeupatorium inulifolium* (Kunth) King & Robinson (Asteraceae), a newly naturalized plant in Taiwan[J]. Taiwania, 51(1): 41–45.

Watanabe K, King R M, Yahara T, et al., 1995. Chromosomal cytology and evolution in Eupatorieae (Asteraceae)[J]. Ann. Missouri Bot. Gard, 82: 581–592.

21. 紫茎泽兰属 *Ageratina* Spach

亚灌木或多年生草本，通常直立。叶常对生，叶片披针形、狭椭圆形至三角形，浅裂，具锯齿或圆齿。头状花序组成稀疏或密集的伞房花序。总苞片约 30 枚，2～3 层，多数近等长、花托常稍微凸起，无毛或具稀疏的微毛。小花 10～60 朵，常有芳香；花冠白色或淡紫色，基部通常呈细长的管状，或狭窄的漏斗状、裂片的长明显大于宽，外表面光滑，无毛或具腺，内表面密布乳状突，雄蕊圆筒状，通常伸长，花药附属物大，卵状长圆形，长大于宽，花柱基部通常扩大；花柱很少在远端稍扩大，侧面和外表面密布乳突状细胞。瘦果棱柱形或梭形，通常具 5 棱；果柄明显；冠毛单层，5～40 枚，有短硬毛，通常易脱落，毛发状，通常向远端扩大，外层具小刚毛。

全属约 265 种，分布在新大陆的热带和亚热带，中国归化 2 种。

分种检索表

1 叶片三角状卵形至菱状卵形 ……………………………………………………………………………… 1. 紫茎泽兰 *Ageratina adenophora* (Sprengel) R.M. King & H. Robinson

1 叶片披针形至椭圆形 ……… 2. 河岸泽兰 *Ageratina riparia* (Regel) R.M. King & H. Robinson

1. **紫茎泽兰** ***Ageratina adenophora*** (Sprengel) R.M. King & H. Robinson, Phytologia, 19: 211. 1970. —— *Eupatorium adenophorum* Sprengel, Syst. Veg. (Sprengel) 3: 420. 1826. —— *Eupatorium glandulosum* Kunth in Humboldt et al, Nov. Gen. Sp. 4, (folio ed.) 4: 96. 1818, non Michaux (1803).

【别名】 **破坏草、解放草**

【特征描述】 多年生草本或亚灌木，高 30～90（～200）cm。茎直立，常紫色，枝对生，斜升，被开展的白色或锈色短柔毛，上部和花序梗毛更密集，开花时下部变无毛或无毛。叶对生，叶柄长，叶片紫色，正面深绿色，背面浅紫色，三角状卵形至菱状卵形，长 3.5～7.5 cm，宽 1.5～3 cm，薄纸质，两面疏生微柔毛，在叶背和叶脉处毛更密集，基部三出脉，基部截形或略带心形，边缘，先端具浅圆齿急尖。伞房或复伞房花序，直径达 12 cm。小头状花序多数，长约 7 mm，含 10～16 朵小花，总苞宽钟状，长约 3 mm，宽约 4 mm，总苞片 2 层，线形或线形披针形，长 3.5～5 mm，先端急尖或渐尖，花托凸出至圆锥形，花冠白色至粉红色，管状，长约 3 mm。瘦果黑褐色，狭椭圆形，长约 2 mm，具 5 纵角，无毛和腺体；冠毛基部合生，白色，细，与花冠等长。**物候期**：花果期 4—10 月。**染色体**：$2n$=51=30 m+21 sm。

【原产地及分布现状】 原产于北美洲墨西哥中部（USDA-ARS, 2004）。在 19 世纪初，作为园艺植物引种到世界上大部分地区，后广泛分布于亚洲热带和亚热带、非洲、新西兰、澳大利亚等（Auld, 1969, 1970; Holm et al., 1991; Parsons & Cuthbertson, 1992）。**国内分布**：广西、贵州、南海诸岛、重庆（西部）、四川、台湾、西藏（东南部）、云南。

【生境】 生于农田、牧草地、经济林地甚至荒山、荒地、沟边、路边、屋顶、岩石缝和沙砾，海拔 900～2 200 m。

【传入与扩散】 **文献记载**：《云南药用植物名录》（1975）记载。《云南植物志》第 13

卷 42 页（2004）采用滇南俗称紫茎泽兰。**标本信息**：模式标本采自秘鲁，1878 年 8 月，C. von Jelski 661（holotype, B; isotypes, US, F），其中较完整的一份存于自然历史博物馆（Field Museum of Natural History）。中国较早的标本于 1958 年 8 月 15 日采自云南金平苗族瑶族傣族自治县（PE01831012），存放于中国科学院植物研究所标本馆。**传入方式**：在 20 世纪 30～40 年代经中缅边境自然扩散至云南南部。到 1950 年，该种已经在勐海、勐腊、景洪和澜沧四个县发生，并逐渐向云南南部的东边和北边扩散（Sang et al., 2010）。**传播途径**：瘦果具冠毛，借风及黏附在人的衣服、畜皮毛及交通工具传播，也可随风或水流传播。**繁殖方式**：有性及无性繁殖，繁殖能力强。**入侵特点**：① 繁殖性　紫茎泽兰可通过有性繁殖产生巨大的瘦果量，每株年产瘦果 1 万～10 万粒，瘦果小且轻，具冠毛（Sang et al., 2010）。研究表明，当该种的播种深度达 5 cm 时，种子的萌发率虽低，但幼苗死亡率为零（王硕　等，2009）。该种的根、茎节都具有产生不定根的能力，可进行无性繁殖（田宇，2007）。② 传播性　该种瘦果由于具有冠毛，在成熟季节可随风传播（Sang et al., 2010）。③ 适应性　该种具有强大的生态适应性和可塑性，紫茎泽兰不同种源种群在株高、冠宽、分枝数方面可塑性都很高，因此在逆境胁迫下，可以通过调节自身的性状、生理特性等适应环境的突变，提高成活率（张常隆　等，2009）。**可能扩散的区域**：目前已达到成都，并有继续向北扩散的可能（Papes & Peterson, 2003）。

【危害及防控】 已列入《中华人民共和国进境植物检疫性有害生物名录》（农业部[①]第 862 号公告）和《中国第一批外来入侵物种名单》[环发（2003）11 号]。**危害**：降低作物产量，影响牧草生长，限制牲畜和农机具活动。马匹食用后会导致慢性病而死亡，如在澳大利亚新南威尔士导致的“Numimbah 马病”和在昆士兰导致的“Tallebudgera 马病”（Land Protection, 2004），以及在夏威夷导致的“blowing disease”，最终使马匹呼吸衰竭而死（Trounce & Dyason, 2003）。在生态上，快速扩张的单一种群不断排挤、替换本地植被，降低生物多样性，对本地生态系统和群落造成不可逆转的破坏。如在夏威夷，至少对 16 种濒危植物造成威胁（CABI, 2019）。在中国，通过化感作用影响苦苣苔

① 于 2018 年 3 月组建农业农村部。

科濒危种（李渊博 等，2007）或蓝桉等林木的天然更新和生长（曹子林 等，2017）。**防控：**机械防除为翻耕土壤，种植适应本地区的热带禾草或豆科植物，可有效控制紫茎泽兰种群生长（Auld, 1969; Parsons & Cuthbertson, 1992）。化学防除为在晚夏和秋季使用高浓度除草剂，如草甘膦等。用除草剂喷遍全株，尤其根茎部（Auld, 1969; Parsons & Cuthbertson, 1992）。生物防除为泽兰实蝇（*Procecidochares utilis* Stone）和泽兰尾孢菌（*Cercospora eupatorii* Peck）等多种生物联合防治，能有效抑制紫茎泽兰种群生长（Dodd, 1961; Haseler, 1966; Bess & Harmamoto, 1972; Cullen & Delfosse, 1990）。

【凭证标本】 云南省玉溪市元江县大水平乡桩邦箐对面山沟，海拔 760 m，2011 年 3 月 17 日，刘全儒 2010-0317-015（BNU）；贵州省黔西南布依族苗族自治州兴义市沿 600 县道纳禄加油站至云盘山，海拔 1 178 m，25.048 1 N，104.906 4 E，2014 年 7 月 29 日，马海英、秦磊、敖鸿舜 18（CSH）；四川省乐山市马边县苏坝乡苏坝村，海拔 783 m，28.727 5 N，103.486 5 E，2014 年 11 月 3 日，刘正宇、张军等 RQHZ06201（CSH）；海南省陵水县吊罗山国家森林公园，海拔 946 m，18.725 4 N，109.867 9 E，2015 年 3 月 9 日，王发国 RQHN02840（CSH）；重庆市巴南区麻柳嘴镇南坪坝村，海拔 178 m，29.678 3 N，106.913 3 E，2015 年 3 月 31 日，刘正宇、张军等 RQHZ06059（CSH）。

【相似种】 河岸泽兰［*Ageratina riparia* (Regel) R.M. King & H. Robinson］、飞机草和假臭草，可通过植株高度、叶片形态、花序形态区分（Trounce & Dyason, 2003）。《中国植物志》74 卷（1985）用云南俗称“破坏草”作中文名拉丁学名误定为原产美国东部的为 *Eupatorium coelestinum* Linnaeus，即 *Flora of China* 的锥托泽兰［*Conoclinium coelestinum* (Linnaeus) Candolle］。锥托泽兰的茎圆柱形，伏生短柔毛，浅绿色，叶片卵形至卵状三角形，具明显皱纹，花淡蓝色至淡蓝紫色。

紫茎泽兰［*Ageratina adenophora* (Sprengel) R. M. King & H. Robinson］

1. 生境；2. 叶；3. 群体；4. 头状花序侧面；
5. 花序枝；6. 伞房状头状花序；7. 植株上部；8. 茎节部，示叶对生

参考文献

曹子林，王乙媛，王晓丽，等，2017. 紫茎泽兰对蓝桉种子萌发及苗生长的化感作用［J］. 种子，36（11）：38-43.

冯玉龙，王跃华，刘元元，等，2006. 入侵物种飞机草和紫茎泽兰的核型研究［J］. 植物研究，26（3）：356-360.

李渊博，徐晗，石雷，等，2007. 紫茎泽兰对五种苦苣苔科植物化感作用的初步研究［J］. 生物多样性（5）：486-491.

田宇，2007. 紫茎泽兰化学防除和化学成分初步研究［D］. 北京：中国农业科学院.

王硕，高贤明，王瑾芳，等，2009. 紫茎泽兰土壤种子库特征及其对幼苗的影响［J］. 植物生态学报，33（2）：380-386.

张常隆，李扬苹，冯玉龙，等，2009. 表型可塑性和局域适应在紫茎泽兰入侵不同海拔生境中的作用［J］. 生态学报，29（4）：1940-1946.

Auld B A, 1969. Incidence of damage caused by organisms which attack Crofton weed in the Richmond-Tweed region of New South Wales[J]. The Australian Journal of Science, 32: 163.

Auld B A, 1969. The distribution of *Eupatorium adenophorum* Spreng. on the far north coast of New South Wales[J]. Journal and Proccedings, Royal Society of New South Wales, 102: 159–161.

Auld BA, 1970. *Eupatorium* weed species in Australia[J]. PANS, 16: 82–86.

Bess H A, Harmamoto F H, 1972. Biological control of pamakani, *Eupatorium adenophorum*, in Hawaii by a tephritid gall fly, Procecidochares utilis. 3. Status of the weed, fly and parasities of the fly in 1966–71 versus 1950–57[J]. Proceedings of the Hawaiian Entomological Society, 21: 165–178.

CABI, 2019. Invasive Species Compendium. Wallingford, UK: CAB International. www.cabi.org/isc.[accessed March 28, 2020]

Chen Y L, Takayuki K, Nicholas H D J, 2011. *Ageratina*[M]//Wu Z Y, Raven P H, Hong D Y. Flora of China: vol. 20–21. Beijing: Science Press & St. Louis: Missouri Botanical Garden Press: 880.

Cullen J M, Delfosse E S, 1990. Progress and prospects in biological control of weeds[J]. Proceedings of the 9th Australian Weeds Conference: 452–476.

Dodd A P, 1961. Biological control of *Eupatorium adenophorum* in Queensland[J]. Australian Journal of Science, 23: 356–365.

Haseler W H, 1966. The status of insects introduced for the biological control of weeds in Queensland[J]. Journal of the Entomological Society of Queensland, 5: 1–4.

Holm L G, Pancho J V, Herberger J P, et al., 1991. A Geographic Atlas of World Weeds[M]. Malabar, Florida, USA: Krieger Publishing Company.

Kluge R L, 1991. Biological control of crofton weed, *Ageratina adenophora* (Asteraceae), in South

Africa[J]. Agriculture, Ecosystems Environment, 37(1–3): 187–191.

Land Protection, 2004. Crofton weed, *Ageratina adenophora*. Facts pest series. QNRM01233. Australia: The State of Queensland, Department of Natural Resources and Mines. [2020–03–28] www.nrm.qld.gov.au.

Papes M, Peterson A T, 紫茎泽兰 *Eupatorium adenophorum* Spreng, 2003. 在中国入侵分布预测［J］. 武汉植物学研究，21（2）：137–142.

Parsons W T, Cuthbertson E G, 2010. Noxious Weeds of Australia. Melbourne, Australia: Inkata Press, 692 pp.Sang W G, Zhu L, Axmacher J C. Invasion pattern of *Eupatorium adenophorum* Spreng. in southern China[J]. Biological Invasions, 12(6): 1721–1730.

Trounce R, Dyason R, 2003. Crofton Weed. Agfacts P7.6.36. 2nd ed. AGDEX 642. Australia: NSW Agriculture. 4pp.

USDA-ARS, 2004. Germplasm Resources Information Network (GRIN). Online Database. Beltsville, Maryland, USA: National Germplasm Resources Laboratory. https: [M]//npgsweb.ars-grin.gov/gringlobal/taxon/taxonomysearch.aspx.

Wang R, Wang J F, Qiu Z J, et al., 2011. Multiple mechanisms underlie rapid expansion of an invasive alien plant[J]. New Phytologist, 191: 828–839.

Xie Y, Li Z Y, William P G, et al., 2001. Invasive species in China — an overview[J]. Biodiversity and Conservation, 10(8): 1317–1341.

2. **河岸泽兰** ***Ageratina riparia*** (Regel) R.M. King & H. Robinson, Phytologia 19 (4): 216. 1970. —— *Eupatorium riparium* Regel, Gartenflora 15: 324, t. 525. 1866.

【别名】 **泽假藿香蓟**

【特征描述】 多年生草本或灌木，直立，高 40～60 cm，茎多分枝，圆柱形，被短柔毛，老茎常带紫色。叶对生，叶柄长 7～15 mm，叶片披针形至椭圆形，长 3～12 cm，宽 0.8～3 cm，先端渐尖，基部渐狭，上半部边缘有锯齿，上面深色。头状花序陀螺状，直径 5～7 mm，小花 15～30 朵，两性，为盘花，排列成聚伞圆锥状，总苞片线形至披针形，先端急尖，有纤毛，长 2.5～4 mm，绿色；冠毛粗糙，长 2.5～3 mm，基部合生。花冠长 3～3.5 mm，先端 5 裂，在下半部收缩成一个筒状，白色，裂片正面具缘毛，花药长约 0.75 mm；柱头 2 裂，外露。瘦果 5 棱，黑褐色，长约 2 mm。肋间具短硬毛。物

候期：盛花期在4—5月间。**染色体**：$2n$=48（King et al., 1976）。

【原产地及分布现状】 原产墨西哥，经引种后入侵于澳大利亚东部、南非、马达加斯加、热带亚洲、新西兰、加那利群岛、留尼旺岛和夏威夷（GBIF，2019）。**国内分布**：台湾（南投、台北、桃园中北部）。

【生境】 生于潮湿的亚热带和热带地区，如山谷、溪边、排水道、路边、荒地、牧场、本土灌丛、雨林空地和林地边缘。

【传入与扩散】 **文献记载**：河岸泽兰一名始见于国家医药管理局中草药情报中心站《植物药有效成分手册》（1986）。**标本信息**：模式标本 J. Linden 1203（K）采自墨西哥。2002年2月在台湾地区台北乌来采到标本（Jung et al., 2009）。**传入方式**：种子繁殖，每棵可产生1万～10万颗种子。风传或水传，也容易黏附于动物皮毛、衣服、运输工具以及混入农产品中。

【危害及防控】 **危害**：恶性杂草，侵占农田、牧场、草地、林缘，抑制和取代本土植被，严重降低农作物和牧草产量（Morin et al., 1997; ARC, 1999）。**防控**：加强检验检疫。河岸泽兰抗多种除草剂，需反复喷洒才能防除（Parsons et al., 1992）。最有效的防治方式是引入自然天敌，如 *Entyloma ageratinae* Barreto & Evans、*Procecidochares alani* Steyskal 和 *Oidaematophorus beneficus* Yano & Heppner 等，能够有效控制河岸泽兰的繁殖和蔓延（Fröhlich et al., 2000）。此外，增加雨林密度，降低林下光线，也能抑制种群生长（Zancola et al., 2000）。

【凭证标本】 台湾地区南投县日月潭，2008年3月17日，钟明哲 2461（TAIF）；台北，乌来，福山，2002年2月23，P. H. Lee et al. 1468（TAIF）；桃园，2006年5月9日，钟明哲 1439（TAIF）。

河岸泽兰 [*Ageratina riparia* (Regel) R. M. King & H. Robinson]

1. 生境；2. 头状花序；3. 植株叶片

参考文献

国家医药管理局中草药情报中心站，1986. 植物药有效成分手册 [M] . 北京：人民卫生出版社 .

Auckland Regional Council (ARC), 1999. Mistflower *Ageratina riparia.* Pest Facts Sheet No. 46. Auckland, New Zealand.

Fröhlich J, Fowler S V, Gianotti A, et al., 2000. Biological control of mist flower (*Ageratina riparia*, Asteraceae): Transferring a successful program from Hawaii to New Zealand[C]//Proceedings of the X International Symposium on Biological control of weeds 4–14 July 1999, Montana State University, Bozeman, Montana, USA. Neal R. Spencer [ed.]. 51–57.

Global Biodiversity Information Facility (GBIF) 2019, Global biodiversity information facility: Prototype data portal, viewed: 12 May 2019, http: //www.gbif.org/[accessed March 28, 2020].

Jung M J, Hsu T C, Chung S W, et al., 2009. Three newly naturalized Asteraceae plants in Taiwan[J]. Taiwania, 54(1): 76–81.

King R M, Kyhos D W, Powell A M, et al., 1976. Chromosome numbers in Compositae. XIII. Eupatorieae[J]. Annals of the Missouri Botanical Garden: 862–888.

Morin L, Hill R L, Matayoshi S, 1997. Hawaii's successful biological control strategy for mist flower (*Ageratina riparia*) — Can it be transferred to New Zealand[J]. Biocontrol News Info. 18: 77N–88N.

Parsons W T, Cuthbertson E G, 1992. Noxious weeds of Australia[M]. Melbourne, Sydney: Inkata Press.

Zancola B J, Hero C W, 2000. Inhibition of *Ageratina riparia* (Asteraceae) by native Australian flora and fauna[J]. Austral Ecology, 25(5): 563–569.

22. 飞机草属 *Chromolaena* Candolle

亚灌木，灌木或多年生草本，直立至稍攀援。叶对生；叶片大多卵形或三角形到椭圆形，有时线形，近全缘或有裂片。花序通常是聚伞圆锥花序状或具松散到密集的伞状分枝，少有单生的头状花序。总苞片 18～65 枚，4～6 层，明显不相等；花托平坦到微凸，无毛，有时稃状。小花 6～75 朵；花冠白色、蓝色、淡紫色或紫色，圆筒状，基部几乎不收狭，外表面光滑，具少数或多数腺体，通常具硬毛；裂片长大于宽；内表面通常密生乳突或光滑；花丝通常在下面更宽，顶部变窄；花药附属物大，长方形，长约是宽的 1.5

倍，顶部全缘或细圆齿状；花柱基部不扩大；花柱分枝线状，稍向远端展开，具乳突。瘦果棱柱形，具3～5肋；果柄明显，圆柱形或下面狭窄；冠毛约40枚，纤细，宿存。

本属约有165种，分布在美国、墨西哥、中美洲和南美洲（尤其巴西），其中1种为泛热带杂草，在中国南部也有归化入侵。

飞机草 ***Chromolaena odorata*** (Linnaeus) R.M. King & H. Robinson, Phytologia, 20: 204. 1970. —— *Eupatorium odoratum* Linnaeus, Systema Naturae, Editio Decima 2: 1205. 1759.

【别名】 **香泽兰、先锋草**

【特征描述】 多年生草本。地下茎发达，匍匐状。茎直立，高1～3 m，具条纹；分枝通常对生，水平开展，很少与茎形成锐角；茎和分枝密生黄褐色绒毛或短柔毛。叶对生，叶柄1～2 cm；叶片背面浅，正面绿色，卵形，三角形或卵状三角形，长4～10 cm，宽1.5～5 cm，相当厚，两面粗糙，具红棕色腺体的绒毛，背面和脉上密被绒毛，基部三出脉，侧脉细，背面略微隆起，基部截形或浅心形，边缘疏生粗糙且不规则的锯齿或光滑，或一侧锯齿状，或具有一个粗齿或每侧三裂，先端锐尖；花序下的叶小且光滑。伞房花序复伞房花序；花序梗厚，密被短柔毛。头状花序具20朵小花；总苞圆柱状，长10 mm，宽4～5 mm；总苞片3～4轮，覆瓦状排列，外层总苞片卵形，长约2 mm，微柔毛，先端钝，中层和内层总苞片稻草色，长圆形，长7～8 mm，三出脉，无腺体，先端渐尖；花冠白色或粉红色，约5 mm。瘦果黑褐色，约4 mm，具5纵肋。**物候期**：花期10至翌年1月，果期12月至翌年3月。**染色体**：$2n=60$。

【原产地及分布现状】 原产于墨西哥。在热带亚洲广泛归化。**国内分布**：澳门、福建、广东、广西、贵州（西南部）、海南、湖南、江西、四川、台湾、香港、云南。

【生境】 生于热带亚热带地区，盆地边缘、田埂、河边、路边、林缘、林内旷地或荒地，海拔 1 000 m 以下。

【传入与扩散】 **文献记载：**《中国经济植物志》下册（1961）称飞芨草，同时将飞机草作地方名。飞机草一名源于海南俗称，《海南植物志》第三卷（1974）将飞机草作为正式中文名。**标本信息：**模式为根据美洲植物画的图，R.M. King & H. Robinson 于 1975［1976］在 *Flora of Panama*, Part IX. Family 184. Compositae. II. Eupatorieae. Ann. Missouri Bot. Gard. 62(4): 925. 上指定 Plukenet, Phytographia, t. 177, f. 3, 1692 为后选模式。**传入方式：**20 世纪 20 年代作为香料植物实验材料引入泰国，后逃逸扩散，经由越南、缅甸等自然传入云南，王启无 81144（PE）于 1936 年 8 月采自云南景洪。**传播途径：**瘦果上有刺状冠毛，借风及黏附于人畜传播。**繁殖方式：**种子繁殖。**入侵特点：**该种的适应能力极强，干旱、贫瘠的荒坡隙地，甚至石缝和楼顶上依旧可以生存。**可能扩散的区域：**西南、华南地区，湖北、浙江等（徐海根和强胜，2011）。

【危害及防控】 **危害：**飞机草有不同程度的化感作用，当高度达到 15 cm 或更高时，就能明显地影响其他草本植物的生长，严重威胁着入侵地本土植物的生长、生物多样性和生态安全，危害秋收作物（玉米、大豆、甘薯和甘蔗）、果树及茶树，发生量大，危害重，是现实和潜在危害性极大的外来入侵物种之一；叶有毒，用叶擦皮肤会引起红肿、起泡，误食嫩叶会引起头晕、呕吐，还能引起家畜和鱼类中毒。**防控：**注意裸地植物的恢复。采用豆科草大叶千斤拔和多年生落花生与禾草伏生臂形草混播处理，不仅可以控制飞机草，改良土壤，而且可提高亚热带草场的饲草干物质产量和延长草场使用年限。

【凭证标本】 广东省江门市台山市铜鼓村，海拔 17 m，21.872 2 N，112.921 1 E，2015 年 10 月 2 日，王发国、段磊、王永琪 RQHN03237（CSH）；广西壮族自治区玉林市博白县博白镇，海拔 58.2 m，22.267 8 N，109.988 0 E，2014 年 9 月 25 日，韦春强 YL009（IBK）；海南省三亚市凤凰镇梅村，海拔 1 m，18.298 8 N，109.399 2 E，2015 年 12 月 22 日，曾宪锋 ZXF18735（CZH）；云南省大理州永平县澜沧江大桥，海拔 1 140 m，24.753 3 N，99.894 8 E，2017 年 1 月 21 日，税玉民、席辉辉 RQXN03292（CSH）。

飞机草 [*Chromolaena odorata* (Linnaeus) R. M. King & H. Robinson]

1. 生境；2. 叶对生；3. 成熟果序；4. 果序剖面，示瘦果；
5. 头状花序侧面，示总苞；6. 花序枝；7. 植株形态；8. 群体

参考文献

冯玉龙，王跃华，刘元元，等，2006. 入侵物种飞机草和紫茎泽兰的核型研究［J］. 植物研究，26（3）：256-360.

奎嘉祥，匡崇义，1997. 中国云南南部建植臂形草混播草场防治飞机草的研究［J］. 中国草地，（5）：55-58.

全国明，毛丹娟，章家恩，等，2011. 飞机草的繁殖能力与种子的萌发特性［J］. 生态环境学报，20（1）：72-78.

谢珍玉，郑成木，2003. 中国海南岛 13 种菊科植物的细胞学研究［J］. 植物分类学报，41（6）：545-552.

Chen Y L, Takayuki K, D J Nicholas H, 2011. *Chromolaena*[M]//Wu Z Y, Raven P H, Hong D Y. Flora of China: vol. 20–21. Beijing: Science Press & St. Louis: Missouri Botanical Garden Press: 890.

Yu X Q, He T H, Zhao J L, et al., 2014. Invasion genetics of *Chromolaena odorata*(Asteraceae): Extremely low diversity across Asia[J]. Biological Invasions, 16 (11): 2351–2366.

23. 假臭草属 *Praxelis* Cassini

亚灌木或一年生或多年生草本，直立或匍匐。叶对生或轮生、叶片卵形到椭圆形或丝状，近全缘或锐齿状。头状花序单生于直立的花葶，或稀松的聚伞圆锥花序，或密集的伞形花序。总苞钟状；总苞片 15～25 枚，3 或 4 层不等，外层先脱落；花托高圆锥状，无毛。小花 25～30 朵；花冠白色、蓝色或淡紫色，狭漏斗状，或具圆筒状的喉部和基部稍窄的花管，外表面基本平滑，具少数腺体；裂片长是宽的 1.5～3 倍，外表面顶端通常具一些突出的细胞，内表面密布长的乳突；花丝基部增大，顶部变窄；花药附属物长稍大于宽，尖端齿状；花柱基部不扩大；花柱分枝长，狭线形，密被长乳突。瘦果扁平，具 3～4 棱、果柄明显，宽而不对称；刚毛状冠毛约 40 枚，宿存。

本属有 16 种，分布在南美洲，其中 1 种在亚洲东部和澳大利亚等地入侵，在中国南部也有入侵。有文献报道台湾地区还有锯叶假臭草［*Praxelis diffusa* (Richard) Pruski］，但本志作者未见到准确标本材料和影像资料，暂不收录。

假臭草 ***Praxelis clematidea*** R.M. King & H. Robinson, Phytologia, 20(3): 194. 1970. —— *Eupatorium clematideum* Grisebach, Abh. Konigl. Ges. Wiss. Gottingen 24: 172. 1879, non (Wallich ex Candolle) C.H. Schultz (1836).

【别名】 **猫腥菊**

【特征描述】 小灌木或一年生草本，高达 0.6 m 或更高。茎直立或上升，亮绿色，单生或基部稍分枝，仅基部无叶，被短柔毛，无腺体。叶对生，具腥味，叶柄长 3～7 mm；叶片卵形，长 20～35 mm，宽 12～25 mm，下部具短柔毛，沿叶脉处无腺体，叶脉间有具柄腺体和腺点，基部纤细，边缘粗锯齿状，先端锐尖。头状花序排成顶生的伞房花序；花序梗长 4～7 mm，被短柔毛。总苞狭钟状，直径 4～5 mm；总苞片 2～3 层，基部散生无腺体单毛，上部无毛，边缘具缘毛，先端长渐狭；花托圆锥形。小花 35～40 朵；花冠亮丁香蓝色，长约 4.5 mm；花冠裂片内表面具长乳突，外面通常无毛或具有少量外缘毛；花药附属物长大于宽，先端急尖；花柱基部不膨胀，无毛，淡紫蓝色；花柱分枝具粗糙乳突。瘦果黑色，长 2～2.5 mm，具 3～5 肋，色浅，无毛；冠毛直立，灰白色，长 3.5～4.5 mm。**物候期**：花果期几乎全年。**染色体**：$2n$=30。

【原产地及分布现状】 原产于南美洲、归化于东亚和澳大利亚北部。**国内分布**：澳门、福建、广东、广西、海南、江西、台湾、香港、云南。

【生境】 生于荒地、路旁、山坡、滩涂、果园、林地、农田和草地等。

【传入与扩散】 **文献记载**：假臭草一名见于《香港植物名录》(2001)。20 世纪 80 年代在香港首次被发现，曾被误认为是“臭草”(藿香蓟)，没有引起重视。到了 90 年代开始在深圳发现，后来陆续在广州等其他地方也被发现。**传入方式**：通过进口观赏植物而无意引进。**标本信息**：模式标本 P.G. Lorentz 81 (GOET) 采自阿根廷。**传播途径**：引种过程中种子混杂或随观赏植物盆钵携带进行长距离传播入侵。在入侵地子实通过人为和交通工具携带传播扩散。**繁殖方式：**种子繁殖。

【危害及防控】 **危害：**假臭草入侵后会给当地农业、林业、畜牧业及生态环境带来极大的危害。入侵果园导致果树减产；所到之处排斥其他草本植物，形成单优群落，减少生物多样性。由于其对土壤肥力吸收能力强，能极大地消耗土壤养分，对土壤的可耕性破坏严重，影响其他植物的生长。与大多数菊科外来杂草一样，假臭草也具有化感作用。**防控：**切断种子源，可在其种子成熟之前将路边、坡边、果园等处的植株铲除掉。利用百草枯或草甘膦等除草剂防除。已有调查发现假臭草存在一种疑似“丛枝”的病症，应加强利用该病害对假臭草进行生物防除的研究。检验检疫部门应加强对分布区货物、运输工具等携带假臭草的监控，严防其通过南方观赏植物贸易传播扩散。

【凭证标本】 广西壮族自治区梧州市城东镇，海拔 42.6 m，23.854 1 N，111.538 2 E，2014 年 10 月 13 日，韦春强 WZ027（IBK）；福建省龙岩市上杭县古田镇，海拔 344 m，25.095 2 N，117.024 9 E，2015 年 8 月 31 日，曾宪锋、邱贺媛 RQHN07210（CSH）；广东省惠州市龙门县南昆山镇上坪村，海拔 543 m，23.643 7 N，113.846 8 E，2014 年 7 月 24 日，王瑞江 RQHN00110（CSH）。

假臭草（*Praxelis clematidea* R. M. King & H. Robinson）

1. 生境；2. 群体；3. 茎被柔毛；4. 花序枝；
5. 叶对生；6. 果序；7. 头状花序侧面，示苞片；8. 植株形态

参考文献

陈伟，兰国玉，安锋，等，2007. 海南外来杂草——假臭草群落生态位特征研究［J］. 西北林学院学报，22（2）：24-27.

李光义，喻龙，邓晓，等，2006. 假臭草化感作用研究［J］. 杂草科学，（4）：19-20.

王真辉，安锋，陈秋波，2006. 外来入侵杂草——假臭草 [J] . 热带农业科学，26 (6): 33-37.

Chen Y L, Takayuki K, D J Nicholas H, 2011. *Praxelis*[M]//Wu Z Y, Raven P H, Hong D Y. Flora of China: vol. 20–21. Beijing: Science Press & St. Louis: Missouri Botanical Garden Press: 889.

24. 胶菀属 *Grindelia* Willdenow

一年生、二年生、多年生草本或亚灌木。茎通常直立，单生或多分枝，常常有腺点或黏液。叶互生，无柄或具柄。头状花序排成伞房花序至圆锥花序或单生。总苞通常圆形至半球形或宽阔的坛形，总苞片多层，宿存，大部分呈线形或披针形，顶端呈环状或钩状，开展、外弯、或直立、或内弯，远轴面通常无毛和略有黏液。花序托扁平或凸起，无托片。舌状花无或多数，花冠黄色至橘黄色。管状花多数，花冠黄色，裂片直立或伸展，略呈三角状，花柱分枝顶端附属物呈线状或披针形，有时三角形。瘦果椭球形至倒卵球形，略扁平，有时多少具 3～4 棱，顶端平滑，冠毛冠状或鳞片状，脱落。

本属约有 30 种，原产美洲，中国归化 1 种。

胶菀 ***Grindelia squarrosa*** (Pursh) Dunal, Mém. Mus. Hist. Nat. 5: 50. 1819. —— *Donia squarrosa* Pursh, Fl. Amer. Sept. 2: 559. 1814.

【别名】 **胶草**

【特征描述】 二年生或多年生草本，植株高 40～55 cm。茎直立，光滑无毛，具纵棱，有黏液。叶互生，矩圆形，长 3.1～4.2 cm，宽 1.3～1.6 cm，先端急尖，基部多少抱茎、边缘锯齿状，通常每厘米具 4～6 齿，钝三角形，有树脂尖，叶片两面光滑无毛，具腺点。头状花序排成聚伞花序。总苞呈宽阔的坛状，直径 0.9～1.5 cm；总苞片 5～10 层，长 0.4～0.7 cm，外层的反折，向内逐渐至延展或紧贴，棍棒状至披针形，顶端常具钩，有时下弯或近直，具有黏液。舌状花多数，具可育雌蕊，黄色，舌片长约 7 mm，顶端具 3 齿或不规则裂，花筒长 3～4 mm，花柱分枝长约 3.5 mm；管状花多数，为可育两性花，黄色，裂片 5，三角形，长约 1 mm，花柱分枝长约 4 mm，高出花冠约 1 mm，聚药雄蕊长约 3 mm。瘦果麦秆黄色，椭球形，表面平滑，具条纹或沟，长 2.8～3.0 mm，直径约 1 mm；冠毛 2～4 枚，鳞片状，长披针形，直立，长约 4 mm，易脱落。本种外形上接近于旋覆花属（*Inula*）植物，但区别在于本种花药基部钝，花柱分枝顶端附属物呈披针形或三角形，冠毛鳞片状。**物候期**：花期 8—9 月。**染色体**：$2n=12$。

【原产地及分布】 原产于美国和墨西哥奇瓦瓦（Chihuahua），曾引种至乌克兰，在辽宁大连归化。

【生境】 生于受到干扰的平原、山区、路边和溪流边。

【传入与扩散】 **文献记载**：胶菀一名始见于范香媛等（2011）的报道。**标本信息**：模式标本采自美国，Lewis 40（holotype, PH）。张淑梅等首次于 2008 年 9 月发现于我国辽宁省大连市采到标本。**传播途径**：人为携带传播的可能性较大。

【危害及防控】 **危害**：胶菀头状花序内的结实率极高，近乎全部结实，因而其扩散能力不可小觑。**防控**：另外，东亚和北美两个地区在植物区系和自然生境上的相似性，相关部门要密切注意该种在我国的扩散。

【凭证标本】 中国辽宁大连开发区大黑山脚下，海拔 130 m，2008 年 9 月 13 日，张淑梅等 20080901（PE）；金州北屏山，2009 年 8 月 20 日，李振宇等 11836（PE）。

胶菀［*Grindelia squarrosa* (Pursh) Dunal］

1. 生境；2. 植株形态；3. 幼苗；4. 群体；5. 头状花序侧面；6. 叶；7. 头状花序；8. 果序剖面，示瘦果；9. 头状花序侧面，示总苞

参考文献

范香媛，张淑梅，高天刚，2011. 胶菀属——中国菊科紫菀族的一个新归化属［J］. 植物分类与资源学报，33（2）: 171-173.

Chen Y L, Chen Y S, Luc B, et al., 2011. Astereae[M]//Wu Z Y, Raven P H, Hong D Y. Flora of China: vol. 20–21. Beijing: Science Press & St. Louis: Missouri Botanical Garden Press: 545–651.

25. 一枝黄花属 *Solidago* Linnaeus

多年生草本，稀为半灌木。叶互生。头状花序小或中等大小，异型，辐射状，多数在茎上部排列成总状花序、圆锥花序、伞房状花序或复头状花序。总苞狭钟状或椭圆状；总苞片多层，覆瓦状。花托小，通常蜂窝状。边花雌性，舌状 1 层，或边缘雌花退化而头状花序同型；盘花两性，管状，檐部稍扩大或狭钟状，顶端 5 齿裂。全部小花结实。花药基部钝；两性花花柱分枝扁平，顶端有披针形的附片。瘦果近圆柱形，有 8～12 个纵肋。冠毛多数，细毛状，1～2 层，稍不等长或外层稍短。

本属约有 100 种。主要集中分布于美洲，少数种类产欧亚大陆。中国原产 3 种，引进栽培数种（栽培的主要是杂交种），入侵 1 种。*Flora of China* 还记载有另外 2 个归化种，高大一枝黄花（*Solidago altissima* Linnaeus）和多皱一枝黄花（*Solidago rugosa* Miller），但上述两种在中国实际上和加拿大一枝黄花（*Solidago canadensis* Linnaeus）难以区分，本志暂不收录。

加拿大一枝黄花 *Solidago canadensis* Linnaeus, Sp. Pl. 2: 878. 1753.

【别名】 **霸王花、白根草、北美一枝黄花、黄花草、加拿大一枝花、金棒草、满山草、麒麟草、蛇头王、幸福草、高大一枝黄花、高茎一枝黄花**

【特征描述】 多年生草本，有长根状茎。茎直立，高 0.3～2.5 m，至少上部被短柔毛或糙毛，基部无毛。叶互生，无柄或下部叶具柄，基生叶与茎下部叶常于花期前枯萎，叶片披针形或线状披针形，长 5～15 cm，宽 0.5～2.5 cm，边缘具锯齿或波状浅钝齿，具离基三出脉，两面被糙毛。圆锥花序顶生，高 10～50 cm、分枝蝎尾状，开展至反曲，上侧着生多数黄色头状花序，头状花序长 4～6 mm，总苞狭钟状，总苞片线状披针形，长 2～4 mm。边缘舌状花 10～18 朵，为雄花，舌片先端具 2～3 个小齿；管状花 3～6 朵，两性花，檐部 5 裂，裂片披针形。瘦果褐色近圆柱状，长约 1 mm，被微柔毛；冠毛污白色，长 3～3.5 mm。**物候期：**花果期 7—11 月。**染色体：**$2n$=18，36，54。

【原产地及分布现状】 原产于北美洲，归化于北温带地区。**国内分布：**安徽、重庆、福建、广东、广西、海南、河南、湖北、湖南、江苏、江西、山东、上海、四川、台湾、浙江。

【生境】 生长在潮湿和干燥开阔地，如疏林下、路边、果园、苗圃。

【传入与扩散】 **文献记载：**加拿大一枝黄花一名始见于陈封怀《庐山植物园栽培植物手册》(1958)。徐炳声《上海植物名录》(1959) 首次报道上海归化新记录。**标本信息：**模式标本 J. L. Reveal 等在 Huntia 7：238.1987. 指定 LINN 998.2 (LINN) 为后选模式。**传入方式：**国内最早的记录为 1926 年采自浙江德清县莫干山的标本（存 PE)，可能为栽培植物。1936 年庐山植物园引种栽培（陈封怀，1958)。20 世纪 80 年代扩散蔓延成恶性杂草。**传播途径：**子实借风传播扩散。**繁殖方式：**具备极强地依靠多年生地下茎的无性繁殖和种子繁殖。**入侵特点：**① 繁殖性　每株产生种子数量在 1 万～2 万粒，有些甚至高达 4 万粒。且种子的萌发期较广，在 3—10 月均可萌发。另外，每株植株地下有 4～15 条根状茎，以根茎为中心向四周辐射状伸展生长（陈韶军，2014)。② 传播性　瘦果质量轻，有冠毛，可借助大气运动、鸟类及车辆运输等实现远距离传播。③ 适应性　适应能力强，在受到外界胁迫作用时，可以利用发达的根状茎产生无性繁殖体，维持种群的存活（唐路恒 等，2015)。**可能扩散的区域：**该种在安徽、江苏、浙江和上海的潜在一级风险区主要分布在太湖流域、沿杭州湾地区、浙江沿海以及内陆地势较低的耕地及居民点区域（李丽鹤 等，2017)，其他亚热带及部分温带地区也可能成为潜在扩散的区域。

【危害及防控】 **危害**：该种具有极高的入侵性，侵入各种生境，极易形成单优群落，严重排挤本地物种的生长，影响当地的生物多样性。此外，该种根状茎发达、种子小而产量高，极易随水流、风和人畜传播，一旦定植就很难根除。花粉可导致人类过敏。**防控**：禁止引种并且严禁将其作为切花材料出售。危害面积小时，在结实前手工拔除，并将所有根茎挖出；危害面积大时，可采用草甘膦、氯氟吡氧乙酸和甲嘧磺隆防除，在秋冬或春季杂草苗期防除为宜。

【凭证标本】 安徽省安庆市宿松县复兴镇司马大道江堤上，海拔 25 m，30.015 9 N，116.562 4 E，2014 年 7 月 30 日，严靖、李惠茹、王樟华、闫小玲 RQHD00480（CSH）；浙江省金华市武义县履坦镇附近，海拔 75 m，28.960 4 N，119.811 8 E，2014 年 9 月 19 日，严靖、闫小玲、王樟华、李惠茹 RQHD00887（CSH）。

【相似种】 据记载庐山植物园于 1935 年还引种高茎一枝黄花（北美一枝黄花）（*Solidago altissima* Linnaeus）（陈封怀，1958）。根据野外观察，该种高大的种群中也可出现株高仅 0.3 m 的个体，通常遍被糙毛，但发育不良植株毛常较细短，叶具锐锯齿，总苞片长 2.5～4.5 mm，舌状花长 2.4～4.1 mm，但上述性状与加拿大一枝黄花之间存在过渡类型，这种情况可能还出现于杂种或园艺品种之中（Stace, 1997）。各地常见的园艺栽培品种黄莺（*Solidago* “Golden Wings”）外形与加拿大一枝黄花近似，但高 1.6 m 以下，不结果，常用作园林配置和生产切花，常被误认为加拿大一枝黄花。

加拿大一枝黄花（*Solidago canadensis* Linnaeus）

1. 生境；2. 群体；3. 幼株群体；4. 果序，示瘦果；5. 头状花序；6. 管状花解剖，示聚药雄蕊和雌蕊；7. 花序枝；8. 头状花序排列成圆锥花序状；9. 花期植株；10. 幼株

参考文献

陈封怀，1958. 庐山植物园栽培植物手册 [M] . 北京：科学出版社 .
陈韶军，2014. 加拿大一枝黄花和小飞蓬入侵潜力综述 [J] . 湖北林业科技 (1): 24-28.
郭水良，方芳，2003. 入侵植物加拿大一枝黄花对环境的生理适应性研究 [J] . 植物生态学报，27 (1): 47-52.
李丽鹤，刘会玉，林振山，等，2017. 基于 MAXENT 和 ZONATION 的加拿大一枝黄花入侵重点监控区确定 [J] . 生态学报 (9): 3124-3132.
陆建忠，裘伟，陈家宽，等，2005. 入侵种加拿大一枝黄花对土壤特性的影响 [J] . 生物多样性，13 (4): 347-356.
唐路恒，马利民，2015. 加拿大一枝黄花入侵机理及控制策略 [J] . 安徽农业科学 (21): 138-139.
徐炳声，1959. 上海植物名录 [M] . 上海：上海科技卫生出版社 .
Chen Y L, John C S, 2011. *Solidago*[M]//Wu Z Y, Raven P H, Hong D Y. Flora of China: vol. 20–21. Beijing: Science Press & St. Louis: Missouri Botanical Garden Press: 632–634.
Dong M, Lu J, Zhang W, et al., 2006. Canada goldenrod, *Solidago canadensis*: An invasive alien weed rapidly spreading in China[J]. Acta Phytotaxonomica Sinica, 44(1): 72–85.
Stace C, 1997. New Flora of the British Isles[M]. 2nd ed. Cambridge: Cambridge University Press.

26. 联毛紫菀属 *Symphyotrichum* Nees

多年生或一年生草本，具根状茎或主根，无腺体。茎上升直立，通常不分枝，有时远端分枝，通常远端下延线上有毛，近端常无毛。叶基生和茎生，叶柄有或无，叶片心形到椭圆形、倒披针形、匙形、卵形、披针形或线形，无毛或有毛，有时具带柄腺体，边缘有锯齿，圆齿状或全缘，具糙毛或纤毛。头状花序辐射状或盘状，多数，通常呈圆锥花序，有时呈总状花序或亚伞形花序，有时单生。总苞圆柱形到钟形（或半球形）；总苞片 3～6（～9）层，不等长或近等长，无毛或有毛，外围有时叶状，基部通常硬化，边缘通常干膜质，1～3 脉，先端急尖到钝，通常具明显的绿色区域。花托扁平至微凸，蜂窝状，无托片。小花可育。舌状花少数到多数，舌片白色，粉红色、蓝色或紫色；管状花少数至多数，两性，黄色，漏斗状或圆筒状，裂片 5，三角形至披针形；花药基部钝，顶端附属物披针形。花柱分枝顶端披针形。瘦果倒卵形或扁圆形，有时呈梭形，扁平，无毛或具糙毛，无腺体，脉（2～）3～5（～10）条。冠毛长存，白色至褐色，4层，多数具有顶端锐尖的刚毛。

本属约有90种，分布于亚洲、欧洲、北美洲和南美洲。中国原产1种，即短星菊［*Symphyotrichum ciliatum* (Ledebour) G.L. Nesom，即 *Brachyactis ciliata* Ledebour］，引进栽培8种，归化2种，其中倒折联毛紫菀［*Symphyotrichum retroflexum* (Lindley ex Candolle) G.L. Nesom］仅记载江西山地路边有归化，由于材料缺乏，本志未收录。

钻叶紫菀 *Symphyotrichum subulatum* (Michaux) G. L. Nesom, Phytologia, 77: 293. 1995. —— *Aster subulatus* Michaux, Fl. Bor. -Amer. 2: 111. 1803.

【别名】 **钻形紫菀、窄叶紫菀、美洲紫菀**

【特征描述】 一年生草本，高16～150 cm。茎直立，略带紫色，无毛，无腺体。基生叶具柄，叶片披针形至卵形，通常于花期枯萎。茎生叶无柄，披针形至线状披针形，长2～11 cm，宽0.1～1.7 cm，上部渐狭，表面无毛，无腺体，基部渐狭到楔形。边缘细锯齿缘，无纤毛，先端锐尖。头状花序，作伞房状或圆锥伞房状排列，花多，呈放射状，花序梗长0.3～1 cm，无毛，无腺体。总苞圆柱状，总苞片排列3～5层，披针形至线状披针形，无毛，极不等长，外层外苞长1～2 cm，宽约0.2 mm，边缘干膜质，粗糙，无腺体，上部具缘毛，先端锐尖或渐尖。舌状小花多数，舌片紫蓝色，长1.5～2.5 mm，无毛，无腺体。管状花黄色，长3～3.5 mm，冠檐长1.4～1.5 mm，裂片三角形，直立，长0.4～0.5 mm，无毛，无腺体。瘦果基部渐狭，长1.5～2.5 mm，具2～6条细脉，疏生短糙刚毛。白色冠毛多而纤细，具倒钩短刚毛，长4～5 mm。**物候期**：花果期8—10月。**染色体**：$2n=10$。

【原产地及分布现状】 原产于北美洲，归化于世界各地。**国内分布**：安徽、澳门、北京、重庆、福建、甘肃、广东、广西、贵州、河北、河南、湖北、湖南、江苏、江西、辽宁、陕西、山东、上海、四川、台湾、天津、香港、云南、浙江。

【生境】 侵入路旁、草地、沟渠、稻田边缘，在近海平面至海拔 2 000 m 以下。

【传入与扩散】 **文献记载**：1947 年最早发现于湖北武昌。裴鉴等《江苏南部种子植物手册》（1959）称钻形紫菀，《中国植物志》74 卷（1985）改成钻叶紫菀。**标本信息**：来自美国的 Michaux s.n. 为后选模式（P）。**传入方式**：可能通过作物或旅行等无意引进到华东地区，再扩散蔓延到其他省区。**传播途径**：可产生大量瘦果，果具冠毛随风散布入侵。**繁殖方式**：种子繁殖。

【危害及防控】 **危害**：为秋收作物（棉花、大豆及甘薯）和水稻田常见杂草，也见于路边及田埂上及抛荒农田，发生量大，有时成单优群落，危害重。**防控**：加强检疫，精选种子，应用氯氟吡氧乙酸、2 甲 4 氯等进行化学防除。

【凭证标本】 福建省宁德市福安市社口村，海拔 689 m，27.246 5 N，119.905 5 E，2015 年 6 月 22 日，曾宪锋 RQHN06768（CSH）；广东省东莞市虎门镇山兜，海拔 0 m，22.863 6 N，113.665 4 E，2014 年 10 月 22 日，王瑞江 RQHN00693（CSH）；贵州省安顺市平坝区荒地，海拔 1 333 m，26.405 5 N，106.234 4 E，2015 年 8 月 17 日，马海英、邱天雯、徐志茹 RQXN07325（CSH）；海南省儋州市中和镇东坡书院，海拔 8 m，19.743 8 N，109.352 6 E，2015 年 12 月 19 日，曾宪锋 RQHN03601（CSH）；湖南省常德市常德郊区，海拔 67 m，28.936 1 N，111.707 2 E，2014 年 8 月 26 日，李振宇、范晓虹、于胜祥、张华茂、罗志萍 13108（CSH）；江苏省常州市溧阳第四中学附近，海拔 6.41 m，31.450 7 N，119.460 7 E，2015 年 6 月 30 日，严靖、闫小玲、李惠茹、王樟华 RQHD02535（CSH）；四川省阿坝藏族羌族自治州汶川县映秀镇，海拔 913 m，31.027 0 N，103.468 9 E，2015 年 10 月 13 日，刘正宇、张军等 RQHZ05743（CSH）。

【相似种】 钻叶紫菀［*Symphyotrichum subulatum* (Michaux) G.L. Nesom］形态变异大，可细分为 5 个变种，其中 4 个变种已入侵中国，本志附有分变种检索表，供参考。

分变种检索表

1 舌状花舌片淡紫色到蓝色，长（3.5～）4.5～7 mm，宽 0.9～1.3 mm，干后外卷 3～5 圈，舌状花 1 列；盘花（20～）33～50 朵………1b. 长舌紫菀 *S. subulatum* var. *ligulatum* (*Aster exilis*)

1 舌状花舌片白色到紫色，长 1.3～3.5（～4.2）mm，宽 0.2～0.6 mm，干后外弯或外卷 1 圈，舌状花 1～3 列；盘花 3～23 朵 ……………………………………………………………… 2

2 舌状花舌片比冠毛长，总苞片 30～42 片………………………………………………………………………………1 c. 古巴紫菀 *S. subulatum* var. *parviflorum* (*Aster subulatus* var. *cubensis*)

2 舌状花舌片比冠毛短，总苞片 18～30 片……………………………………………………………… 3

3 总苞片的绿色区域狭到宽的披针形，与苞片长度相等；舌状花舌片宽 0.2～0.5 mm；盘花长 3.8～4.6（～4.9）mm ………………………………………………………………………………………… 1a. 钻叶紫菀（原变种）*S. subulatum* var. *subulatum* (*Aster subulatus*)

3 总苞片的绿色区域宽披针形，在总苞片近端部分缺失；舌状花舌片宽 0.2～0.3 mm；盘花长 3.2～4.1 mm ……………………………………………………………………………………… 1d. 夏威夷紫菀 *S. subulatum* var. *squamatum* (*Aster subulatus* var. *sandwicensis*)

钻叶紫菀 [*Symphyotrichum subulatum* (Michaux) G. L. Nesom]

1. 生境；2. 花序枝；3. 头状花序剖面；4. 头状花序侧面，示总苞；5，6. 粉色头状花序；7. 白色头状花序；8. 幼株；9. 瘦果；10. 植株形态；11. 头状花序正面

参考文献

Chen Y L, Luc B, 2011. *Symphyotrichum*[M]//Wu Z Y, Raven P H, Hong D Y. Flora of China: vol. 20–21. Beijing: Science Press & St. Louis: Missouri Botanical Garden Press: 651–652.

27. 飞蓬属 *Erigeron* Linnaeus

多年生，稀一年生或二年生草本，或半灌木。叶互生，全缘或具锯齿。头状花序辐射状，单生或数个，少有多数排列成总状，伞房状或圆锥状花序、总状半球形或钟形，总苞片数层，膜质或草质，边缘和顶端干膜质，具1红褐色中脉，狭长（通常宽0.45～0.6 mm，少有达1.6 mm），近等长，有时外层较短而稍呈覆瓦状，超出或短于花盘；花托平或稍凸起，具窝孔；雌雄同株；花多数，异色；雌花多层，舌状，或内层无舌片，舌片狭小（通常长不超过或稍超过10 mm，宽不超过1 mm），少有稍宽大，紫色、蓝色或白色，少有黄色，多数（通常100个以上），有时较少，两性花管状，檐部狭，管状至漏斗状（直径不超过1 mm），上部具5裂片，花药线状长圆形，基部钝，顶端具卵状披针形附片，花柱分枝附片短（长0.15～0.25 mm），宽三角形，通常钝或稍尖。花全部结实。瘦果长圆状披针形，扁压，常有边脉，少有多脉，被疏或密短毛，冠毛通常2层，内层及外层同形或异形，常有极细而易脆折的刚毛，离生或基部稍联合，外层极短，或等长、有时雌花冠毛退化而成少数鳞片状膜片的小冠毛。

本属有300种以上，主要分布于欧洲、亚洲大陆及北美洲，少数也分布于非洲和大洋洲。中国原产约33种，主要集中于新疆和西南部山区，外来引进6种，全国各地均有分布。其中，美丽飞蓬［*Erigeron speciosus* (Lindley) A.P. Candolle］原产于北美洲，国内作花卉栽培，据报道浙江有少数逸生，由于缺乏确切材料，暂不收录。

分种检索表

1 多年生草本；茎基部分枝；叶互生于茎上，不呈莲座状；舌状花顶端具有2～3小齿 ……
……………………………………………………… 1. 加勒比飞蓬 *Erigeron karvinskianus* Candolle

1 一年生草本；茎不分枝或上部分枝；基部叶呈莲座状；茎生叶互生；舌状花顶端全缘…… 2

2 具匍匐枝；茎节缩短；头状花序直径 3～6 mm；冠毛 1 层 ……………………………………………………………………………… 2. 类雏菊飞蓬 *Erigeron bellioides* Candolle

2 无匍匐枝；茎节间明显；头状花序 1～2.5 cm；冠毛 2 层…………………………………… 3

3 茎中空；茎生叶基部心形，抱茎 ………………… 3. 春飞蓬 *Erigeron philadelphicus* Linnaeus

3 茎具白色海绵状髓；茎生叶基部楔形或渐狭 ………………………………………………… 4

4 茎下部被开展的短柔毛；基生叶宽卵形或圆形，具粗齿，茎生叶宽 1.5～3 cm；边缘具疏锯齿 ……………………………………………… 4. 一年蓬 *Erigeron annuus* (Linnaeus) Persoon

4 茎下部被向上伏生的短柔毛或糙硬毛；基生叶匙形或倒披针形，茎生叶通常狭于 1 cm，边缘全缘，有时具疏浅波状圆齿或浅锯齿 ……………………………………………………………………………… 5. 粗糙飞蓬 *Erigeron strigosus* Muhlenberg ex Willdenow

1. **加勒比飞蓬 *Erigeron karvinskianus*** Candolle，Prodr. 5：285. 1836.

【特征描述】 短命多年生草本，簇生，高（10）15～40（100）cm，茎单一或具少数分枝，匍匐，斜生至直立，有时节上生根，有时叶腋生有叶簇，被稀疏糙伏毛后变无毛，无腺体。基生叶和下部叶通常在花期时枯萎，具柄，叶柄具狭翅，叶片椭圆形或倒卵形，茎生叶具短柄，叶片椭圆形至倒卵形或倒披针形，长 1～4 cm，宽 0.3～1.4 cm，大小相当，两面被稀疏糙伏毛至平秃，无腺体，基部渐狭至楔形，边缘 2～4 浅裂或全缘，稍微反卷，被糙伏毛，先端急尖或渐尖，具突尖。头状花序 1 或 2（5）个生于上部分枝顶端，长 5～7 mm，宽 10～13 mm。总苞钟状，总苞片 3～4 层，膜质，线形至披针形，长 1.5～3.3 mm，宽 0.3～0.6 mm，被稀疏糙伏毛，先端渐尖，外层稍短，沿中脉绿色，内层总苞片边缘具狭膜质边缘，啮蚀状。边花雌性，1～2 层，45～80 朵，长 6～8 mm，管部长 1～1.5 mm，舌片扁平或稍微卷曲，白色，有时干后淡粉红色，线形，长约 5 mm，宽约 0.6 mm，先端具 2 齿，无毛；盘花两性，黄色，狭漏斗状，管不长约

2 mm，被疏毛，脉橙色，裂片无毛，先端具乳突。瘦果长圆形，扁平，长约 0.8 mm（不成熟者），被稀疏糙伏毛，具 2 脉。冠毛 2 层，外层短刚毛状，内层为 15～27 枚刚毛，长约 2.5 mm。**物候期：** 花期 3—11 月。

【原产地及分布现状】 原产于中美洲和北美洲南部，现已扩散至全球泛热带和亚热带地区。**国内分布：** 北京、上海、昆明等地园林上有栽培，香港地区发现有归化。

【生境】 生于丘陵山坡，系栽培后逸生，海拔约 700 m。

【传入与扩散】 该种最早在 1969 年在香港采集到标本，表明该种在此之前已经引入。但该种在中国文献的正式记载仅见于 2011 年完成的 *Flora of China* 菊科卷，中文名加勒比飞蓬也是在此著作中首次采用。**标本信息：** 模式标本，墨西哥，Karvinski, s.n.（holotype, M）。作为园艺花卉，目前该种仍然在市场上有所流通，可见其实际分布范围远比有记录的广泛，但目前仍仅香港地区有该种的明确归化记载。

【危害及防控】 具有一定的杂草性。

【凭证标本】 中国香港特别行政区，维多利亚公园，1972 年 3 月 16 日，胡秀英 11612（PE）；中国香港特别行政区，大埔区，从葡萄牙作为花卉引种栽培，1969 年 5 月 14 日，胡秀英 7364（PE）。

加勒比飞蓬（*Erigeron karvinskianus* Candolle）

1. 生境；2. 花序枝；3. 群体；4. 头状花序侧面，示总苞；
5. 头状花序；6. 头状花序正面特写；7，9. 头状花序背面特写；8. 叶片

参考文献

Chen Y L, Luc B, 2011. *Erigeron*[M]//Wu Z Y, Raven P H, Hong D Y. Flora of China: vol. 20–21. Beijing: Science Press & St. Louis: Missouri Botanical Garden Press: 634–648.

2. **类雏菊飞蓬** ***Erigeron bellioides*** Candolle, Prodr. 5: 288.1836.

【**特征描述**】一年生草本。具匍匐枝，茎短，基生叶呈莲座状，叶片倒卵形至倒披针形，两面被稍稀疏糙毛，基部柄状，先端锐尖，边缘全缘至浅齿状。头状花序陀螺

状，单生，直径 3～6 mm，花序梗不分枝，长 3～7 cm，具小苞片、总苞片线形，先端锐尖，边缘透明，外层苞片长约 0.5 mm，被短柔毛、内层苞片无毛或被短柔毛，长 0.7～0.8 mm，舌状花 2 轮，雌花，舌片白色至淡黄色，长约 0.7 mm。管状花两性，花冠 5 浅裂，白色至淡黄色，长约 1.3 mm。花药长约 0.3 mm。瘦果单型均匀，被短柔毛；冠毛 1 轮，纤细，具脆弱的刚毛，与花冠近等长。**染色体**：$2n=9_{II}$。

【原产地及分布现状】 原产于南美洲以及加勒比海大安地列斯群岛，目前广泛分布于太平洋诸岛、西太平洋琉球群岛、夏威夷群岛和澳大利亚亦有出现。**国内分布**：台湾（基隆市）。

【生境】 多出现于公园、学校、安全岛等地全日照的潮湿草坪。

【传入与扩散】 **文献记载**：类雏菊飞蓬一名始见于钟明哲等的报道（Jung et al., 2009）。**标本信息**：模式标本为 1820 年采自波多黎各（Puerto Rico），Bertero s.n.（holotype, G）。2005 年在台北市中研院路边采到标本。**传入方式**：引进园艺植物时挟带进入，还可能随土壤搬运传播（Wagner et al., 1990）。可通过匍匐枝产生的子莲座丛，形成密集覆盖，排挤其他植物。

【危害及防控】 **危害**：各种人工生态系统杂草。**防控**：加强检疫，在结果前清除。

【凭证标本】 台湾基隆市七堵区，2008 年 7 月 9 日，钟明哲 3054（TAIF）；台北市中山区，2008 年 4 月 19 日，钟明哲 2699（TAIF）；台北市南港区，2005 年 11 月 7 日，钟明哲 1313（NCKU）。

类雏菊飞蓬（*Erigeron bellioides* Candolle）

1. 果序；2. 群体；3. 生境

参考文献

Jung M T, Hsu T C, Chung S W, et al., 2009. Three newly naturalized Asteraceae plants in Taiwan[J]. Taiwania, 54(1): 76–81.

Keil D J, Luckow M A, Pinkava D J, 1988. Chromosome studies in Asteraceae from the United States, Mexico, the West Indies, and South America[J]. American Journal of Botany: 652–668.

Mears R L, 2009. *Erigeron bellioides* (Asteraceae), new to florida and the continental United States[J]. Journal of the Botanical Research Institute of Texas: 869–871.

Wagner W L, et al., 1990. Manual of the flowering plants of Hawaii, IV[J]. Bishop Museum Occasional Papers, 42: 13–27.

3. **春飞蓬** ***Erigeron philadelphicus*** Linnaeus, Sp. Pl. 2: 863. 1753.

【别名】 **费城飞蓬、春一年蓬**

【特征描述】 一年生草本，二年生或短暂多年生植物，高 4～80 cm，具纤维状根，茎简单。茎直立（绿色下部），上部具糙伏毛到疏松生长硬毛，具微小的腺。叶基生（花期持续或枯萎）和茎生、基生叶片倒披针形至倒卵形，长 30～110 mm，宽 10～25 mm，边缘有粗锯齿或具浅圆齿至羽状浅裂，表面具稀疏生长硬毛或具长柔毛，无腺体，茎生叶，叶片长圆状倒披针形至披针形，基部渐狭，耳状抱茎。头状花序数枚，直径 1～1.5 cm，排成伞房或圆锥状花序。总苞片 2 或 3 层（有时基部合生），背面被毛，有时具微小的腺；雌花舌状，白色略带粉红色，舌片线形，长约 6 mm，平展；两性花成管状，黄色，长 5～10 mm，缓慢卷；管状花冠 2.1～3.2 mm。雌花瘦果冠毛 1 层，长 0.6～1.1 mm；两性花瘦果的冠毛外层鳞片状，内层糙毛状，长约 2 mm，10～15 条。**物候期**：花期 4—6 月。**染色体**：$2n$=18。

【原产地及分布现状】 原产于北美洲。**国内分布**：安徽、贵州、江苏、上海、四川、浙江。

【**生境**】路旁、旷野、山坡、果园、林缘及林下普遍生长。

【**传入与扩散**】**文献记载**：徐炳声《上海植物名录》（1959）报道上海分布新记录春一年蓬。2008年左右浙江、江苏局部地区大量发生（王勇，2008）。**标本信息**：模式标本采自加拿大，Scott 于 Fl. Mascareignes 109: 106. 1993 指定 Linn 994.13 为后选模式。**传入方式**：国际交往无意引进或从邻国扩散自然传入，19世纪在华东地区定植。**传播途径**：随风力散布。**繁殖方式**：种子繁殖。**入侵特点**：① 繁殖性 种子含水量高（70%），具有较高的萌发率和较短的萌发时间。② 传播性 春飞蓬种子轻小（千粒重仅 0.03～0.04 g），易于随风力扩散（王勇，2008）。**可能扩散的区域**：根据预测，上海、江苏、安徽大部、河南南部、湖北中部和东部、湖南东北部、江西北部、浙江中部和北部是该种的主要适生区（张颖 等，2011）。

【**危害及防控**】**危害**：常见杂草，常形成单优势种群，破坏生态景观。**防控**：对野外种群应及时进行灭除，可用草甘膦、百草枯、氯氟吡氧乙酸等进行化学防除。

【**凭证标本**】浙江省宁波市慈溪市五洞闸村，海拔 7 m，30.154 9 N，121.473 5 E，2014年10月31日，严靖、闫小玲、王樟华、李惠茹 RQHD01202（CSH）；安徽省淮北市烈山区，海拔 30.37 m，33.914 0 N，116.806 5 E，2015年5月6日，严靖、李惠茹、王樟华、闫小玲 RQHD01771（CSH）；江西省抚州市东华理工文化公园，海拔 457 m，27.949 3 N，116.354 5 E，2016年5月28日，严靖、王樟华 RQHD03478（CSH）。

春飞蓬（*Erigeron philadelphicus* Linnaeus）

1. 生境；2. 叶；3. 莲座状基生叶；4. 头状花序；5. 植株形态

参考文献

王勇，2008. 外来植物春一年蓬入侵生物学研究［D］. 上海：上海师范大学.

张颖，李君，林蔚，等，2011. 基于最大熵生态位元模型的入侵杂草春飞蓬在中国潜在分布区的预测［J］. 应用生态学报，22（11）：2970-2976.

Tanaka Y, Chisaka H, Saka H, 1986. Movement of paraquat in resistant and susceptible biotypes of *Erigeron philadelphicus* and *E. canadensis*[J]. Physiologia Plantarum, 66(4): 605–608.

Uchida S, Gunji T, Shimoyama J, et al., 1990. Distribution and control of paraquat-resistant biotypes of *Erigeron philadelphicus* L. in konnyaku fields in Gunma[J]. Gunma Journal of Agricultural Research, A, General, (7): 53–58.

4. **一年蓬 *Erigeron annuus*** (Linnaeus) Persoon, Syn. Pl. 2: 431. 1807. —— *Aster annuus* Linnaeus, Sp. Pl. 2: 875-876. 1753.

【别名】 **白顶飞蓬、治疟草**

【特征描述】 一年生或二年生草本，茎粗壮，高30～100 cm。茎基部直径达6 mm，直立，上部有分枝，绿色，下部被开展的长硬毛，上部被较密的上弯的短硬毛。基部叶花期枯萎，长圆形或宽卵形，少有近圆形，长4～17 cm，宽1.5～4 cm，或更宽，顶端尖或钝，基部狭成具翅的长柄，边缘具粗齿，下部叶与基部叶同形，但叶柄较短，中部和上部叶较小，长圆状披针形或披针形，长1～9 cm，宽0.5～2 cm，先端尖，具短柄或无柄，边缘有不规则的齿或近全缘，最上部叶线形，全部叶边缘被短硬毛，两面被疏短硬毛，或有时近无毛。头状花序数个或多数，排列成疏圆锥花序，长6～8 mm，宽10～15 mm，总苞半球形，总苞片3层，草质，披针形，长3～5 mm，宽0.5～1 mm，近等长或外层稍短，淡绿色或多少褐色，背面密被腺毛和疏长节毛，外围的雌花舌状，2层，长6～8 mm，管部长1～1.5 mm，上部被疏微毛，舌片平展，白色，或有时淡天蓝色，线形，宽约0.6 mm，顶端具2小齿，花柱分枝线形，中央的两性花管状，黄色，管部长约0.5 mm，檐部近倒锥形，裂片无毛。瘦果披针形，长约1.2 mm，扁压，被疏贴柔毛；冠毛异形，雌花的冠毛极短，膜片状连成小冠，两性花的冠毛2层，外层鳞片状，内层为10～15条长约2 mm的刚毛。**物候期**：花期6—9月。**染色体**：$3n$=27。

【原产地及分布现状】 原产北美洲，现广布北半球温带和亚热带地区。**国内分布**：安徽、北京、重庆、福建、甘肃、广东、广西、贵州、海南、河北、河南、黑龙江、湖北、湖南、吉林、江苏、江西、辽宁、内蒙古、宁夏、陕西、山东、山西、上海、四川、台湾、天津、西藏、新疆、云南、浙江。

【生境】 常生于路边旷野或山坡荒地，喜生于肥沃向阳的土壤，在贫瘠的土壤上亦能生长。

【传入与扩散】 **文献记载**：1886年在上海郊区发现。一年蓬一名始见于《江苏植物名录》(祁天锡，1921)。**标本信息**：模式标本采自加拿大，Herb. Clifford-408，Aster 13.(lectotype，BM)。**传播途径**：果实上有冠毛，体轻，能借风力传播。**繁殖方式**：种子繁殖。**入侵特点**：① 繁殖性　一年蓬每个花序能产生275粒种子，一年一株能产生4万粒种子。种子的萌发率较低，仅在5.08%以下，但单株产量高，萌发期短，因而繁殖快速（张建和王朝晖，2009）。② 适应性　一年蓬的生物学和生态学特性决定了它有较强的入侵性，分枝数量及分枝角度能够对资源环境条件的好坏产生适应性的表型可塑性（Dong, 1996）。

【危害及防控】 **危害：**该种的入侵会较大程度影响入侵地生态系统的物种多样性，由于蔓延迅速，发生量大，常危害麦类、果树、桑和茶等，同时入侵牧场、苗圃造成危害。也大量发生于荒野、路边，严重影响景观，花粉也致花粉病。**防控：**加强检疫，可用草甘膦、2甲4氯、百草敌等进行化学防除。注意裸地植被的恢复。

【凭证标本】 安徽省芜湖市芜湖县青弋大桥附近，海拔21 m，31.139 8 N，118.531 3 E，2014年8月27日，严靖、李惠茹、王樟华、闫小玲 RQHD00494（CSH）；福建省宁德市福鼎市霞浦县太姥山，海拔510 m，27.121 2 N，120.196 0 E，2014年11月30日，曾宪锋 RQHN06842（CZH）；浙江省金华市兰溪市马一村，海拔59 m，29.331 6 N，119.634 0 E，2014年9月18日，严靖、闫小玲、王樟华、李惠茹 RQHD00856（CSH）；陕西省宝鸡市陇县关山森林公园，2014年8月18日，何毅、杨容 GSL2014080722（BNU）；河南省三门峡市渑池服务区，海拔439 m，34.749 9 N，111.951 8 E，2016年10月26日，刘全儒、何毅等 RQSB09513（BNU）。

【相似种】 徐炳声（1993）在上海发现来自北美的近缘种粗糙飞蓬 *Erigeron strigosus* Muhlenberg ex Willdenow，近年在江苏也有发现（寿海洋　等，2014）。该种茎生叶较少，匙状披针形至线状披针形，常较厚，边缘全缘或具齿，舌状花较短。

一年蓬 [*Erigeron annuus* (Linnaeus) Persoon]

1. 生境；2. 基生叶；
3. 管状花解剖，示聚药雄蕊和雌蕊；
4. 花序枝；5. 头状花序；
6. 植株形态；7. 头状花序特写

参考文献

寿海洋，闫小玲，叶康，等，2014. 江苏省外来入侵植物的初步研究［J］. 植物分类与资源学报，36（6）：793-807.

王瑞，王印政，万方浩，2010. 外来入侵植物一年蓬在中国的时空扩散动态及其潜在分布区预测［J］. 生态学杂志，29（06）：1068-1074.

张建，王朝晖，2009. 外来有害植物一年蓬生物学特性及危害的调查研究［J］. 农业科技通讯（6）：105-106.

Chen Y L, Luc B, 2011. *Erigeron*[M]//Wu Z Y, Raven P H, Hong D Y. Flora of China: vol. 20–21. Beijing: Science Press & St. Louis: Missouri Botanical Garden Press: 634–648.

Dong M, 1996. Plant clonal growth in heterogeneous habitats: foraging behavior[J]. Acta Botanica Sinica, 38: 828–835.

5. **粗糙飞蓬** ***Erigeron strigosus*** Muhlenberg ex Willdenow, Sp. Pl. 3: 1956. 1803.

【别名】**糙伏毛飞蓬**

【特征描述】一年生，二年生或多年生草本，高 30～70 cm。茎直立或上升，分枝在上半部分，疏生糙伏毛、硬毛或具短糙伏毛。叶表面无毛或疏生糙伏毛或硬毛具糙伏毛，叶片匙形至倒披针形或线形，长 3～15 cm，宽 0.5～2 cm 或更多，基部渐狭，边缘全缘或浅裂到深锯齿或圆齿，先端急尖或钝，茎生叶逐渐降低到近头状花序。头状花序 10～200，排列成松散状至圆锥状球形的复合花序。总苞半球形，苞片 2～4 层，近等长或外的短，无毛，具糙伏毛，或疏生长硬毛，有时具腺的微小，披针形，草本。舌状花 50～100，2 轮，长 4～6 mm，叶片白色，有时带粉红色或蓝色，线形，扁平，内卷，管状花黄色，长 1.5～2 mm。瘦果披针形，扁平，长 0.9～1.2 mm，疏生短糙伏毛。两性花的冠毛 2 层，外层鳞片状，内层刚毛状，雌花（舌状花）仅有外轮膜片状冠毛。**物候期**：花期 6—9 月。**染色体**：$2n$=18，27，36。

【原产地及分布现状】原产于美国北部。**国内分布**：安徽、福建、河北、河南、湖北、湖南、江苏、江西、吉林、山东、四川、西藏。

【生境】荒地、路边。

【传入与扩散】**标本信息**：模式标本采自美国 Pennsylvania, Muhlenberg s.n.（holotype, B）。**传入方式**：无意引入，随进口种子传入。**繁殖方式**：种子繁殖。

【危害及防控】同一年蓬。

【凭证标本】黑龙江省鹤岗市萝北县鹤北林业局鹤北场，1995 年 7 月 23 日，东林植物调查四队 9542928（PE）；内蒙古佛大南 10 km，1990 年 9 月 8 日，马毓泉 90～18（HIMC）。

粗糙飞蓬（*Erigeron strigosus* Muhlenberg ex Willdenow）
1. 生境；2. 叶片；3. 花序枝

参考文献

Chen Y L, Luc B, 2011. *Erigeron*[M]//Wu Z Y, Raven P H, Hong D Y. Flora of China: vol. 20–21. Beijing: Science Press & St. Louis: Missouri Botanical Garden Press: 634–648.

28. 白酒草属 *Conyza* Lessing

一年生至多年生草本。叶互生，全缘，有齿缺或分裂。头状花序异性，盘状，排成伞房花序或圆锥花序，稀单生。总苞片狭，2～3层。花序托裸露，具多数小窝孔，窝孔边缘流苏状。缘花雌性，2至多列，结实，花冠纤细，细管状，顶端具2～3齿。盘花两性，管状，黄色，全部或大部分结实，花冠顶端具5齿。花药基部钝，全缘，不被毛。雌花花柱分枝丝状。瘦果极小，有1层纤细的长冠毛。

本志按《中国植物志》74卷的处理保留了该属，全世界有60～100种，分布于温带和亚热带地区，中国原产7种，其中有3个外来入侵种（在菊科新分类系统中，4个国产种转移至 *Eschenbachia* Moench，3个外来入侵种并入飞蓬属 Erigeron）。此外，埃及白酒草［*Conyza aegyptiaca* (Linnaeus) Aiton — *Eschenbachia aegyptiaca* (Linnaeus) Brouillet］在台湾地区（Wu et al., 2010）也被作为外来种对待，但《中国植物志》和 *Flora of China* 均将其作为本土种对待，因此本志暂不收录。

参考文献

陈艺林，1985. 白酒草属［M］// 林榕，陈艺林 . 中国植物志：第74卷 . 北京：科学出版社：340–351.

Wu S H, Yang T Y A, Teng Y C, et al., 2010. Insights of the Latest Naturalized Flora of Taiwan: Change in the Past Eight Years[J]. Taiwania, 55(2): 139–159.

分种检索表

1 植株绿色，被疏长硬毛；头状花序小，直径3～4 mm ……………………………………………………………………………………… 1. 小蓬草 *Conyza canadensis* (Linnaeus) Cronquist

1 植株灰绿色，头状花序较大，径 5～104 mm ………………………………………………… 2

2 茎粗壮，高 80～150 cm，头状花序排成大而长的圆锥花序；冠毛黄褐色 …………………

………………………………………… 2. 苏门白酒草 *Conyza sumatrensis* (Retzius) E. Walker

2 茎较细，高 30～50 cm，头状花序排成总状或总状圆锥花序；冠毛红褐色 …………………

………………………………………… 3. 香丝草 *Conyza bonariensis* (Linnaeus) Cronquist

1. **小蓬草 *Conyza canadensis*** (Linnaeus) Cronquist，Bull. Torrey Bot. Club 70(6): 632. 1943. —— *Erigeron canadensis* Linnaeus, Sp. Pl. 2: 863. 1753.

【别名】 **飞蓬、加拿大飞蓬、加拿大蓬、小白酒草、小飞蓬、野塘蒿**

【特征描述】 一年生草本，根纺锤状，具纤维状根。茎直立，高 50～100 cm 或更高，圆柱状，多少具棱，有条纹，被疏长硬毛，上部多分枝。叶密集，基部叶花期常枯萎，下部叶倒披针形，长 6～10 cm，宽 1～1.5 cm，顶端尖或渐尖，基部渐狭成柄，边缘具疏锯齿或全缘，中部和上部叶较小，线状披针形或线形，近无柄或无柄，全缘或少有具 1～2 个齿，两面或仅上面被疏短毛边缘常被上弯的硬缘毛。头状花序多数，小，径 3～4 mm，排列成顶生多分枝的大圆锥花序。花序梗细，长 5～10 mm，总苞近圆柱状，长 2.5～4 mm、总苞片 2～3 层，淡绿色，线状披针形或线形，顶端渐尖，外层约短于内层之半背面被疏毛，内层长 3～3.5 mm，宽约 0.3 mm，边缘干膜质，无毛。花托平，径 2～2.5 mm，具不明显的突起。雌花多数，舌状，白色，长 2.5～3.5 mm，舌片小，稍超出花盘，线形，顶端具 2 个钝小齿。两性花淡黄色，花冠管状，长 2.5～3 mm，上端具 4～5 个齿裂，管部上部被疏微毛。瘦果线状披针形，长 1.2～1.5 mm，稍扁压，被贴微毛。冠毛污白色，1 层，糙毛状，长 2.5～3 mm。**物候期：**花期 5—9 月。**染色体：**$2n$=18，36，54。

【原产地及分布现状】 原产北美洲，现在各地广泛分布。**国内分布：**我国南北各省区均有分布。安徽、澳门、北京、重庆、福建、甘肃、广东、广西、贵州、海南、河北、河南、黑龙江、湖北、湖南、吉林、江苏、江西、辽宁、内蒙古、陕西、山东、山西、上海、四川、台湾、天津、西藏、香港、新疆、云南、浙江。

【生境】 常生长于旷野、荒地、田边和路旁，海拔达 3 000 m。

【传入与扩散】 **文献记载**：1860 年在山东烟台发现。**标本信息**：《江苏植物名录》（1921）称“小蒸草”，《中国植物图鉴》（1937）称加拿大蓬，《中国经济植物志下册》（1961）和《中国植物志》74 卷（1985）改称小蓬草。模式标本：W. G. D’Arcy 于 Ann. Missouri Bot. Gard. 62(4): 1022. 1975［1976］指定 Herb. Linn.－994.10.（LINN）为后选模式。1886 年分别在浙江宁波和湖北宜昌采到，1887 年到达四川南溪。**传播途径**：该种能产生大量瘦果，借冠毛随风扩散。**繁殖方式**：种子繁殖，有些地方幼苗可越冬繁殖。**入侵特点**：适应性为该种具有多种多样的抗旱机制，能够适应多种生境（曹慕岚 等，2007）。

【危害及防控】 **危害**：蔓延极快，对秋收作物、果园和茶园危害严重，为一种常见的杂草，通过分泌化感物质抑制邻近其他植物的生长。该植物还是棉铃虫和棉蝽象的中间寄主，其叶汁和捣碎的叶对皮肤有刺激作用。**防控**：作物轮作（洋葱—大麦—胡萝卜）可有效控制小蓬草的繁殖和蔓延，并在一定程度上增加作物（胡萝卜）产量。化学防治：苗期使用绿麦隆，早春使用 2, 4－D 丁酯防除。机械防治：在结果前清除，防止种子散落。

【凭证标本】 安徽省淮北市烈山区采石厂附近，海拔 20 m，33.864 8 N，116.844 9 E，2014 年 7 月 6 日，严靖、李惠茹、王樟华、闫小玲 RQHD00151（CSH）；澳门氹仔飞机场北安海边，海拔 32 m，22.163 2 N，113.572 6 E，2015 年 5 月 21 日，王发国 RQHN02767（CSH）；河北省承德市滦平县城外公路边，海拔 500 m，40.988 4 N，117.463 0 E，2016 年 11 月 15 日，刘全儒等 RQSB09355（CSH）；福建省泉州市水头镇，海拔 41 m，24.700 6 N，118.420 6 E，2015 年 6 月 29 日，曾宪锋 RQHN07044（CSH）；陕西省宝鸡市岐山县郊区，海拔 688 m，34.445 6 N，107.614 1 E，2015 年 10 月 7 日，张勇 RQSB01328（CSH）；新疆维吾尔自治区阿勒泰地区北屯县高速路口，海拔 539 m，47.327 7 N，87.953 1 E，2015 年 8

月 11 日，张勇 RQSB02256（CSH）；浙江省金华市兰溪市钟宅村，海拔 92 m，29.364 3 N，119.726 8 E，2014 年 9 月 18 日，严靖、闫小玲、王樟华、李惠茹 RQHD00867（CSH）；广西壮族自治区桂林市雁山区雁山镇，海拔 155.2 m，25.065 1 N，110.327 7 E，2014 年 7 月 9 日，韦春强 GL16（IBK）；江苏省常州市溧阳第四中学附近，海拔 1.46 m，31.450 8 N，119.458 6 E，2015 年 6 月 30 日，严靖、闫小玲、李惠茹、王樟华 RQHD02536（CSH）。

小蓬草 [*Conyza canadensis* (Linnaeus) Cronquist]

1. 生境；2. 基生叶；3. 果序；4. 群体

参考文献

曹慕岚，罗群，张红，等，2007. 入侵植物加拿大飞蓬（*Erigeron canadensis* L.）生理生态适应初探［J］. 四川师范大学学报（自然科学版），30（3）：387-390.

许桂芳，刘明久，晁慧娟，2007. 入侵植物小蓬草化感作用研究［J］. 西北农业学报，16（3）：215-218.

Chen Y L, Luc B, 2011. *Eschenbachia*[M]//Wu Z Y, Raven P H, Hong D Y. Flora of China: vol. 20–21. Beijing: Science Press & St. Louis: Missouri Botanical Garden Press: 555–558.

Leroux G D, Benoît D L, Banville S, 1996. Effect of crop rotations on weed control, *Bidens cernua* and *Erigeron canadensis* populations, and carrot yields in organic soils[J]. Crop Protection, 15(2): 171–178.

2. **苏门白酒草 *Conyza sumatrensis*** (Retzius) E. Walker, J. Jap. Bot. 46(3): 72. 1971. —— *Erigeron sumatrensis* Retzius, Observ. Bot. 5: 28. 1788. —— *Conyza albida* Willdenow ex Sprengel, Syst. Veg (Sprengel) 3: 514. 1826.

【特征描述】 一年生或二年生草本，根直或弯，具纤维状根。茎粗壮，直立，高 80～150 cm，基部直径 4～6 mm，具条棱，绿色或下部红紫色，中部或中部以上有长分枝，被较密灰白色上弯糙短毛，杂有开展的疏柔毛。叶密集，基部叶花期凋落，下部叶倒披针形或披针形，长 6～10 cm，宽 1～3 cm，顶端尖或渐尖，基部渐狭成柄，边缘上部每边常有 4～8 个粗齿，基部全缘，中部和上部叶渐小，狭披针形或近线形，具齿或全缘，两面特别反面被密糙短毛。头状花序多数，径 5～8 mm，在茎枝端排列成大而长的圆锥花序。花序梗长 3～5 mm。总苞卵状短圆柱状，长约 4 mm，宽 3～4 mm，总苞片 3 层，灰绿色，线状披针形或线形，顶端渐尖，背面被糙短毛，外层稍短或短于内层之半，内层长约 4 mm，边缘干膜质。花托稍平，具明显小窝孔，径 2～2.5 mm、雌花多层，长 4～4.5 mm，管部细长，舌片淡黄色或淡紫色，极短细，丝状，顶端具 2 细裂。两性花 6～11 朵，花冠淡黄色，长约 4 mm，檐部狭漏斗形，上端具 5 齿裂，管部上部被疏微毛。瘦果线状披针形，长 1.2～1.5 mm，压扁，被贴微毛。冠毛 1 层，初时白色，后变黄褐色。**物候期**：花期 5—10 月。**染色体**：2*n*=54。

【原产地及分布现状】 原产南美洲，归化于热带、亚热带地区。**国内分布**：安徽、重庆、福建、甘肃、广东、广西、贵州、海南、河南、湖北、湖南、江苏、江西、山东、上海、四川、台湾、西藏、香港、云南、浙江。

【生境】 常生于山坡草地、旷野、路旁、农田和果园。

【传入与扩散】 **文献记载**：苏门白酒草一名最早见于《中国植物志》第 74 卷（1985）。**标本信息**：模式标本：采自印度尼西亚东苏门答腊 Wennerberg s.n.（holotype, LD）。由于主模式遗失，另选印度尼西亚苏门答腊的不拉士打宜（Berastagi），1921 年 2 月，H. N. Ridley s. n.（K）为该种的新模式［见 Watsonia 17(2): 172. 1988］。**传入方式**：无意引进，子实可能裹挟在货物、粮食中传入。**传播途径**：通过风传播带冠毛子实，也可经人为和交通工具携带传播扩散。**繁殖方式**：种子繁殖。

【危害及防控】 **危害**：给入侵地的农业、林业、畜牧业及生态环境带来极大的危害。入侵作物田和果园可导致农作物和果树减产。所到之处排斥其他草本植物，形成单优群落，减少生物多样性，影响景观。**防控**：切断种子源，可在其种子成熟之前将路边、坡地、果园等处的植株铲除掉。在非耕地使用百草枯或草甘膦等灭生性除草剂防除，也可以在农田使用选择性除草剂和莠去津、2 甲 4 氯、乙羧氟草醚。检验检疫部门应加强对分布区货物、运输工具等携带苏门白酒草子实的监控。

【凭证标本】 安徽省安庆市桐城市大观镇附近，海拔 71 m，31.219 1 N，117.020 4 E，2014 年 7 月 28 日，严靖、李惠茹、王樟华、闫小玲 RQHD00441（CSH）；浙江省温州市乐清市大荆镇田岙村，海拔 29 m，28.412 3 N，121.135 3 E，2014 年 10 月 13 日，严靖、闫小玲、王樟华、李惠茹 RQHD01405（CSH）；广东省江门市开平市共和生态公园，海拔 18 m，22.583 1 N，112.891 5 E，2015 年 9 月 30 日，王发国、段磊 RQHN03226（CSH）；甘肃省陇南市徽县银杏乡银杏村，海拔 942 m，33.802 5 N，106.038 1 E，2015 年 10 月 3 日，张勇、赵甘新 RQSB01485（CSH）；云南省红河州河口县坝洒南屏九队，海拔 1 702 m，22.949 3 N，103.691 1 E，2014 年 8 月 4 日，杨珍珍 RQXN00065（CSH）。

【相似种】 该种有时被误并入香丝草 *Conyza bonarienis* (Linnaeus) Cronquist，但后者茎较矮小，高 30～50 cm，茎生叶线形或狭披针形，分枝较少，总苞长约 5 mm。

苏门白酒草
（*Conyza sumatrensis*
(Retzius) E. Walker）

1. 生境；2. 花序枝；3. 植株中上部；
4. 植株上部；5. 基生叶；
6. 植株上的圆锥状果序；
7. 果序剖面，示瘦果；
8. 单个果序；
9. 果序侧面，示总苞

参考文献

郭连金，2011. 苏门白酒草对乡土植物群落种间联结性及稳定性的影响［J］. 亚热带植物科学，40（2）：18-23.

王岑，党海山，谭淑端，等，2010. 三峡库区苏门白酒草（*Conyza sumatrensis*）化感作用与入侵性研究［J］. 植物科学学报，28（1）：90-98.

Chen Y L, Luc B, 2011. *Eschenbachia*[M]//Wu Z Y, Raven P H, Hong D Y. Flora of China: vol. 20–21. Beijing: Science Press & St. Louis: Missouri Botanical Garden Press: 555–558.

3. **香丝草 *Conyza bonariensis*** (Linnaeus) Cronquist，Bull. Torrey Bot. Club 70(6). 632. 1943. —— *Erigeron bonariensis* Linnaeus, Sp. Pl. 2: 863. 1753. —— *Erigeron linnifolius* Willdenow, Sp. Pl. 3: 1955. 1803.

【别名】 **草蒿、黄蒿、黄花蒿、黄蒿子、灰绿白酒草、美洲假蓬、野塘蒿**

【特征描述】 一年生或二年生草本，常斜升，具纤维状根。茎直立或斜升，高 20～50 cm，稀更高，中部以上常分枝，常有斜上不育的侧枝，密被贴短毛，杂有开展的疏长毛。叶密集，基部叶花期常枯萎，下部叶倒披针形或长圆状披针形，长 3～5 cm，宽 0.3～1 cm，顶端尖或稍钝，基部渐狭成长柄，通常具粗齿或羽状浅裂，中部和上部叶具短柄或无柄，狭披针形或线形，长 3～7 cm，宽 0.3～0.5 cm，中部叶具齿，上部叶全缘，两面均密被贴糙毛。头状花序多数，直径 8～10 mm，在茎端排列成总状或总状圆锥花序，花序梗长 10～15 mm；总苞椭圆状卵形，长约 5 mm，宽约 8 mm；总苞片 2～3 层，线形，先端尖，背面密被灰白色短糙毛，外层稍短或短于内层之半，内层长约 4 mm，宽 0.7 mm，具干膜质边缘；花托稍平，有明显的蜂窝孔，直径 3～4 mm。雌花多层，白色，花冠细管状，长 3～3.5 mm，无舌片或顶端仅有 3～4 个细齿；两性花淡黄色，花冠管状，长约 3 mm，管部上部被疏微毛，上端具 5 齿裂。瘦果线状披针形，长 1.5 mm，扁平，被疏短毛；冠毛 1 层，淡红褐色，长约 4 mm。**物候期**：花期 5—10 月。**染色体**：$2n$=54。

【原产地及分布现状】 原产南美洲，现广泛分布于热带及亚热带地区。**国内分布：** 安徽、澳门、北京、重庆、福建、甘肃、广东、广西、贵州、海南、河北、河南、湖北、湖南、江苏、江西、陕西、山东、上海、四川、台湾、西藏、香港、云南、浙江。

【生境】 常生于荒地、田边、路旁。

【传入与扩散】 **文献记载：** 祁天锡《江苏植物名录》(1921)称野塘蒿。孔庆莱《植物学大辞典》(1933)称香丝草。**标本信息：** W. G. D'Arcy 于 Ann. Missouri Bot. Gard. 62(4): 1021.1975 [1976] 选定 Herb. Linn. -994.11.(LINN)为后选模式。1857 年首次在香港采到标本，不久便扩散到广东和上海。**传播途径：** 有性生殖产生的种子量很大，产生的瘦果线状披针形，能够借助冠毛随风扩散，蔓延极快。**繁殖方式：** 种子繁殖。**入侵特点：** ① 繁殖性 香丝草单株种子产量可以达到百万粒，它的种子含水量高且萌发快，并且有较高的萌发率，可以保持种群经久不衰。② 传播性 瘦果具有冠毛，且轻小，非常易于传播。③ 适应性 香丝草适生于较宽的温度幅，在中温和较低温度下都可以生长和繁殖，在 pH 为 4～10 的范围内都可以较好地生长，对环境的耐受性特别强(杨丽娟 等，2013)。**可能扩散的区域：** 除新疆、青海、内蒙古、宁夏、黑龙江、吉林和辽宁之外，其他地区均被预测为香丝草的适生区。另外，四川西部、云南南部、陕西北部、山东西北部、山西北部和甘肃及河北的大部分地区非常靠近已经被入侵的区域，若不引起重视，被入侵的可能性很高(谢登峰 等，2017)。

【危害及防控】 **危害：** 繁殖速度快，生物量大，扩散范围广，常入侵果园和农田。具有一定的化感作用，对入侵地植物的生长有一定的抑制作用，危害入侵地生物多样性。**防控：** 在温度较低的季节进行人工拔除。

【凭证标本】 浙江省温州市龙湾区灵昆镇灵霓大堤，海拔 6 m，27.957 8 N，120.944 9 E，2014 年 10 月 14 日，严靖、闫小玲、王樟华、李惠茹 RQHD01447(CSH)；安徽省六安市寿县凤台交界处廉颇墓附近，海拔 49 m，32.627 0 N，116.769 7 E，2014 年 7 月 25

日，严靖、李惠茹、王樟华、闫小玲 RQHD00380（CSH）；河南省许昌市禹州市高速路出口 200 m，海拔 114 m，34.061 7 N，113.476 3 E，2016 年 10 月 25 日，刘全儒、何毅等 RQSB09585（BNU）；广东省阳江市阳西县长坑水库，海拔 20 m，21.755 1 N，111.634 9 E，2015 年 10 月 6 日，王发国、段磊、王永琪 RQHN03285（CSH）；贵州省安顺市平坝区荒地，海拔 1 333 m，26.402 1 N，106.238 0 E，2015 年 8 月 17 日，马海英、邱天雯、徐志茹 RQXN07329（CSH）。

香丝草［*Conyza bonariensis* (Linnaeus) Cronquist］

1. 生境；2. 群体；3. 植株形态；4. 果序；5. 头状花序侧面（示总苞）；6. 冠毛显微照片；7. 瘦果表面的显微照片；8. 管状花解剖，示聚药雄蕊和雌蕊；9. 成熟的果序

参考文献

杨丽娟，梁乾隆，何兴金，2013. 入侵植物香丝草水浸提液对蚕豆和玉米根尖染色体行为的影响［J］. 西北植物学报，33（11）：2172.

刘明久，许桂芳，姜辉，2008. 入侵植物香丝草化感作用的生物测定［J］. 河南农业科学，37（6）：71-73.

谢登峰，童芬，杨丽娟，等，2017. MaxEnt 模型下的外来入侵种香丝草在中国的潜在分布区预测［J］. 四川大学学报（自然科学版）（2）：423-428.

Chen Y L, Luc B, 2011. *Eschenbachia*[M]//Wu Z Y, Raven P H, Hong D Y. Flora of China: vol. 20–21. Beijing: Science Press & St. Louis: Missouri Botanical Garden Press: 555–558.

29. 一点红属 *Emilia* Cassini

一年生或多年生草本，常有白霜，无毛或被毛。叶互生，通常密集于基部，具柄，茎生叶少数，羽状浅裂，全缘或具齿，基部常抱茎。头状花序盘状，具同形的小花，单生或数个排成稀疏伞房状，具长花序梗，于开花前下垂。总苞圆柱状，基部多少膨大，无外苞片，总苞片1层，等长，于花后伸长；花序托平坦，无毛，具小窝孔；小花多数，全部管状花，两性，结实，黄色或粉红色，筒部细长，檐部5裂；花药顶端有窄附属物，基部钝；花柱分枝长，顶端具短锥形附属物，被短毛。瘦果近圆柱状，两端截形，具5棱或具纵肋；冠毛细软，白色，具细小的倒刺毛。

本属约有100种，分布于亚洲和非洲热带，少数产于美洲。中国原产3种，外来引进栽培1种，即绒缨菊［*Emilia coccinea* (Sims) G. Don］，另有外来归化2种，主要分布于华中、华南、华东和西南地区。

分种检索表

1 花冠深红色至砖红色；瘦果长约5 mm，肋间被白色微柔毛 ………………………………………… 1. 缨绒花 *Emilia fosbergii* Nicolson

1 花冠淡黄色至橙黄色；瘦果长约3 mm，无毛 ………………………………………… 2. 粉黄缨绒花 *Emilia praetermissa* Milne-Redheat

1. **缨绒花** ***Emilia fosbergii*** Nicolson, Phytologia, 32(1): 34. 1975.

【别名】 **缨荣花**

【特征描述】 一年生草本。茎直立或上升，高 20～60（～100）cm，无毛或疏生柔毛。茎基部和下部茎生叶具柄，叶片卵形，边缘多少具齿，基部强烈下延至叶柄；茎中部叶片长圆形至长圆状披针形，基部戟形半抱茎，边缘具浅至深的齿，先端急尖；上部叶片卵形至披针形，边缘具齿或全缘，上部苞片状。头状花序排列成松散的伞房状花序。总苞圆柱状或近坛状，长约 15 mm，宽约 5 mm，总苞片约 10 枚。花期小花长超过总苞；花冠深红色至砖红色，裂片长 1～1.5 mm。瘦果暗褐色，近圆柱状，长约 5 mm，肋间具白色微柔毛；冠毛白色。**物候期**：花期全年。**染色体**：$2n=20$。

【原产地及分布现状】 原产热带美洲，现广泛分布于非洲、亚洲和大洋洲热带地区。**国内分布**：台湾、澳门、广东、贵州、四川。

【生境】 生于海拔 450 m 以下的荒地、路旁、草坪。

【传入与扩散】 **文献记载**：缨绒花一名出自彭镜毅 1978 年的报道。在台湾首次报道时曾被误认为 *Emilia sagittata* Candolle。**标本信息**：模式标本采自巴哈马的新普罗维登斯岛（New Providence）拿骚（Nassau）附近，1902 年 12 月 26 日，A. H. Curtiss 6（holotype, US－428506; isotypes, F, GH, MO, NY, US）。**传入方式**：可能随进口草皮种子引进。**传播途径**：瘦果具冠毛，可借风力传播。**繁殖方式**：种子繁殖。**入侵特点**：繁殖周期短，瘦果扩散能力强。**可能扩散的区域**：主要分布热带和亚热带地区。

【危害及防控】 **危害**：扩散速度快，种子黏液可帮助其适应不利环境，利于物种侵占荒地。种子分泌的黏液还可改变土壤性质，促进其生境的建立。**防控**：早期防除，在结果前铲除。

【凭证标本】澳门妈祖庙山顶，海拔 82 m，22.122 9 N，113.563 7 E，2014 年 11 月 18 日，王发国 RQHN02631（CSH）；广东省肇庆市广宁县古水镇派出所附近，海拔 26 m，23.670 2 N，112.304 8 E，2014 年 7 月 12 日，王瑞江 RQHN00096（CSH）；贵州省六盘水市六盘水发耳服务区，海拔 1 422 m，26.286 5 N，104.778 6 N，2016 年 5 月 1 日，马海英、王曌、杨金磊 RQXN05109（CSH）；四川省宜宾市屏山县太平乡太平村，海拔 450 m，28.724 1 N，103.908 1 E，2014 年 11 月 4 日，刘正宇、张军等 RQHZ06226（CSH）。

【相似种】与本种相近的本土种一点红［*Emilia sonchifolia* (Linnaeus) Candolle］的主要区别在于后者下部叶大头状羽裂或具锯齿，总苞狭圆柱形，约与小花等长或短于小花，小花淡紫色或红色。一点红在中国南方地区是路边极为常见的杂草，北方地区偶尔也能见到随花木运输带入的后逸生植株。

缨绒花（*Emilia fosbergii* Nicolson）

1. 生境；2. 植株形态；3. 头状花序

参考文献

Chen Y L, Bertil N, Charles J, 2011. *Emilia*[M]//Wu Z Y, Raven P H, Hong D Y. Flora of China: vol. 20–21. Beijing: Science Press & St. Louis: Missouri Botanical Garden Press: 542–543.

De-Paula O C, Marzinek J, Oliveira D M, et al., 2015. Roles of mucilage in *Emilia fosbergii*, a myxocarpic Asteraceae: Efficient seed imbibition and diaspore adhesion[J]. American journal of botany, 102(9): 1413–1421.

Moraes A P, Guerra M, 2010. Cytological differentiation between the two subgenomes of the tetraploid *Emilia fosbergii* Nicolson and its relationship with *Emilia sonchifolia* (L.) DC. (Asteraceae)[J]. Plant Systematics and Evolution, 287(3–4): 113–118.

Peng C I, 1978. Some new records for the flora of Taiwan[J]. Bot. Bull. Acad. Sin., 19: 83–86.

2. **粉黄缨绒花** ***Emilia praetermissa*** Milne-Redheat, Kew Bull. 5: 375. 1951.

【别名】 **黄花紫背草**

【特征描述】 一年生草本，高可达 1.4 m。茎直立或上升，不分枝或分枝，无毛或被绒毛，茎下部节间长 0.6～2 cm，上部节间长达 9 cm。基部叶片宽长圆形、宽卵形、提琴形或卵状三角形，长 4～18 cm，宽 3～7.5 cm，基部浅心形，先端急尖至圆形，边缘具多数齿，叶脉羽状，背面中脉疏生绒毛，下部叶常具柄，边缘全缘或具疏齿，中部叶常具羽状分裂，具柄，上部叶常无柄，基部耳状抱茎。伞房花序顶生，具 1～7 个头状花序，头状花序长约 2 cm，直径约 1.2 cm；总苞长约 1 cm，基部直径约 4 mm，总苞片 9～12 枚，1 层，外面疏被绒毛；小花约 80 朵，全为管状花；花冠淡黄色至淡橙黄色，长约 8 mm，檐部 5 裂，裂片长约 2 mm，具紫色或橙黄色晕；花药深橙黄色，长约 1.7 mm，顶端具附属物；花柱分枝橙黄色，长约 1.2 mm，先端被毛，反曲。瘦果狭长圆柱形，长约 3 mm，具 5 纵肋，无毛；冠毛白色，长约 7 mm，具小刺毛。**物候期**：花期 7—12 月。**染色体**：2*n*=20。

【原产地及分布现状】 原产于塞拉利昂、尼日利亚、喀麦隆、科特迪瓦、加纳、几内亚和利比里亚；**国内分布**：台湾地区（基隆、宜兰、台北、苗栗）。

【生境】 生于海拔 500 m 以下的路边、荒地。

【传入与扩散】 **文献记载**：粉黄缨绒花一名出自钟国芳等关于该新种新记录的报道（Chung et al., 2009）。*Flora of China*（2011）改名为黄花紫背草。**标本信息**：采自塞拉利昂，Heddle’s Farm. Freddtown，1928 年 5 月 8 日，F.C. Deightom 1188（holotype，K）。中国首次标本采集记录是彭镜毅等人于 1997 年 1 月 31 日在台湾地区基隆市采到标本，标本存于台湾中央研究院植物标本室（HAST）。**传入方式**：该种无引种栽培记录，当属无意引种。**传播途径**：瘦果具长冠毛，冠毛上又有小倒毛，既可适应风力传播，也容易黏附于货物包装、衣物和动物皮毛而被携带。**繁殖方式**：主要以种子繁殖。**入侵特点**：繁殖周期短，瘦果扩散能力强。**可能扩散的区域**：主要分布热带及亚热带地区。

【凭证标本】 台湾地区基隆市西势水库，1997 年 1 月 31 日，彭镜毅等 16938（HAST）；和平岛，海拔 50～150 m，2003 年 12 月 16 日，钟明哲无号（TAIF）；安乐区，海拔 187 m，2007 年 3 月 16 日，杨宗愈等 19245（TNS）。宜兰县壮围乡过岭，1999 年 4 月 24 日，钟国芳 1153（HAST）；员山乡，2005 年 1 月 1 日，钟诗文 8288（TAIF）。台北县汐止镇，海拔 30 m，2000 年 1 月 2 日，彭镜毅 17925（HAST）。台北市南港区中央研究院，海拔 30 m，2002 年 12 月 14 日，古训铭 1688（HAST）；信义区，海拔 200 m，1999 年 3 月 28 日，梁慧舟 1148（HAST,TNS）。

【相似种】 本种为一点红［*Emilia sonchifolia* (Linnaeus) Candolle］和绒樱菊［*Emilia coccinea* (Sims) G.Don］两个二倍体种（2*n*=10）在西非通过天然杂交和染色体加倍，得到四倍体杂种（2*n*=20）（Isawumi, 1992; Chung et al., 2009）。本种外形接近本地种紫背草［*Emilia sonchifolia* var. *javanica* (N. L. Burman) Mattfeld］，但后者下部叶大头羽裂，边缘具不整齐齿，花冠紫色至粉红色，裂片长 1.2～2.2 mm，瘦果肋间被微柔毛。

粉黄缨绒花（*Emilia praetermissa* Milne-Redheat）

1. 生境；2. 头状花序

参考文献

Chung K F, Ku S M, Kono Y, et al., 2009. *Emilia praetermissa* Milne-Redh. (Asteraceae)-Amisident: fied alien species in northern Taiwan[J]. Taiwania, 54(4): 385–390.

Isawuml M A, 1992. Studies of *Emilia* (Compositae: Senecioneae) in West Africa[J]. Compositae Newsletter, 22: 24–30.

Olorode O, Olounfe A, 1973. The hybrid origin of *Emilia praetermissa* (Senecioneae: Compositae) [J]. Ann. Bot., 37: 185–191.

30. 野茼蒿属 *Crassocephalum* Moench

一年生或多年生草本、叶互生，头状花序盘状，中等大，在花期常下垂；小花同形，多数，全部为管状，两性，总苞钟状，总苞片1层，近等长，线状披针形，边缘狭膜质，花期直立，黏合成圆筒状，后开展而反折，基部有数枚不等长的外苞片。花序托扁平，无毛，具蜂窝状小孔，窝孔具膜质边缘。花冠细管状，上部逐渐扩大成短檐部，裂片5；花药全缘，或基部具小耳；花柱分枝细长，线形，被乳头状毛。瘦果狭圆柱形，具棱条，顶端和基部具灰白色环带。冠毛多数，白色，绢毛状，易脱落。

本属约有21种，主要分布于热带非洲，中国外来入侵2种，即野茼蒿［*Crassocephalum crepidioides* (Bentham) S. Moore］和蓝花野茼蒿［*Crassocephalum rubens* (Jussieu ex Jacquin) S. Moore］。在二者共同生长的地方，有时可发生自然杂交，形成一个杂交种（尚无正式名称），主要区别特点在于其花冠为紫色而不是蓝色或红色。

分种检索表

1 花冠红褐色或橙红色；瘦果狭圆柱形赤红色 ……………………………………………… 1. 野茼蒿 *Crassocephalum crepidioides* (Bentham) S. Moore

1 花冠蓝色，紫色或淡紫色，有时粉红色；瘦果深褐色 ……………………………………… 2. 蓝花野茼蒿 *Crassocephalum rubens* (Jussieu ex Jacquin) S. Moore

1. **野茼蒿** ***Crassocephalum crepidioides*** (Bentham) S. Moore, J. Bot. 50: 211. 1912. —— *Gynura crepidioides* Bentham, Niger Flora 438. 1849.

【别名】 **革命菜、昭和草、安南草**

【特征描述】 一年生直立草本，高 20～120 cm。茎有纵条棱，无毛叶膜质，椭圆形或长圆状椭圆形，长 7～12 cm，宽 4～5 cm，先端渐尖，基部楔形，边缘有不规则锯齿或重锯齿，或有时基部羽状裂，两面无或近无毛、叶柄长 2～2.5 cm。头状花序数个在茎端排成伞房状，直径约 3 cm，总苞钟状，长 1～1.2 cm，基部截形，有数枚不等长的线形苞片；总苞片 1 层，线状披针形，等长，宽约 1.5 mm，具狭膜质边缘，顶端有簇状毛。小花全部管状，两性，花冠红褐色或橙红色，檐部 5 齿裂，花柱基部呈小球状，分枝，顶端尖，被乳头状毛。瘦果狭圆柱形，长 1.8～2.7 mm，赤红色，有肋，肋间被毛；冠毛极多数，白色，长 7～13 mm，绢毛状，易脱落。**物候期**：花期 7—12 月。**染色体**：$2n$=18。

【原产地及分布现状】 原产非洲，在亚洲广泛归化。**国内分布**：澳门、福建、甘肃（南部）、广东、广西、贵州、湖北、湖南、江西、西藏（东南部）、四川、香港、云南、浙江。

【生境】 山坡路旁、水边、灌丛中常见，海拔 300～1 800 m。

【传入与扩散】 **文献记载**：野茼蒿一名始见于侯宽昭《广州植物志》。**标本信息**：采自塞拉利昂，George Don s. n. (syntype, BM)；塞内加尔，Heudelot s.n. (syntype, BM)。**传入方式**：无意引入，20 世纪 30 年代初从中南半岛蔓延入境。**传播途径**：瘦果借冠毛随风扩散及蔓延。**繁殖方式**：种子繁殖。

【危害及防控】 **危害**：常危害蔬菜园、果园和茶园。**防控**：野茼蒿链格孢菌 YTH-21

（*Alternaria* sp.）可引起野茼蒿叶斑病，造成叶片坏死脱落；乙羧氟草醚、草甘膦和百草枯均可有效灭杀野茼蒿。

【凭证标本】广西壮族自治区梧州市藤县藤州镇，海拔 52 m，23.357 2 N，110.929 3 E，2014 年 10 月 14 日，韦春强 WZ015（IBK）；浙江省金华市兰溪市马一村，海拔 75 m，29.309 7 N，119.605 9 E，2014 年 9 月 18 日，严靖、闫小玲、王樟华、李惠茹 RQHD00852（CSH）；海南省儋州市中和镇东坡书院，海拔 8 m，19.743 0 N，109.352 5 E，2015 年 12 月 19 日，曾宪锋 ZXF18573（CZH）；河南省信阳市新县北高速收费出口浒湾乡客运站，2016 年 10 月 25 日，刘全儒、何毅等 RQSB09568（BNU）；江西省九江市武宁县，海拔 105.59 m，29.411 0 N，115.170 5 E，2016 年 10 月 12 日，严靖、王樟华 RQHD09982（CSH）；四川省甘孜藏族自治州泸定二郎山，海拔 3 450 m，29.857 9 N，102.284 7 E，2016 年 10 月 29 日，刘正宇、张军等 RQHZ05380（CSH）。

野茼蒿

[*Crassocephalum crepidioides* (Bentham) S. Moore]

1. 生境；
2. 头状花序侧面，示总苞；
3. 叶片；
4. 头状花序常下垂；
5. 头状花序和果序；
6. 幼苗；
7. 植株形态

参考文献

Chen Y L, Bertil N, Charles J, 2011. *Crassocephalum*[J]//Wu Z Y, Raven P H, Hong D Y. Flora of China: vol. 20–21. Beijing: Science Press & St. Louis: Missouri Botanical Garden Press: 536–537.

2. **蓝花野茼蒿 *Crassocephalum rubens*** (Jussieu ex Jacquin) S. Moore, J. Bot. 50: 212. 1912. ——*Senecio rubens* Jussieu ex Jacquin, Hortus Botanicus Vindobonensis 3: 50, t. 98. 1777.

【特征描述】 多年生草本，植株直立，常自基部分枝，高 20～100（～150）cm。茎被短柔毛或近无毛。叶柄长 4～10 cm，上部叶常无柄；叶片倒卵形，倒披针形，椭圆形，披针形或卵形，长 5～15 cm，宽 2～5 cm，散生，短柔毛，常羽状浅裂至深裂，有时不裂，边缘具锯齿，檐部 5 齿裂，基部下延楔形至截形，先端圆形、急尖至渐尖。头状花序 1～8 个，具长梗。总苞钟状，长 9.5～13 mm，直径 5～8 mm，基部截形，具 12～23 枚线性苞片，总苞片 1 层，13～25 枚，线状披针形，宽约 1.5 mm，具膜质的边缘，无毛或疏被短柔毛，先端紫色。花冠蓝色，紫色或淡紫色，有时粉红色。瘦果深褐色，长 2～2.5 mm，有纵肋，肋间被毛。冠毛白色，长 7～12 mm。**物候期**：花期 12 月至翌年 4 月。

【原产地及分布现状】 原产非洲热带地区，印度洋岛屿（科摩罗，马斯克林群岛），亚洲（也门）。**国内分布**：云南、贵州和西藏热带和亚热带地区。

【生境】 生于荒地、路边、草地、茶园、果园，海拔 500～1 355 m。

【传入与扩散】 **文献记载**：蓝花野茼蒿一名始见于陈又生（2010）的报道。**标本信息**：模式标本采自安哥拉，1857 年，F. Welwitsch 3588（LISU）。2008 年 12 月在云南西双版纳采到标本。**传入方式**：可能作为观赏植物引种栽培输入。**传播途径**：瘦果细小具有冠毛，可随风传播扩散。**繁殖方式**：种子繁殖。

【危害及防控】 **危害**：扩散能力强，常入侵茶园和果园，成为入侵性强的杂草，影响入侵地生物多样性。**防控：**严密监控入侵种群动态，发现野外种群最好及时采取清除措施；严格控制引种利用。

【凭证标本】贵州省黔南州荔波县下白岩，海拔 436 m，25.433 0 N，107.890 0 E，2016 年 7 月 19 日，马海英、彭丽双、刘斌辉、蔡秋宇 RQXN05300（CSH）；云南省保山市隆阳区芒宽乡，海拔 1 355 m，22.780 4 N，103.233 6 E，2015 年 7 月 28 日，蔡磊、郭世伟、喻智勇、梁宗利、官朝洪 51466（CSH）。

蓝花野茼蒿 [*Crassocephalum rubens* (Jussieu ex Jacquin) S. Moore]

1. 生境；2. 植株形态；3. 果序和瘦果；4. 头状花序侧面，示总苞；5. 头状花序正面

参考文献

陈又生，2010. 蓝花野茼蒿，中国菊科一新记录归化种 [J] . 热带亚热带植物学报，18（1）：47-48.

Adjatin A, Dansi A, Eze C S, et al., 2012. Ethnobotanical investigation and diversity of Gbolo [*Crassocephalum rubens* (Juss. ex Jacq.) S. Moore and *Crassocephalum crepidioides* (Benth.) S. Moore], a traditional leafy vegetable under domestication in Benin[J]. Genetic Resources and Crop Evolution, 59(8): 1867–1881.

Chen Y L, Bertil N, Charles J, 2011. *Crassocephalum*[M]//Wu Z Y, Raven P H, Hong D Y. Flora of China: vol. 20–21. Beijing: Science Press & St. Louis: Missouri Botanical Garden Press: 536–537.

31. 菊芹属 *Erechtites* Rafinesque

一年生或多年生草本，粗大，直立，有分枝。叶互生，近全缘具锯齿或羽状分裂，无毛或被柔毛。头状花序盘状，具异型小花，在茎端排成圆锥状伞房花序，基部具少数外苞片。总苞圆柱状，总苞片1层，线形或披针形，等长，边缘干膜质。花序托平或微凹，具小窝孔或缝状。小花全部管状，结实，外围的小花2层，雌性；花冠丝状，顶端4～5齿裂；中央的小花细漏斗状，5齿裂；花药基部钝，花柱分枝伸长，顶端截形或钝，被微毛。瘦果近圆柱形，基部和顶端具不明显胼胝质的环，淡褐色，具10条细肋；冠毛多层，近等长，细毛状。

本属约有5种，主要分布于美洲和大洋洲。中国外来归化2种，分布于华南、西南、福建、台湾。

分种检索表

1 叶无柄，叶片披针形至长圆形；瘦果扁圆柱形 ……………………………………………………
……………………………… 1. 梁子菜 *Erechtites hieraciifolius* (Linnaeus) Rafinesque ex Candolle

1 叶具柄，叶片长圆形至椭圆形；瘦果圆锥状 ……………………………………………………
……………………………………… 2. 菊芹 *Erechtites valerianifolius* (Link ex Sprengel) Candolle

1. **梁子菜** ***Erechtites hieraciifolius*** (Linnaeus) Rafinesque ex Candolle, Prodr. 6: 294. 1838. —— *Senecio hieraciifolius* Linnaeus, Sp. Pl. 2: 866. 1753.

【别名】 **饥荒草（台湾）、美洲菊芹**

【特征描述】一年生草本。茎单生，直立，高达 40～100 cm，上部不分枝或多分枝。叶无柄，具翅、叶片披针形至长圆形，长 7～16 mm，宽 3～4 mm，两面无毛或具短柔毛，边缘具粗锯齿，先端锐尖或短渐尖。头状花序多数，伞房状排列。总苞黄色至棕绿色，圆柱状，基部呈圆形，小苞片呈线状；小花多数，绿色或红色的细纹，管状，外围小花花冠丝状，长 7～11 mm，具 4～5 齿，内部小花长 8～12 mm，顶端具 5 齿。瘦果扁圆柱形，长 2.5～3 mm，明显带肋；冠毛白色，长 7～8 mm。**物候期：**花期 6—10 月。

【原产地及分布现状】原产于热带美洲，归化于东南亚。**国内分布：**福建、广东、广西、贵州、海南、湖北、湖南、四川、台湾、云南。

【生境】多分布于森林、灌丛、斜坡、湿地等，在疏松、湿润、轻度荫蔽的环境以及火烧迹地生长旺盛，海拔 1 000～1 400 m。

【传入与扩散】**文献记载：**梁子菜一名始见于《中国高等植物图鉴》第四册第 548 页（1975）。**标本信息：**模式标本采自美国，R.O. Belcher 在 Ann. Missouri Bot. Gard. 43(1): 14.1956. 上指定 Herb. Linn. - 996.1.（LINN）为后选模式。1925 年在湖南采到标本。**传入方式：**通过人工引种栽培。**传播途径：**随着人类活动而有意或无意传播，另外种子具冠毛借风力进行扩散传播。**繁殖方式：**种子繁殖。

【危害及防控】**危害：**常入侵茶园、烟田、果园和甘蔗田，但发生量少，危害轻。**防控：**开花前拔除，翻耕可以防治种子传播，抑制种子萌发。大面积防除可以采用化学方法，55% 蔗兴净乳油、农达、草甘膦等除草剂都能有效防除。

【凭证标本】广西壮族自治区南宁市江南区良凤江，海拔 83.947 27 m，22.728 6 N，108.290 4 E，2016 年 6 月 21 日，韦春强、李象钦 RQXN08364（CSH）。

梁子菜 [*Erechtites hieraciifolius* (Linnaeus) Rafinesque ex Candolle]

1. 生境；2. 果序；3. 成熟果序开裂

参考文献

Chen Y L, Bertil N, 2011. *Erechites*[M]//Wu Z Y, Raven P H, Hong D Y. Flora of China: vol. 20–21. Beijing: Science Press & St. Louis: Missouri Botanical Garden Press: 537–538.

Darbyshire S J, Francis A, Di-Tommaso A, Clements D R, 2012. The Biology of Canadian weeds. 150 *Erechtites hieraciifolius* (L.) Raf. ex DC[J]. Canadian Journal of Plant Science, 92(4): 729–746.

2. **菊芹 *Erechtites valerianifolius*** (Link ex Sprengel) Candolle, Prodr. 6: 295. 1838. —— *Senecio valerianifolius* Link ex Sprengel, Syst. Veg. (Sprengel) 3: 565. 1826.

【别名】 **败酱叶菊芹、裂叶菊芹**

【特征描述】 一年生草本。茎直立，长 50～100 cm，上部不分枝或分枝，近无毛。叶具柄，叶柄具狭翅；叶片长圆形至椭圆形，两面无毛，基部楔形，边缘具不规则重锯齿或扁圆形，裂片 12～16 枚，披针形，渐尖，先端锐尖或渐尖，具羽状脉。头状花序多数，直立或下垂，长约 10 mm，宽约 3 mm，带线性小苞片。总苞圆柱形至钟形，12～14（～16）枚，线形，长 7～8 mm，宽 0.5～0.75 mm，无毛或疏生柔毛，具 4～5 脉，先端急尖或渐尖。小花多数，黄色或紫色；舌状花，花冠丝状，顶端有 5 齿、内部小花管状漏斗形，长 7～8 mm，顶端具 5 齿，腺体增厚。瘦果圆柱形，长 2.5～3.5 mm，无毛或微被柔毛。**物候期**：花期全年。**染色体**：$2n=40$。

【原产地及分布现状】 原产于热带美洲，归化于泛热带地区。**国内分布**：广东、广西、贵州、海南、台湾、香港、云南。

【生境】 多生于路边、林缘，海拔 1 700 m 以下。

【传入与扩散】 **文献记载**：菊芹一名始见于侯宽昭《广州植物志》(1956)。**标本信息**：

采自古巴的帕特里亚（Patria），R. O. Belcher 于 Ann. Missouri Bot. Gard. 43(1): 26.1956 中指定 H.G. Reichenbach fil. 16256（W）为新模式。F. A. McClure 于 1922 年 4 月在海南采到标本。

【危害及防控】 **危害：** 常入侵农业生态系统，但发生量少，危害轻。**防控：** 加强检疫，开花前拔除，翻耕可以预防种子传播，抑制种子萌发。

【凭证标本】 广东省肇庆市怀集县中洲镇水下村委会茅谢村，海拔 95 m，24.149 8 N，112.152 3 E，2014 年 7 月 12 日，王瑞江 RQHN00076（CSH）。

菊芹［*Erechtites valerianifolius* (Link ex Sprengel) Candolle］

1. 生境；2. 植株形态；3. 头状花序集生枝端；4. 成熟开裂的果序；5. 植株基部；6. 叶片

参考文献

Chen Y L, Bertil N, 2011. *Erechites*[M]//Wu Z Y, Raven P H, Hong D Y. Flora of China: vol. 20–21. Beijing: Science Press & St. Louis: Missouri Botanical Garden Press: 537–538.

32. 千里光属 *Senecio* Linnaeus

多年生草本，或直立一年生草本。直立稀具匍匐枝，平卧，稀攀援，具根状茎。茎通常具叶。叶不分裂，基生叶通常具柄，无耳，三角形，提琴形，或羽状分裂；茎生叶通常无柄，大头羽状或羽状分裂，稀不分裂，边缘多少具齿，基部常具耳，羽状脉。头状花序通常少数至多数，排列成顶生简单或复伞房花序或圆锥聚伞花序，稀单生于叶腋，具异形小花，具舌状花，或同形，无舌状花，直立或下垂，通常具花序梗。总苞具外层苞片，半球形、钟状或圆柱形；总苞片 5～22 枚，通常离生，稀中部或上部联合，草质或革质，边缘干膜质或膜质。无舌状花或舌状花 1～17（～24）朵；舌片黄色，通常明显，有时极小，具 3～9 脉，顶端通常具 3 细齿。管状花 3 至多数，花冠黄色，檐部漏斗状或圆柱状，裂片 5。花药长圆形至线形，基部通常钝，具短耳，稀或多或少具长达花药颈部 1/4 的尾；花药颈部柱状，向基部稍至明显膨大，两侧具增大基生细胞；花药内壁组织细胞壁增厚多数，辐射状排列，细胞常伸长。花柱分枝截形或多少凸起，边缘具较钝的乳头状毛，中央有或无较长的乳头状毛。瘦果圆柱形，具纵肋，无毛或被柔毛，表皮细胞光滑或具乳头状毛。冠毛毛状，同形或有时异形，顶端具叉状毛，白色、禾秆色或变红色，有时舌状花或稀全部小花无冠毛。

本属有 1 000 种以上，除南极洲外遍布于全世界。中国原产约 63 种，主要分布于西南部山区，少数种也产于北部、西北部、东南部至南部。另有引进栽培数种，如果算上原先置于该属的一些多肉植物则种类更多，如仙人笔属（*Kleinia* Miller）、翡翠珠属（*Curio* P.V. Heath）等。外来归化 2 种，其中窄叶黄菀（*Senecio inaequidens* Candolle）仅见于台湾报道（Jung et al., 2005; Wu et al., 2010），仅发现 1 个居群，由于材料缺乏，本志暂不收录。

参考文献

Chen Y L, Bertil N, Charles J, et al., 2011. *Senecio*[M]//Wu Z Y, Raven P H, Hong D Y. Flora of China: vol. 20–21. Beijing: Science Press & St. Louis: Missouri Botanical Garden Press: 509–536.

Jung M J, Yang S Z, Kuoh C S, 2005. Notes on Two Newly Naturalized Plants in Taiwan[J]. Taiwania, 50(3): 191–199.
Wu S H, Yang T Y A, Teng Y C, et al., 2010. Insights of the Latest Naturalized Flora of Taiwan: Change in the Past Eight Years[J]. Taiwania, 55(2): 139–159.

欧洲千里光 *Senecio vulgaris* Linnaeus, Sp. Pl. 2: 867. 1753.

【别名】 **欧千里光、欧洲狗舌草**

【特征描述】 一年生草本。茎单生，直立，高 12～45 cm，自基部或中部分枝、分枝斜升或略弯曲，被疏蛛丝状毛至无毛。叶无柄，全形倒披针状匙形或长圆形，长 3～11 cm，宽 0.5～2 cm，先端钝，羽状浅裂至深裂，侧生裂片 3～4 对，长圆形或长圆状披针形，通常具不规则齿，下部叶基部渐狭成柄状；中部叶基部扩大且半抱茎，两面尤其下面多少被蛛丝状毛至无毛；上部叶较小，线形，具齿。头状花序无舌状花，少数至多数，排列成顶生密集伞房花序；花序梗长 0.5～2 cm，有疏柔毛或无毛，具数个线状钻形小苞片。总苞钟状，长 6～7 mm，宽 2～4 mm，具外层苞片，苞片 7～11 枚，线状钻形，长 2～3 mm，尖，通常具黑色长尖头；总苞片 18～22 枚，线形，宽 0.5 mm，尖，上端变黑色，草质，边缘狭膜质，背面无毛。舌状花缺如，管状花多数；花冠黄色，长 5～6 mm，管部长 3～4 mm，檐部漏斗状，略短于管部；裂片卵形，长 0.3 mm，钝。花药长 0.7 mm，基部具短钝耳；附片卵形；花药颈部细，向基部膨大；花柱分枝长约 0.5 mm，顶端截形，有乳头状毛。瘦果圆柱形，长 2～2.5 mm，沿肋有微柔毛；冠毛白色，长 6～7 mm。**物候期**：花期 4—10 月。**染色体**：$2n=40$。

【原产地及分布现状】 原产于欧洲，归化于温带地区。**国内分布**：安徽、重庆、福建、贵州、河北、河南、黑龙江、湖北、湖南、吉林、江苏、江西、辽宁、内蒙古、陕西、山东、山西、上海、四川、台湾、西藏、香港、新疆、云南、浙江。

【生境】 生于开旷山坡、草地及路旁，海拔 300～2 300 m。

【传入与扩散】 **文献记载：**欧洲千里光一名始见于徐炳声《上海植物名录》(1959)和刘慎谔《东北植物检索表》(1959)。**标本信息：**Jeffrey 在 Regnum Veg. 127: 87. 1993 上指定 Herb. Clifford – 406, Senecio 1A(BM)为后选模式。19 世纪入侵中国东北部。**传入方式：**通过货物或国际贸易交往而无意引进。**传播途径：**瘦果混在作物种子或草皮种子中传播，定居后产生大量瘦果，借冠毛随风扩散。**繁殖方式：**种子繁殖。

【危害及防控】 **危害：**有毒杂草，危害中耕作物田和蔬菜田、果园和茶园。**防控：**加强检疫。氯氟吡氧乙酸、草甘膦、百草枯化学防除。对某些取代脲类除草剂有抗性。

【凭证标本】 云南省丽江市福国寺至文海路上，海拔 2 700 m，2013 年 8 月 11 日，伍凯、郝家琛 YN262-1(BNU)；甘肃省甘南藏族自治州临潭县冶力关镇，海拔 1 824 m，34.961 3 N，103.659 4 E，2014 年 6 月 26 日，张勇、李鹏 RQSB02693(CSH)；黑龙江省鹤岗市东山区庆丰路，海拔 225 m，42.869 7 N，129.484 0 E，2015 年 8 月 1 日，齐淑艳 RQSB03832(CSH)；内蒙古自治区赤峰市克什克腾旗白音敖包林场，海拔 1 369 m，43.534 5 N，117.242 3 E，2016 年 11 月 17 日，刘全儒等 RQSB09386(CSH)；新疆维吾尔自治区哈密市巴里坤哈萨克族自治县，海拔 1 652 m，43.596 2 N，93.035 1 E，2015 年 8 月 9 日，张勇 RQSB02378(CSH)。

欧洲千里光（*Senecio vulgaris* Linnaeus）

1. 群体；2. 叶片；3. 植株形态；4. 成熟开裂的果序；5. 果序剖面，示瘦果；6. 头状花序侧面，示总苞；7. 花序；8. 头状花序集生枝端

参考文献

郭水良，赵铁桥，1997. 除草剂对杂草微观进化及多样性的影响［J］. 生物多样性，5（4）: 301-306.

廖万金，2007. 入侵植物欧洲千里光的快速适应进化［C］// 生物入侵与生态安全——“第一届全国生物入侵学术研讨会”论文摘要集 .
严明佳，2008. 入侵植物欧洲千里光（*Senecio vulgaris* L.）适应性进化的验证［D］. 北京：北京师范大学 .
Chen Y L, Bertil N, Charles J, et al., 2011. *Senecio*[M]//Wu Z Y, Raven P H, Hong D Y. Flora of China: vol. 20–21. Beijing: Science Press & St. Louis: Missouri Botanical Garden Press: 509–536.

33. 山芫荽属 *Cotula* Linnaeus

一年生或多年生草本。叶互生，有时对生或莲座状，羽状全裂，浅裂或偶有全缘。头状花序单生，具梗，异配生殖，辐射状。总苞半球形，叶状苞 2 或 3 列，不等，干膜质边缘收狭。花托扁平至圆锥形。边缘小花 1 至多列，雌性，可育，一般具花梗，花冠筒短或无，舌片通常不存在，如果存在时白色；管状花小花黄色，两性，可育，先端 4 或 5 裂。花药基部钝、顶端附属物披针形。花柱分枝在上端截形或钝，或不分枝。瘦果背部扁平，两侧翅状。无冠状冠毛。

本属约有 55 种，大部分产南半球，特别是非洲南部和太平洋岛屿，南美洲也有分布，少数物种分布至非洲东部和新几内亚。中国原产 1 或 2 种［中国记载的芫荽菊（*Cotula anthemoides* Linnaeus）实为何种，尚有待考证］，归化 1 种。

南方山芫荽 *Cotula australis* (Sieber ex Sprengel) J. D. Hooker, Fl. Nov.- Zel. 1: 128. 1852. —— *Anacyclus australis* Sieber ex Sprengel, Sys. Veg. (Sprengel) 3: 497. 1826.

【别名】 **南方山胡荽**

【特征描述】 一年生草本，高 3～20 cm。茎二歧分枝，具柔毛，分枝下部斜升，上部直立。叶茎生，互生，基部近抱茎。叶片倒卵形，长 7～35 mm，宽 7～15 mm，二回羽状深裂至全裂，末回裂片线形，先端渐尖，疏生或密被柔毛，毛长达 2 mm。头状花序直径 3～6 mm，顶生或腋生，花序梗不分枝，长 15～70 mm、总苞片 2 列，椭圆形，先端圆形，边缘透明，具 1 脉，无毛至疏生柔毛，毛长 0.3～0.5 mm。小花二形：边缘小花具花梗，花梗长约 0.5 mm，子房倒卵形，具乳头状突起，压扁，长约 0.6 mm，无花冠，雌蕊长约 0.4 mm；中央小花长 1.2～1.5 mm，子房无毛，光滑，花冠圆筒状，淡黄色。瘦果倒卵形，先端圆，非常扁平；边缘小花结的瘦果长 1.2～1.5 mm，边缘薄翅状，膜质，花柱和柱头宿存，长约 0.3 mm；中部小花结的瘦果无翅，长 1.1～1.2 mm。**物候期：**花期 7—11 月。**染色体：**2*n*=36，40。

【原产地及分布现状】 原产澳大利亚，在南美、美国、墨西哥、南非、欧洲加那利群岛、日本、印度、夏威夷和新西兰成为常见杂草。**国内分布：**福建（福州、福清、连江）、台湾（新竹）等地。

【生境】 生于公园草地和路边。

【传入与扩散】 **文献记载：**钟明哲拟定中文名南方山芫荽（Jung et al., 2009）。**标本信息：**采自澳大利亚，“Nov. Holl.”，Franz W. Sieber−331（Isotype, NY）。福建省连江县马祖（岛）1994 年国内首次记载（Kuo, 1994）；2008 年在台湾地区新竹市采到标本（Jung et al., 2009）。**传播途径：**通常通过澳大利亚出口粮食扩散。

【危害及防控】 **危害：**作为杂草，对农业生产产生一定危害。**防控：**结果前清除。

【凭证标本】 台湾地区新竹市，Chertuchi 公园，2008 年 5 月 9 日，钟明哲 2905（TAIF）；南亚公园，2008 年 4 月 11 日，钟明哲 2677（TAIF）；新竹演艺中心，2008 年 4 月 11 日，钟明哲 2682（TAIF）。

【相似种】 臭荠叶山芫荽（*Cotula coronopifolia* Linnaeus）植株无毛，茎高达 50 cm，叶线形、披针形或长圆形，长 2～7 cm，全缘至不规则浅裂至全裂，总苞直径 6～15 mm，园林上偶有栽培。此外，芫荽菊（*Cotula anthemoides* Linnaeus）与该种也不易区分，实际上中国产的芫荽菊究竟是何物尚没有弄清楚，目前可见到的鉴定为芫荽菊的标本和照片中有不少实际上应该是南方山芫荽。此外，*Flora of China* 记载台湾产芫荽菊而未提及南方山芫荽，而台湾志书资料中则只记载南方山芫荽而不提芫荽菊，也反映了这一问题。由于材料所限，芫荽菊具体情况尚有待进一步研究。

南方山芫荽 [*Cotula australis* (Sieber ex Sprengel) J. D. Hooker]

1. 生境；2. 植株形态；3. 植株上的叶；4. 植株上部；5. 头状花序

参考文献

Jung M J, Hsu T C, Chung S W, et al., 2009. Three newly naturalized Asteraceae plants in Taiwan[J]. Taiwania, 54(1): 76–81.

Shi Z, Christopher J H, Michael G G, 2011. *Cotula*[M]//Wu Z Y, Raven P H, Hong D Y. Flora of China: vol. 20–21. Beijing: Science Press & St. Louis: Missouri Botanical Garden Press: 655–656.

34. 裸柱菊属 *Soliva* Ruiz & Pavon

矮小草本。叶互生，通常羽状全裂，裂片极细。头状花序无柄，异型；边缘花数层，雌性，可育，无花冠；盘花两性，通常不育，花冠管状，略粗，基部渐狭，冠檐具极短4齿裂，稀2～3齿裂；花药基部钝；花柱2裂或微凹，截形；总苞半球形；总苞片2层，近等长，边缘膜质；花托平，无托毛。雌花瘦果扁，边缘有翅，顶端有宿存的花柱，无冠状冠毛。

本属约有8种，产美洲及大洋洲。中国入侵2种。

分种检索表

1 头状花序生于茎基部，果时直径约10 mm；瘦果倒披针形，侧翼顶端无刺突 ……………………………………………………………… 1. 裸柱菊 *Soliva anthemifolia* (Jussieu) R. Brown

1 头状花序腋生，沿茎分散，果时直径约5 mm；瘦果倒卵形，侧翼顶端有2个刺突 ……………………………………………………………… 2. 翅果裸柱菊 *Soliva pterosperma* Ruiz & Pavón

1. **裸柱菊** ***Soliva anthemifolia*** (Jussieu) R. Brown, Trans. Linn. Soc. London 12: 102. 1817. —— *Gymnostyles anthemifolia* Jussieu, Ann. Mus. Natl. Hist. Nat. 4: 262, t. 61, f. 1. 1804.

【别名】 **假吐金菊、座地菊**

【特征描述】 一年生矮小草本。茎极短，平卧。叶互生，有柄，长5～10 cm，二至三回羽状分裂，裂片线形，全缘或3裂，被长柔毛或近于无毛。头状花序近球形，无梗，生于茎基部，直径6～12 mm；总苞片2层，长圆形或披针形，边缘干膜质；边缘的雌花多数，无花冠；中央的两性花少数，花冠管状，黄色，长约1.2 mm，顶端3裂齿，基部渐狭，常不结实。瘦果倒披针形，扁平，有厚翅，长约2 mm，顶端圆形，有长柔毛，花柱宿存，下部翅上有横皱纹。物候期：花果期全年。染色体：n=59。

【原产地及分布现状】原产南美洲，入侵欧洲、非洲、亚洲和大洋洲。国内分布：安徽、澳门、福建、广东、广西、贵州、海南、湖南、江苏、江西、上海、四川、台湾、香港、浙江。

【生境】生于荒地、田野。

【传入与扩散】文献记载：裸柱菊一名始见于侯宽昭《广州植物志》(1956)。标本信息：澳大利亚，采集人及采集号不详，holotype，P。中国最早的标本是 C. Wright 于 1854 年采自香港（US-01209832）。传入方式：通过旅行和贸易等国际交往无意引进，1912 年在香港发现。传播方式：随农作活动传播与扩散，借水流入侵扩散。繁殖方式：种子繁殖。

【危害及防控】危害：危害夏收作物田及蔬菜园，有时发生严重，与农作物争夺养分，影响其产量。防控：加强检疫，化学防除。小麦田可以用 72% 的 2,4-D 丁酯、2 甲 4 氯、百草敌、氯氟吡氧乙酸等防除，油菜田则可以用乙草胺和草除灵除草剂。

【凭证标本】安徽省安庆市绿化带，海拔 52.68 m，30.509 2 N，117.047 8 E，2015 年 5 月 11 日，严靖、李惠茹、王樟华、闫小玲 RQHD01925（CSH）；福建省漳州市云霄县东厦镇，海拔 10 m，23.920 2 N，117.386 7 E，2015 年 3 月 20 日，曾宪锋 ZXF16440（CZH）；浙江省宁波市宁海梅林街道，海拔 126.96 m，29.413 0 N，121.312 1 E，2015 年 4 月 13 日，严靖、闫小玲、李惠茹、王樟华 RQHD01670（CSH）；江西省景德镇市浮梁县三贤湖公园，海拔 353 m，29.358 4 N，117.207 1 E，2016 年 4 月 24 日，严靖、王樟华 RQHD03332（CSH）。

裸柱菊 [*Soliva anthemifolia* (Jussieu) R. Brown]

1. 生境；2. 头状花序生于茎基部；3. 幼苗；4. 头状花序剖面，示瘦果；
5. 头状花序正面；6. 果序；7. 头状花序；8. 羽状复叶

参考文献

徐正浩，朱丽青，袁侠凡，等，2011. 区域性外来恶性杂草裸柱菊的入侵扩散特征及防治对策 [J] . 生态环境学报，20 (5): 980-985.

Boufford D E, Peng C I, 1993. *Soliva* Ruiz & Pavon (Anthemideae, Asteraceae) in Taiwan[J]. Bot. Bull. Acad. Sin., 34 (4): 347–352.

Gupta C, Gill B S, 1980. In chromosome number reports LXVII[J]. Taxon, 29: 351– 352.

Shi Z, Christopher J H, Michael G G, 2011. Cotula[M]//Wu Z Y, Raven P H, Hong D Y. Flora of China: vol. 20–21. Beijing: Science Press & St. Louis: Missouri Botanical Garden Press: 656.

2. **翅果裸柱菊** ***Soliva sessilis*** Ruiz & Pavón, Syst. Veg. Fl. Peruv. Chil. 1: 215. 1794. —— *Soliva pterosperma* (Jussieu) Lessing, Syn. Gen. Compos. 268. 1832. —— *Gymnostyles pterosperma* Jussieu, Ann. Mus. Natl. Hist. Nat. 4: 262, pl. 61. 1804.

【别名】 **翅果假吐金菊、翼子裸柱菊**

【特征描述】 一年生草本，具匍匐茎，分枝上升，多毛。基部叶莲座状，互生，长 1.5～5 cm，叶片三回羽状分裂，两面被毛。头状花序单生腋生，无梗，长约 3 mm，直径约 5 mm。总苞半球形，长约 3 mm，宽约 5 mm、总苞片约 2 层，近等长，长圆形至披针形，长 4～4.5 mm，宽 1.5～2 mm，草质，绿色，背面具柔毛。边缘雌性小花 13～15 朵，无花冠，可育。中央花 5～6 朵，花冠绿色，管状，长 1.6～1.8 mm，先端浅 4 裂，雄蕊 4，花柱头状，不育。瘦果倒形，顶端具细长的宿存花柱，无冠毛，长约 2 mm，宽约 3 mm，扁平，被短柔毛，具有薄而扁平的侧翼，侧翼顶端有 2 刺突，中下部窄缩，呈马褂形。**物候期**：花果期全年。**染色体**：$2n$=104。

【原产地及分布现状】 原产于南美洲，在北美、亚洲、大洋洲归化。**国内分布**：上海、台湾北部。

【生境】 生于草地、草坪。

【传入与扩散】 **文献记载**：翅果裸柱菊一名始见于 Boufford et al.（1993）。**标本信息**：模式标本采自智利，H. Ruiz & J. A. Pavón, s.n.（MA）。国内首次标本采集记录为 1982 年 6 月 10 日采自台湾地区台北阳明山，S.C. Shen s.n.（A）。**传入方式**：随国际贸易无意引进。**传播途径**：随人类活动和交通运输扩散，或随鸟类迁徙而传播。**繁殖方式**：种子繁殖。

【危害及防控】 **危害**：杂草，有化感作用。**防控**：在结果前清除。

【凭证标本】 台湾地区台北市台湾大学校园交通岛，1992 年，彭镜毅 1418（HAST）；阳明山中国文化大学校园草地，1991 年，彭镜毅 13980（HAST）。

翅果裸柱菊（*Soliva Sessilis* Ruiz & Pavón）

1. 生境；2. 群体；3. 三回羽状复叶；4. 植株形态；5. 头状花序生于叶基；6. 花序枝

参考文献

Boufford D E, Peng C I, 1993. *Soliva* Ruiz & Pavon (Anthemideae, Asteraceae) in Taiwan[J]. Bot. Bull. Acad. Sin., 34(4): 347–352.

Naqinezhad A, Saeidi S, Djavadi B, et al., 2007. A new genus record of Asteraceae (*Soliva pterosperma*) for the flora of Iran[J]. The Iranian Journal of Botany, 13: 104–106.

Shi Z, Christopher J H, Michael G G, 2011. *Soliva*[M]//Wu Z Y, Raven P H, Hong D Y. Flora of China: vol. 20–21. Beijing: Science Press & St. Louis: Missouri Botanical Garden Press: 655–656.

35. 滨菊属 *Leucanthemum* Miller

多年生草本植物，无毛或基部具少数毛。叶互生，边缘、全缘具锯齿或羽状分裂。头状花序排成聚伞花序，排列疏松，多少平顶，有时减少为单个的小头状花序。头状花序具梗，两性花，辐射对称。总苞盔状，总苞片 3～4 层，膜质的边缘白色或褐色。花托凸起，有时为圆锥形，无托片；缘花排成 1 列，雌性，可育，舌片白色或粉色，极少为黄色；盘花多数，黄色，两性，花冠管状，先端 5 浅裂；花药基部钝形，顶端附属物卵状披针形，花柱分枝线形；先端截形。瘦果具 10 棱，棱突出或不明显，伸至顶端边缘；冠毛冠状或小耳状。

本属约有 33 种，分布欧洲和亚洲温带地区，中国引进栽培 4 种 1 杂交种，其中 1 种有时归化。

滨菊 *Leucanthemum vulgare* Lamarck, Fl. Franc. 2: 137. 1779. —— *Chrysanthemum vulgare* (Lamarck) L. Gaterau, Descr. Pl. Montauban 149. 1789. —— *Chrysanthemum leucanthemum* Linnaeus, Sp. Pl. 2: 888. 1753.

【别名】 **白花菊、法国菊、牛眼菊、西洋菊、延命菊**

【特征描述】 多年生草本植物，高 15～80 cm。茎直立，通常不分枝，被绒毛，或无毛。基生叶的叶柄长于叶片；叶片为狭椭圆形、倒披针形、倒卵形或卵形，长 3～8 cm，宽 1.5～2.5 cm，基部楔形渐狭；茎中下茎叶无柄，叶片狭椭圆形到线状椭圆形，两面无毛，有时在中部以下或近基部羽状浅裂，向基部渐变狭，基部耳状或近耳状半抱茎；上部叶逐渐变小，常具深锯齿，有时羽状深裂。花序复合成疏松和平顶的聚伞花序，头状花序 1～5 个，直径 2.5～6（～7.5）cm；总苞盔状，直径 1～2 cm；总苞片 3～4 层，背面无毛，膜质的边缘白色或褐色；舌状花白色，舌片长 1～2.5 cm。瘦果长 2～3 mm，具 10 棱，棱突出伸至顶端边缘。**物候期**：花期（5）6—8 月，果期 8—10 月。**染色体**：$2n$=18，36，36+1B，54，72。

【原产地及分布现状】 原产于欧洲，广泛引种作花卉栽培，在北美、大洋洲和亚洲广泛归化。**国内分布**：福建、甘肃、河北、河南、江苏、江西、台湾。

【生境】 生于草地、庭院、荒地、河边等。

【传入与扩散】 **文献记载**：崔友文《华北经济植物志要》（1953）记载陕西（武功）和北京引种栽培滨菊。**标本信息**：采自欧洲，选模式 Herb. Clifford 416, Chrysanthemum no.3, fol. 2 lectotype, BM/A 000647215，由 T.W. Bocher & K. Larsen 于 Watsonia 4: 15, t. 6, f. l. 1957 选定。清末作为观赏植物引进栽培。中国科学院植物研究所标本馆收藏一份标本，采集人不详，采集号 3473，为 1910 年 5 月 10 日采自江西庐山牯岭的标本。该处的栽培历史远早于庐山植物园建园年代（1934）。由于其观赏价值而被有意引进，在别墅区作草花栽培，再传到民间并逸生为杂草。台湾亦有归化（赖明洲，1995）。**传入方式**：人工引种。**传播途径**：种子可以通过动物、车辆、水和受污染的农产品等传播。**繁殖方式**：以种子和浅的匍匐根茎繁殖。**入侵特点**：可在阳光下生长，也可以在部分原阴凉的地方生长，喜欢潮湿的土壤，也耐贫瘠土壤，适应能力强，在传播地能大量繁殖，改变现有植物群落。**可能扩散的区域**：长江流域地区及南方中山地带。

【危害及防控】 **危害**：由于其极强的适应力，可能影响传播地现有群落物种组成。侵害草坪。**防控**：严格控制引种，加强栽培地管理。

【凭证标本】 福建省宁德市太姥山，2015 年 6 月 20 日，曾宪锋 ZXF1664（韩山师范学院生物系植物标本室）；江苏省当涂县杨家庄河道，海拔 3 m，2014 年 6 月 15 日，李惠茹、王樟华、闫小玲、严靖 LHR00739（CSH）。

【相似种】 大滨菊［*Leucanthemum × superbum* (Bergmans ex J.W. Ingram) D.H. Kent］为湖滨菊［*Leucanthemum lacustre* (Brotero) Sampaio］与野滨菊［*Leucanthemum maximum* (Ramond) Candolle］的园艺杂交种。该种较高大，达 1.2（～1.5）m，茎下部叶椭圆状长圆形，基部狭楔形，上部叶常具浅锯齿至近全缘，头状花序直径（5）6～10 cm，常作草花栽培，在湖南省衡山和江西省庐山曾采到逸生标本。在欧洲和北美常逸生于路边、荒地。该杂种在国内常被误定为野滨菊［*Leucanthemum maximum* (Ramond) Candolle］（崔友文，1953）。

滨菊（*Leucanthemum vulgare* Lamarck）

1. 生境；2. 植株形态；3. 头状花序

参考文献

崔友文，1953. 华北经济植物志要［M］. 北京：科学出版社 .
赖明洲，1995. 最新台湾园林观赏植物［M］. 台北：地景企业股份有限公司 .
石铸，傅国勋，1983. 滨菊属［M］// 林榕，石铸 . 中国植物志：第 76 卷 第 1 分册 . 北京：科学出版社：25–26.
Shi Z, Humphries C J, Gilbert M G, 2011. *Leucanthemun*[M]//Wu Z Y, Raven P H, Hong D Y. Flora of China: vol. 20–21. Beijing: Science Press & St. Louis: Missouri Botanical Garden Press: 542–543.

36. 菊蒿属 *Tanacetum* Linnaeus

多年生草本。全株有单毛、丁字毛或星状毛。叶互生，羽状全裂或浅裂。头状花序异型。茎生 2～80 个头状花序，排成疏松或紧密、规则或不规则的伞房花序，极少单生。边缘雌花一层，管状或舌状，中央两性花管状。总苞钟状，总苞片硬草质或草质，3～5 层，有膜质狭边或几无膜质狭边。花托凸起或稍凸起，无托毛。如边缘为舌状花，则舌片有各种式样，或肾形而顶端 3 齿裂，或宽椭圆形而顶端有多少明显的 2～3 齿裂，长可达 11 mm。舌状花和雌性管状花之间有一系列过渡变化，很类似两性的管状花，但雄蕊极退化，花冠顶端 2～5 齿裂，齿裂形状及大小不一。两性管状花上半部稍扩大或逐渐扩大，顶端 5 齿裂。全部小花黄色。花药基部钝，顶端附片卵状披针形。花柱分枝线形，顶端截形。全部瘦果同形，三棱状圆柱形，有 5～10 个椭圆形突起的纵肋。冠状冠毛长 0.1～0.7 mm，冠缘有齿或浅裂，有时分裂几达基部。

本属约有 100 种，产自北非、中亚和欧洲地区。中国原产 17 种，引入栽培 9 种，其中 1 种逸生归化。

伞房匹菊 ***Tanacetum parthenifolium*** (Willdenow) C.H. Schultz, Tanaceteen 56. 1844. —— *Pyrethrum parthenifolium* Willdenow, Sp. Pl. ed. 4, 3(3): 2156. 1803.

【特征描述】 多年生草本，高约 60 cm，有短的直根。茎直立，自基部或中部以上分枝，有较多的叶。基生叶花期枯萎。中上部茎叶卵形，长 5～7 cm，宽 3～4 cm，二回羽状分裂。一回为全裂，侧裂片 3～4 对，长椭圆形或卵形。二回为羽状浅裂或深裂，裂片边缘全缘，或边缘或顶端有粗锯齿。花序下部的叶小，羽状分裂、3 裂或不裂，椭圆形或卵状椭圆形。全部叶有叶柄，基生叶的柄长达 10 cm，中上部茎叶的柄长 2～4 cm。叶绿色或暗绿色，两面沿叶脉有稀疏的短柔毛。头状花序多数或极多数，在茎枝顶端排成复伞房花序或复伞房圆锥花序，花梗长达 7 cm。总苞直径 6～8 mm，总苞片 3～4 层，硬草质。外层苞片披针形，长约 2.8 mm，几无膜质狭边；中内层长椭圆形或线状长椭圆形，长约 3 mm，边缘白色狭膜质。舌状花白色，舌片椭圆形，长 7～10 mm，宽约 3 mm，先端 3 齿裂。瘦果长约 1.5 mm。冠状冠毛长 0.2 mm，边缘不规则钝浅齿裂。**物候期**：花果期 7—10 月。**染色体**：$2n=18$。

【原产地及分布现状】原产于中亚和西亚。欧洲各国普遍栽培观赏。**国内分布**：江西、云南。

【生境】生于路边、山坡。

【传入与扩散】**文献记载**：伞房匹菊一名出自《中国植物志》76 卷第 1 分册，58 页（1983）。**标本信息**：等模式 T. Kotschy 515（MO）于 1842 年 6 月 14 日采自伊朗。国内最早标本为蔡希陶 1933 年 7 月 11 日采于云南楚雄海拔 1 900 m 的栽培植株（PE）。**传入方式**：人工引种。首先在云南引种，人工栽培后逸为野生。**繁殖方式**：种子繁殖。

【危害及防控】**危害**：杂草。**防控**：对逸生或杂草的植株在结果前清除。控制引种，严格审批管理。

【凭证标本】云南省大理市苍山中和寺附近，1946 年 11 月 30 日，刘慎谔 017475（PE）。

【相似种】短舌匹菊（*Tanacetum parthenium* Linnaeus），原产欧洲，国内栽培作为观赏植物。该种全株黄绿色，管状花冠长 3～6 mm，瘦果长约 1.2 mm。

伞房匹菊 [*Tanacetum parthenifolium* (Willdenow) C. H. Schultz]

1. 生境；2. 植株顶面观；3. 叶；4. 花序枝；5. 植株侧面观

参考文献

石铸，傅国勋，1983. 匹菊属［M］// 林镕，石铸 . 中国植物志：第 76 卷 第 1 分册 . 北京：科学出版社：58.

徐海根，强胜，2004. 花卉与外来物种入侵［J］. 中国花卉园艺，14：6–7.

Shi Z, Christopher J H, Michael G G, 2011. *Tanacetum*[M]//Wu Z Y, Raven P H, Hong D Y. Flora of China: vol. 20–21. Beijing: Science Press & St. Louis: Missouri Botanical Garden Press: 763–768.

37. 刺苞果属 *Acanthospermum* Schrank

一年生草本，茎多分枝，被柔毛或糙毛。叶对生，有锯齿或稍尖裂。头状花序小，单生于两歧分枝的枝端或腋生，有短花序梗或近无花序梗，有异形小花，放射状，周围有 1 层结果实的雌花，中央有不结果实的两性花。总苞钟状、总苞片 2 层，外层 5 枚，扁平，革质，内层 5～6 枚，基部紧密包裹雌花，花后膨大，包围瘦果。花托小，稍凸，托片膜质，折叠，包围两性花。雌花花冠舌状，舌片小，淡黄色，上端 3 齿裂；花柱 2 裂；两性花花冠管状，黄色，上部钟状，有 5 浅裂片。花药基部截形，全缘。花柱不裂。瘦果长圆形，中部以上宽，无冠毛，藏于扩大变硬的内层总苞片中形成刺果，外面散生直刺或钩状刺，顶端有时具 1～3 硬刺。本属约有 6 种，大多数产美洲暖温带地区。中国引入归化 1 种。

刺苞果 *Acanthospermum hispidum* Candolle, Prodr. 5: 522. 1836.

【别名】 **硬毛刺苞菊**

【特征描述】 一年生草本，粗糙，直立，高达 60 cm。茎少分枝，具硬毛和腺点。叶无柄或具短柄，叶片长圆形或倒卵形，长 1～10 cm，宽 0.5～4 cm，两面均具硬毛和腺点，边缘近全缘，波状或具粗锯齿。头状花序单生枝顶和叶腋，有短梗或无梗。刺果扁平，楔形，基部收狭，长 0.5～0.6 cm，顶端不内凹，具 2 根略叉开的顶刺，刺长

0.4～0.5 cm，直或钩状，外面被较短的钩状刺。**物候期**：花期 6—7 月，果期 8—10 月。**染色体**：2*n*=22。

【原产地及分布现状】 原产于南美洲。**国内分布**：海南、广东、云南。

【生境】 生长在河流边、路边和废坡杂草丛中，海拔 1 900 m 以下。

【传入与扩散】 **文献记载**：刺苞果一名见于《中国高等植物图鉴》第四册（1975），文字描述和图 6391 无疑是本种，但拉丁学名误用 *Acanthospermum australe* (Loefling) Kuntze, *Flora of China* 给予纠正。**标本信息**：巴西，Philipp Salzmann s. n. (holotype, G-DC; isotype, MPU)。1936 年在云南佛海山坡采到标本。**传入方式**：无意引进，观光游客携带。**传播途径**：常借内层总苞片上的钩刺，挂在动物毛羽上或随交通工具传播。**繁殖方式**：种子繁殖。**可能扩散的区域**：西南、华南。

【危害及防控】 **危害**：常危害幼龄果园、橡胶园及秋收作物（玉米及谷子），但发生量小，危害轻，属一般性杂草。**防控**：可用草甘膦、百草枯、氯氟吡氧乙酸进行化学防治。

【凭证标本】 海南省东方市公安局附近，海拔 20 m，19.100 1 N，108.697 5 E，2015 年 12 月 21 日，曾宪锋 ZXF18651（CZH）。云南省勐海县（佛海），海拔 1 090 m，1936 年 6 月，王启无 74869（KUN）。

【相似种】 本种曾误定为 *Acanthospermum australe* (Loefling) Kuntze。南方刺苞果的刺果稍扁，具突出的肋，顶端内凹，无增大的顶生刺突。

刺苞果（*Acanthospermum hispidum* Candolle）

1. 生境；2. 生于叶腋的头状花序；3. 植株上部；4. 头状花序；5. 植株形态

参考文献

李扬汉，1998. 中国杂草志［M］. 北京：中国农业出版社.

刘延，沈奕德，李晓霞，等，2016. 南繁区大豆田杂草分布与防治［J］. 杂草学报，34（4）：18-22.

秦卫华，王智，徐网谷，等，2008. 海南省 3 个国家级自然保护区外来入侵植物的调查和分析［J］. 植物资源与环境学报，17（2）：44-49.

张媛媛，罗小勇，2010. 三十五种菊科植物对吡氟禾草灵的敏感性差异［J］. 植物保护学报（6）：557-561.

Chen Y S, D J Nicholas H, 2011. *Acanthospermum*[M]//Wu Z Y, Raven P H, Hong D Y. Flora of China: vol. 20–21. Beijing: Science Press & St. Louis: Missouri Botanical Garden Press: 865.

Sánchez M, Kramer F, Bargardi S, 2009. Melampolides from Argentinean *Acanthospermum australe*[J]. Phytochemistry Letters, 2(3): 93–95.

38. 苍耳属 *Xanthium* Linnaeus

一年生草本，粗壮。茎直立，具分枝。叶互生，全缘或多少分裂。有柄。头状花序单性，雌雄同株，无或近无花序梗，在叶腋单生或密集成穗状，或成束聚生于茎枝的顶端。雄头状花序着生于茎枝的上端，球形，具多数不结果实的两性花；总苞宽半球形，总苞片 1～2 层，分生，椭圆状披针形，革质；花托柱状，托片披针形，无色，包围管状花；花冠筒部上端有 5 裂片；花药分离，上端内弯，花丝结合成管状，包围花柱；花柱细小，不分裂，上端稍膨大。雌头状花序单生或密集于茎枝的下部，卵球形，各有 2 结果实的小花；总苞片 2 层，外层小，椭圆状披针形，分离；内层总苞片结合成囊状，卵球形，在果实成熟时增厚并木质化，顶端具 1～2 个坚硬的喙，外面具钩状的刺，形成刺果（Bur 或 Burr）；2 室，各具 1 小花；雌花无花冠，柱头 2 深裂，裂片线形，伸出总苞的喙外。瘦果 2，倒卵形，藏于总苞内，无冠毛。

本属有 20 余种，主要分布于美洲的北部和中部、欧洲，少数产亚洲及非洲北部。我国原产 2 种，即苍耳［*Xanthium strumarium* Linnaeus subsp. *sibiricum* (Patrin ex Widder) Greuter］和偏基苍耳（*Xanthium inaequilarerum* A. Candolle），另有主要外来入侵种 3 种。

分种检索表

1 茎具黄色的长刺；叶片披针形或椭圆状披针形 ………1. 刺苍耳 *Xanthium spinosum* Linnaeus

1 茎无刺；叶片卵状三角形至近圆形 ……………………………………………………………… 2

2 刺果长 12～20 mm，刺长约 2 mm，无毛或大部分变无毛 ………………………………

…………………………………………………………………… 2. 北美苍耳 *Xanthium chinense* Miller

2 刺果长 23～26 mm，刺长（4.5～）5～6（～6.5）mm，被扁平的长糙毛…………………

…………………………………………………………………… 3. 意大利苍耳 *Xanthium italicum* Moretti

1. **刺苍耳** ***Xanthium spinosum*** Linnaeus, Sp. Pl. 2: 987. 1753. —— *Xanthium cloessplateaum* C.Z. Ma, Acta Bot. Boreal. Occid. Sin. 11(4): 346. 1991

【特征描述】 一年生草本，高 0.3～1 m。根多分枝。茎直立，不分枝或从基部多分枝，圆柱状，具纵条纹，被短柔毛或微柔毛；节上具不分枝或 2～3 叉状刺，刺长 10～30 mm，黄色。叶片披针形或椭圆状披针形，长 2.5～6 cm，宽 0.5～2.5 cm，先端渐狭，全缘或有 1～2 对齿或裂片，上面灰绿色至深绿色，被稀疏的短糙伏毛，沿脉较密，后期常脱落，下面灰白色，通常沿中脉和侧脉明显被糙伏毛外，还密被白色的绢毛，具三基出脉或羽状脉，叶柄长 5～15 mm。雄头状花序假顶生，雌头状花序 1～2 个腋生。刺果黄褐色，倒卵状椭圆体形至矩圆体形，长 7～13 mm，宽 4～7 mm，果体被绵毛，具细倒钩刺，果顶端具 1～2 个细刺状喙，果成熟后极易脱落，刺和喙无毛。**物候期**：花期 7—10 月。**染色体**：$2n$=36。

【原产地及分布现状】 原产南美洲，在北美洲、欧洲、非洲、亚洲和大洋洲归化。**国内分布**：安徽、北京、甘肃、河北（泊头）、河南、湖南、吉林、辽宁、内蒙古、宁夏、新疆（昌吉、塔城、乌鲁木齐、伊犁）、云南。

【生境】 生于潮湿或季节性潮湿的碱性土壤、荒地、农田边缘。

【传入与扩散】 **标本信息**：根据葡萄牙植物描述（Habitat in Lusitania），后选模式 Herb. Linn. No. 1113.3（LINN），由 Wijnands 于 Bot. Commelins: 87. 1983 选定。**传入方式**：无意引进，随进口农产品特别是大豆、玉米、羊毛等裹挟输入。**传播途径**：果实具钩刺，常随人和动物传播，或混在作物种子中散布。**繁殖方式**：种子繁殖。**入侵特点**：常随进口农产品的遗撒或加工下脚料的不当处理释放到野外，可随人和动物及水流扩散。**可能扩散的区域**：除高寒山区外的大部分地区。

【危害及防控】 **危害**：杂草，危害白菜、小麦、大豆等旱地作物，入侵牧场。**防控**：加强检疫，特别是防止随进口羊毛带入；在结果前清除植株。

【凭证标本】 甘肃省白银市靖远县高效农业示范区，海拔 1 574 m，36.552 5 N，104.683 8 E，2014 年 10 月 1 日，高海宁 RQSB01553（CSH）；新疆昌吉市三工镇下营盘村，海拔 670 m，43.439 5 N，87.252 1 E，2015 年 8 月 10 日，张勇 RQSB02316（CSH）；河北省泊头市北杨庄村，2013 年 6 月 4 日，何毅 2013HH069（BNU）。

刺苍耳（*Xanthium spinosum* Linnaeus）

1. 刺果；2. 叶片；3. 植株形态；4. 幼植株上部；5. 生境

参考文献

董芳慧，刘影，蒋梦娇，等，2014. 入侵植物刺苍耳对小麦和苜蓿种子的化感作用［J］. 干旱区研究 . 3：530-535（Doctoral dissertation）.

杜珍姝，徐文斌，阎平，等，2012. 新疆苍耳属 3 种外来入侵新植物［J］. 新疆农业科学，49（5）：879-886.

宋珍珍，谭敦炎，周桂玲，2012. 入侵植物刺苍耳在新疆的分布及其群落特征［J］. 西北植物学报，32（7）：1448-1453.

Chen Y S, D J Nicholas H, 2011. *Xanthium*[M]//Wu Z Y, Raven P H, Hong D Y. Flora of China: vol. 20–21. Beijing: Science Press & St. Louis: Missouri Botanical Garden Press: 875–876.

Millspaugh C F, Sherff E E, 1919. Revision of the North American Species of *Xanthium*[J]. Field Museum of Natural History, Publication 204, 4(2): 9–51.

Scoggan H J, 1979. The Flora of Canada, part 4[M]. Ottawa: National Museums of Canada.

2. **北美苍耳 *Xanthium chinense*** Miller, Gard. Dict. ed. 8, No. 4. 1768. —— *Xanthium pungens* Wallroth, Beitr. Bot. 1: 231. 1844. —— *Xanthium glabratum* (A. Candolle) Britton, Manual 912. 1901. —— *Xanthium mongolicum* Kitagawa, Rep. First Sci. Exped. Manchou. 4: f. 97. 1936.

【别名】 **平滑苍耳、蒙古苍耳**

【特征描述】 一年生草本，高 0.3～1（～2）m。主根粗壮，多分枝。茎直立，坚硬，具钝角，分枝或不发枝，散生暗紫色纵条斑及斑点，被短糙伏毛。叶互生，具长柄；叶片宽卵状三角形或近圆形，长 5～15 cm，宽 4～15 cm，3～5 浅裂，先端钝或急尖，基部心形，与叶柄连接处成相等的楔形，边缘有不规则的齿或粗锯齿，具三基出脉，叶脉两面微凸，两面密被糙伏毛；叶柄长 4～14 cm，常淡紫褐色。圆锥花序腋生或假顶生。雄花序黄白色，雄花冠近筒状，裂片直立，外面散生短糙毛。雌花序生于雄花序之下，通常数量较多。刺果纺锤形，幼时黄绿或绿色，后常变黄褐色至红褐色，连喙长 12～20 mm，果体宽 8～10 mm，顶端具 2 个锥状的喙，喙直立或内弯，靠合或叉开，长 3～6 mm；刺较密或疏生，长 2～5.5 mm，直立，针状，基部增粗，径约 1 mm，顶端具倒钩，幼时无毛或刺中部以下疏被短腺毛，后常变无毛；瘦果2个，倒卵球形。**物候期**：花期7—8月，果期8—9月。**染色体**：$2n$=36，k（$2n$）=36=26+2 m（sat）+8 sm。

【原产地及分布现状】 原产于墨西哥、美国和加拿大。**国内分布**：安徽、北京、重庆、福建、广东、广西、贵州、河北、河南、黑龙江、湖北、湖南、吉林、江西、江苏、辽宁、内蒙古、山东、陕西、四川、新疆、天津、台湾、云南。

【生境】 生于干旱山坡、旷野、河岸荒地。

【传入与扩散】 **文献记载**：该种最早的中文名称为"蒙古苍耳"，见刘慎谔等（1959）《东北植物检索表》384页，源于一个基于错误鉴定的晚出异名。平滑苍耳 *Xanthium glabratum* 一名始见于车晋滇和孙国强（1992）的报道，其刺果成熟后常变无毛，但整个植株无平滑之处。《口岸外来杂草监测图鉴》（范晓虹，2016）改称北美苍耳。**标本信息**：模式标本为从墨西哥韦拉克鲁斯（Vera Cruz）采种，在英国切尔西植物园栽培的植物标本（Chelsea Garden s. n., BM?）。P. Miller（1768）发表该种时误将该种的原产地写成中国，但不久后 Miller（1771）本人对此作了纠正，指出 W. Houston 于1730年首次在墨西哥的韦拉克鲁斯发现该种的天然种群。C.F. Millspaugh 和 B. E. Sherff（1919）将1906年采自韦拉克鲁斯附近的标本 J.M. Greenman 47（Field Museum 189512）鉴定为 *Xanthium chinensis* Miller，并作为该种的产地模式（topotype）标本，证实了 Miller 对产地的更正，同时指出该种与较晚发表的 *X. glabratum* Britton 及 *X. pungans* Wallroth 为同一种植物。原产北美西南的霍霍巴（*Simmondsia chinensis*）的种加词来源也曾有过同样的经历。**传入方式**：19世纪初该种的刺果附着在北美浣熊皮上引入欧洲。那时北美苍耳尚未传到东亚，直到1929年吉野善介在日本冈山县采到标本。日本学者中井猛之进（T. Nakai）、本田正次（M. Honda）和北川政夫（M. Kitagawa）于1933年10月2日在"兴安西省"（即内蒙古东北部赤峰市）翁牛特旗的四楞子山采到中国境内该种标本。北川政夫1936年在《第一次满蒙学术调查研究团报告》第四部中，误将该种作新种蒙古苍耳（*Xanthium mongolicum* Kitagawa）发表，不久该种也在哈尔滨和热河出现。根据作者在赤峰市（包括翁牛特旗）实地调查和标本研究，蒙古苍耳的形态特征与北美苍耳无异，无疑是后者的异名。北美苍耳在我国东北发现时，在邻近的苏联、朝鲜半岛及蒙古都不曾有过记录，因此不排除从日本传入的可能性。**传播途径：**北美苍耳结实量大，较大的植株每年可产果实 200～300 粒，且总苞刺长，顶端具细倒钩，容易黏附在衣服和牲畜及其他动物皮毛上迅速传播，该种还大量混杂在进口大豆、玉米等农产品中。**繁殖方式：**种子繁殖。**入侵特点：**常随进口农产品的遗撒或加工后下脚料的不当处理释放到野外。北美苍耳偏爱在向阳河滩、旷野和垃圾堆生长，容易被河流和雨水带至下游而大面积扩散。**可能扩散的区域：**除高寒山区外的大部分地区。

【危害及防控】 **危害：**当北美苍耳与本地种苍耳共生时，北美苍耳显示出了明显的生长优势，其在植株数量、高度及叶片大小等方面均比苍耳大得多，茎粗壮，叶片厚，密被具短柄腺体，可分泌强烈的化感物质。共生的苍耳发生严重霜霉病和其他虫害的情况下北美苍耳却很少有染病迹象。由此可见，北美苍耳具有较强的适应性和抗病虫害能力，是一种具有入侵性的有害杂草。在黔东南的从江、榕江等地，一些河滩几乎全是疯长的北美苍耳。在较大的群落中，除了少数菊科植物外少有其他植物能与之共存。在厦门，北美苍耳不断扩展领地，使本地种偏基苍耳（*Xanthium inaequilarerum* A. Candolle）变得极为罕见。因此，如果任其大面积传播，其势必将对入侵地的土著物种产生排挤性危害，威胁当地的生物多样性，从而对入侵地区的河滩、荒地、农田等造成严重威胁。北美苍耳的另一危害表现在，其于花期会产生大量致敏花粉。**防控：**可在开花前将其清除。

【凭证标本】 安徽天长市十八集乡，海拔 11 m，2014 年 6 月 12 日，严靖、李惠茹、王樟华、闫小玲 LHR00647（CSH）；北京市顺义区潮白河畔，海拔 31 m，39°52′36.2″ N，116°48′41.3″ E，2014 年 9 月 18 日，刘全儒 RQSB09944（CSH）；重庆铜梁区华兴镇山窝村，29.616 6 N，106.090 0 E，2014 年 8 月 23 日，刘正宇、张军等 RQHZ06708（CSH）；福建龙岩市上杭县古田镇，海拔 337 m，25.095 1 N，117.024 9 E，2015 年 8 月 31 日，曾宪锋、邱贺媛 RQHN07301（CSH）；广西柳州市柳江县里高镇，海拔

243 m，24.140 0 N，108.992 7 E，2014 年 9 月 12 日，唐赛春、潘玉梅 LZ35（CSH）；贵州省黔东南州丹寨县政府后山坡，海拔 965 m，26.205 9 N，107.783 5 E，2016 年 7 月 20 日，马海英、彭丽双、刘斌辉、蔡秋宇 RQXN05348（CSH）；湖北省宜昌市宜昌郊区，海拔 57 m，30.470 0 N，111.450 4 E，2014 年 9 月 3 日，李振宇、范晓虹、于胜祥、龚国祥、熊永红 RQHZ10562（CSH）；江西省瑞金市谢坊镇，海拔 184 m，25.602 9 N，115.794 8 E，2015 年 8 月 13 日，曾宪锋、邱贺媛 RQHN07264、辽宁省铁岭市铁岭县范家屯水库，海拔 92 m，42.156 7 N，123.734 4 E，2014 年 10 月 4 日，刘全儒、何毅、许东先 RQSB09967（CSH）；陕西省安康市高速路口，海拔 249 m，32.695 3 N，108.955 3 E，2015 年 10 月 2 日，张勇 RQSB01581（CSH）；四川省巴中市平昌县双江，海拔 304 m，31.568 5 N，107.090 4 E，2015 年 10 月 11 日，刘正宇、张军等 RQHZ05991（CSH）。

【相似种】 在日本该种标本曾被误定为加拿大苍耳（*Xanthium canadense* Miller），后者实为东方苍耳（*Xanthium orientale* Linnaeus）的异名。东方苍耳的刺果刺较粗，整体弧曲，而苍耳属其他的种刺通常直伸，仅上部钩状。作者所看到日本产 *Xanthium canadense* 名下的标本及照片，实为 *Xanthium chinense* Miller。国产种苍耳［*Xanthium strumarium* Linnaeus subsp. *sibiricum* (Patrin ex Widder) Greuter］雄花的花冠裂片内弯，外被微柔毛，刺果成熟时灰绿色，密被宿存的短柔毛，连喙长 12～15 mm，不含刺宽 4～7 mm，刺长 1～1.5 mm，两喙常不等长，有时仅有 1 喙。

北美苍耳（*Xanthium chinense* Miller）

1. 刺果果序；2. 刺果；3. 头状花序正面；4. 头状花序侧面；5. 生境；6. 植株形态

参考文献

车晋滇，孙国强，1992. 北京新发现两种杂草——平滑苍耳和意大利苍耳［J］. 病虫测报，1：39-40.

杜珍珠，徐文斌，阎平，等，2012. 新疆苍耳属 3 种外来入侵新植物［J］. 新疆农业科学，49（5）：879-886.

范晓虹，2016. 口岸外来杂草监测图谱：第一辑［M］. 北京：中国科学技术出版社 .

孙庆文，何顺志，杨亮，等，2010. 蒙古苍耳正在贵州及东南省区迅速蔓延［J］. 中国野生植物资源，5：21-22.

杨德奎，周俊英，1995. 蒙古苍耳核型分析［J］. 武汉植物学研究，13（1）：15-17.

Millspaugh C F, Sherff E E, 1919. Revision of the North American species of *Xanthium*[M]. Field Museum of Natural History, Publication 204, Bot. Ser., 4(2): 9–50, plates 7–13.

Scoggan H J, 1979. The Flora of Canada, part 4[M]. Ottawa: National Museums of Canada: 1–1710.

3. **意大利苍耳** ***Xanthium italicum*** Moretti, Giorn. Fis., ser. 2, 5: 326. 1822.

【特征描述】 一年生草本，植物体高 0.6～1.4（～1.8）m。茎直立，粗壮，基部有时木质化，圆柱状，有棱，常多分枝，分枝叉开，粗糙具毛，有紫色条形斑点。单叶互生，叶片三角状卵形至宽卵形，长 9～13（～15）cm，宽 8～12（～14）cm，3～5 浅裂，基部浅心形至宽楔形，具三基出脉，边缘具不规则的浅钝齿、小齿或小裂片，两面被短硬毛；叶柄连喙长 3～10（～18）cm。头状花序单性同株，雄花序球形，直径约 5 mm，生于雌花序的上方，排成总状；雄花的花冠筒状倒卵球形，5 浅裂，裂片直立，外面被微柔毛；花药长不及花冠的 1/2。花冠雌花序具 2 花，囊状总苞于花期卵球形，结果时矩圆体形，连喙长 20～30 mm，不含刺直径 12～18 mm，外面密被长 4～7 mm 的倒钩刺，刺开展，中下部被扁平的硬糙毛、短腺毛和少量腺体。**物候期：**花果期 7—9 月。**染色体：**$2n$=36。

【原产地及分布现状】 原产美国和加拿大；在中、南美洲、欧洲、非洲、亚洲和大洋洲归化。**国内分布：**安徽、北京、甘肃、河北、黑龙江、辽宁、吉林、山东、新疆、宁夏（吴忠）、陕西（西安、榆林）。

【生境】生于荒地、田间、河滩地、沟边路旁。

【传入与扩散】**文献记载：**意大利苍耳一名始见于国内发布的《植物检疫研究报告——检疫性杂草》64页。该种在中国大陆首次出现为北京新记录的报道（车晋滇 等，1992）。**标本信息：**模式标本采自意大利都灵（Turin），波河（Po River），G. L. Moretti s. n. (lectotype, L, 由 Widder 于 1923 年选定；lectoisotype, MO-714854/A: 85516)。**传入方式：**随进口农产品特别是羊毛等裹挟输入。**传播途径：**该种总苞结果时密生许多倒钩刺，很容易附着在家畜家禽、野生动物体、农机具、种子及农副产品包装上进行远距离传播。

【危害及防控】**危害：**主要危害玉米、棉花、大豆等作物，意大利苍耳 8% 的覆盖率可使作物减产 60%；意大利苍耳植株覆盖度大，竞争力强，与当地物种争夺水分、营养、光照和生长空间，很容易在新的生态环境中形成优势群落。意大利苍耳幼苗有毒，牲畜误食会造成中毒，特别在子叶期间对牲畜毒害最大。意大利苍耳果实密生许多倒钩刺黏附皮毛上影响质量。意大利苍耳繁殖力强，一株发育良好的植株可结 1 400 余粒种子，种子量大有利于物种的繁衍和传播。该种于花期可产生大量致敏花粉。**防控：**凡从国外进口的粮食或引进种子，以及国内各地调运的旱地作物种子，要严格检疫，混有意大利苍耳种子不能播种，应集中处理并销毁，杜绝传播；在意大利苍耳发生地区，应调换没有意大利苍耳混杂的种子播种，采收作物种子时进行田间选择，选出的种子要单独脱粒和储藏；机械防除为可以开花前将其拔除，一般有意大利苍耳发生的农田，如连续进行 2～3 年的人工拔除，即可除根；化学防除为 72% 2,4-D 丁酯乳油、25% 灭草松水剂、20% 氯氟吡氧乙酸乳油在意大利苍耳 4～5 叶期进行茎叶处理，具有良好的防除效果。

【凭证标本】北京顺义区潮白河畔，海拔 3 m，39.876 7 N，116.811 4 E，刘全儒 RQSB09942（CSH）；甘肃白银市靖远县高效农业示范区，海拔 1 387 m，36.569 1 N，104.680 1 E，2014 年 10 月 1 日，高海宁 RQSB01538（CSH）；黑龙江省哈尔滨市道

里区地文街 20 号井街小区，海拔 342 m，42.552 081 67 N，125.606 033 33 E，2015 年 7 月 29 日，齐淑艳 RQSB03811（CSH）；河北省张家口市怀来县官厅水库北师大综合实验站，海拔 49 m，2015 年 5 月 26 日，北师大资源学院 2012 级 HL046、河北省承德市隆化县河洛营，海拔 596 m，41.397 4 N，117.738 6 E，2016 年 11 月 15 日，刘全儒等 RQSB09356（CSH）；吉林省磐石市福安街道红土村，海拔 341 m，2015 年 7 月 29 日，齐淑艳 RQSB03778（CSH）；辽宁省铁岭市铁岭县腰堡镇石山子村，海拔 50 m，2014 年 8 月 28 日，齐淑艳 RQSB03454（CSH）；陕西西安灞桥区灞桥生态地质公园，海拔 399 m，34.306 8 N，109.068 5 E，2015 年 10 月 5 日，张勇 RQSB01349（CSH）；新疆维吾尔自治区乌鲁木齐市头屯河区顺河路，海拔 769 m，43.867 5 N，87.271 6 E，2015 年 8 月 23 日，张勇 RQSB01875（CSH）。

【相似种】 密刺苍耳（*Xanthium acerosum* Greene）外形接近意大利苍耳，但刺果椭圆体形，连喙长 21～27 mm，不含刺直径 6～7 mm，具较密的刺，刺疏被开展的柔毛，原产美国，在我国广东深圳苗圃附近曾有发现（见李沛琼《深圳植物志》3：634，图 682. 2012）。《密苏里州植物志》将密刺苍耳并入意大利苍耳（Steyermark, 1963）。

意大利苍耳（*Xanthium italicum* Moretti）

1. 生境；2. 头状花序；3. 刺果上的倒钩刺；4. 果序枝；5. 囊状总苞和瘦果；
6. 刺果上的复刺；7. 刺果果序；8. 刺果

参考文献

车晋滇，胡彬，2007. 外来入侵杂草意大利苍耳［J］. 杂草科学（2）：58-59.

车晋滇，孙国强，1992. 北京新发现两种杂草——平滑苍耳和意大利苍耳［J］. 病虫测报，1：39-40.

李楠，朱丽娜，翟强，等，2010. 一种新入侵辽宁省的外来有害植物——意大利苍耳［J］. 植物检疫，24（5）: 49-52.
刘慧圆，明冠华，2008. 外来入侵种意大利苍耳的分布现状及防控措施［J］. 生物学通报，43（5）: 15-16.
Millspaugh C F, Sherff E E, 1919. Revision of the North American Species of *Xanthium*[M]. Field Museum of Natural History, Publication 204, 4(2): 9–51.
Scoggan H J, 1979. The Flora of Canada, part 4[M]. Ottawa: National Museums of Canada.
Steyermark J A, 1963. Flora of Missouri[M]. Ames: The Iowa State University Press: 1541–1544.
Widder F J, 1923. Die arten der gatuung *Xianthium*[M]. Repertorium Specierum Novarum Regin Vegetabilis, *Band* 20: 1–221.

39. 豚草属 *Ambrosia* Linnaeus

一年或多年生草本。茎直立。叶互生或对生，全缘或浅裂，或一至三回羽状细裂。头状花序小，单性，雌雄同株。雄头状花序无花序梗或有短花序梗，在枝端密集成无叶的穗状或总状花序；雌头状花序无花序梗，在上部叶腋单生或密成团伞状。雄头状花序有多数不育的两性花。总苞碗状或碟状；总苞片 5～12 枚，基部结合；花托稍平，托片丝状或几无托片。不育花花冠整齐，有短管部，上部钟状，上端 5 裂。花药近分离，基部钝，近全缘，上端有披针形具内屈尖端的附片。花柱不裂，顶端膨大成画笔状。雌头状花序有 1 个无被可育的雌花。总苞有结合的总苞片，闭合，倒卵形或近球形，背面在顶部以下有 1 层的 4～8 个瘤或刺，顶端紧缩成围裹花柱的喙部。花冠不存在。花柱 2 深裂，上端从总苞的喙部外露。瘦果倒卵形，无毛，藏于坚硬的总苞中形成刺果。植株全部有腺点，有芳香或树脂气味，风媒。

本属有 24 种，主要分布于美洲的北部、中部和南部（在美洲有亚灌木或灌木种类），欧洲产 1 种，中国有 3 个外来入侵种。

参考文献

张京宣，邵秀玲，纪瑛，等，2016. 入境动物产品携带杂草疫情分析［J］. 食品安全质量检测学报，7（4）: 1375-1381.

朱玉琼，2008. 豚草属分子系统学研究［D］. 北京：首都师范大学 .
Auld B, Medd R, 1992. Weeds. An illustrated botanical guide to the weeds of Australia[M]. Melbourne, Australia: Inkata Press.
Matricardi P M, Rosmini F, Panetta V, et al., 2002. Hay fever and asthma in relation to markers of infection in the United States[J]. The Journal of Allergy and Clinical Immunology, 110 (3): 381–387.
Martinez M L, Vazquez G, White D, 2002. Effects of burial by sand and inundation by fresh and seawater on seed germination of five tropical beach species[J]. Canadian Journal of Botany, 80(4): 416–424.

分种检索表

1 茎中、下部叶片一回掌状分裂，裂片 3（～5），稀不分裂 ……………………………… 1. 三裂叶豚草 *Ambrosia trifida* Linnaeus
1 茎中、下部叶片一至三回羽状分裂，裂片较多 …………………………………… 2
2 多年生草本、茎中、下部叶片一回羽状深裂；雄花序的总苞直径 3～5 mm；刺果长 3～4 mm ……………………………… 2. 裸穗豚草 *Ambrosia psilostachya* Candolle
2 一年生草本、茎中、下部叶片二至三回羽状深裂；雄花序的总苞直径 2～3 mm；刺果长 2～3 mm ……………………………… 3. 豚草 *Ambrosia artemisiifolia* Linnaeus

1. **三裂叶豚草** ***Ambrosia trifida*** Linnaeus, Sp. Pl. 2: 987. 1753.

【别名】 **大破布草**

【特征描述】 一年生粗壮草本，高 50～120 cm，有时可达 170 cm，有分枝，被短糙毛，有时近无毛。叶对生，有时互生，具叶柄，下部叶 3～5 裂，上部叶 3 裂或有时不裂，裂片卵状披针形或披针形，顶端急尖或渐尖，边缘有锐锯齿，有三基出脉，粗糙，上面深绿色，背面灰绿色，两面被短糙伏毛；叶柄长 2～3.5 cm，被短糙毛，基部膨大，边缘有窄翅，被长缘毛。雄头状花序多数，圆形，径约 5 mm，有长 2～3 mm 的细花序梗，下垂，在枝端密集成总状花序。总苞浅碟形，绿色、总苞片结合，外面有3肋，边缘有圆齿，被疏短糙毛。花托无托片，具白色长柔毛，每个头状花序有20～25朵不育的小花，小花黄色，长1～2 mm，花冠钟形，上端5裂，外面有5紫色条纹。花药离生，卵圆形、花柱不分裂，顶端膨大成画笔状。雌头状花序在雄头状花序下面上部的总苞片叶的腋部聚作团伞状，具一朵无被可育的雌花。花柱2深裂，丝状，上伸出总苞的喙部之外。瘦果倒卵形，无毛，藏于坚硬的总苞中。瘦果倒卵形，无毛，藏于坚硬的总苞中，长6～8 mm，宽4～5 mm，顶端具圆锥状短喙，喙部以下有5～7肋，每肋顶端有瘤或尖刺，无毛。**物候期：** 花期8月，果期9—10月。**染色体：** $2n$=24=22 m+2 sm（2 SAT）。

【原产地及分布现状】 原产北美东部，现遍布于美国及加拿大南部（Uva et al., 1997; Mulligan, 2000; EPPO, 2014; USDA-ARS, 2016）。后入侵南美洲、欧洲、亚洲、非洲和澳大利亚（Xie et al., 2000; EPPO, 2014; USDA-ARS, 2016）。**国内分布：** 北京、河北、黑龙江、湖北、湖南、吉林、江西、辽宁、内蒙古、山东、浙江、四川、新疆、贵州、福建（Flora of China Editorial Committee, 2011）。

【生境】 主要分布于田野、路旁、林缘或河边的湿地等。

【传入与扩散】 **文献记载：** 刘慎谔《东北植物检索表》（1959）将本种的中文名定作"豚草"。《中国高等植物图鉴》第四册（1975）和《中国植物志》75卷（1979）改为三裂叶豚草。**标本信息：** Anon. s. n.（lectotype, LINN）。**传入方式：** 我国最早于1930年在辽宁铁岭发现三裂叶豚草（万方浩 等，1994），可能随进口农产品无意引入。**传播途径：** 远距离跨地区传播主要依赖于作物种子的调运、交通运输工具携带，我国口岸曾多次在美国等国家进口小麦、大豆、玉米中，以及澳大利亚等国进口羊皮毛中发现（黄世水 等，1996；陈雪娇 等，1999；张京宣 等，2016）。**繁殖方式：** 种子繁殖。**入侵特点：** ① 繁殖性　三裂叶豚草具有强大的繁殖能力，每株可产生约5 000粒种子，可随风传播扩散到很远的地方（Abul-Fatih et al., 1979a）。三裂叶豚草种子具有二次休眠和二次萌发特性，可在土壤中遇适宜条件时才萌发（Martinez, 2002）。② 适应性　具有很强入侵能力和生态可塑性，对生活环境的适应性很强，能够在各种不利环境条件下繁殖（Hovick et al., 2018）。**可能扩散区域：**在中国东北，豚草的高度适生区主要位于辽河平原和辽东半岛沿海地区，其适生等级向外辐射状递减（邵云玲 等，2017）。随进境农产品调运，可定植于全国大部分适生区。

【危害及防控】 已列入《中华人民共和国进境植物检疫性有害生物名录》（农业部第 862 号公告）和《中国第二批外来入侵物种名单》（环发〔2010〕4 号）。**危害：**该种植株高大，遮蔽农作物，并与农作物竞争水分、光照和营养物质，还具化感作用，危害玉米、马铃薯、烟草、大豆等作物，严重时导致农作物大面积减产，甚至绝收，并阻碍农事操作（Abul-Fatih et al., 1979b）。豚草花粉还是人类“枯草热病”和哮喘的重要过敏原，极大地危害人类健康（Matricardi et al., 2002）。**防控：**严格管理，一旦发现在新的分布区出现应立即灭杀。采用植物替代及利用自然天敌豚草卷蛾、三裂叶豚草锈菌等生物防治办法，可有效控制该种定植、扩散和生长（Milanova, 2010; Mcclay, 1987; 曲波 等，2010）。

【凭证标本】 北京市门头沟区雁翅，2002 年 7 月 8 日，王辰 20708036（BNU）；河北省承德市围场县海岱沟门，2014 年 7 月 10 日，闫瑞亚 YRY027（BNU）；黑龙江省七台河市新兴区新立街道，海拔 8 m，39.984 13 N，124.333 015 E，2014 年 7 月 12 日，齐淑艳 RQSB03201（CSH）。

【相似种】 该种与二裂叶豚草（*Ambrosia bidentata* Michaux）、裸穗豚草（*Ambrosia psilostachya* Candolle）具有较近的亲缘关系（Gray，1886；朱玉琼，2008）。

三裂叶豚草（*Ambrosia trifida* Linnaeus）

1. 植株形态；2，3. 花序枝；4. 叶片；5. 果枝；6. 刺果；7. 生境

参考文献

陈雪娇，李一农，1999. 皇岗口岸从进境大豆中检出三裂叶豚草［J］. 植物检疫，13（5）：273.

黄世水，古谨，1996. 从进口美国玉米中检出假高粱和三裂叶豚草［J］. 植物检疫，10（6）：379.

曲波，黄佳丽，张微，等，2010. 三裂叶豚草锈菌寄主专化性的研究［J］. 辽宁农业科学，（5）：50-52.

邵云玲，曹伟，2017. 外来入侵植物豚草在中国东北潜在分布区预测［J］. 干旱区资源与环境，31（7）：172-176.

万方浩，王韧，1994. 豚草及豚草综合治理［M］. 北京：中国科学技术出版社.

张京宣，邵秀玲，纪瑛，等，2016. 入境动物产品携带杂草疫情分析［J］. 食品安全质量检测学报，7（4）：1375-1381.

祖元刚，沙伟，1999. 三裂叶豚草和普通豚草的染色体核型研究［J］. 植物研究，19（1）：48-52.

Abul-Fatih H A, Bazzaz F A, 1979a. The biology of *Ambrosia trifida* L. II Germination, emergence, growth and survival[J]. New Phytologist, 83: 817–827.

Abul-Fatih H A, Bazzaz F A, Hunt R, 1979b. The biology of *Ambrosia trifida* L. III Growth and biomass allocation[J]. New Phytologist, 83(3): 829–838.

Baysinger J A, Sims B D, 1991. Giant ragweed (*Ambrosia trifida*) interference in soybeans (Glycine max)[J]. Weed Science, 39(3): 358–362.

EPPO, 2014. PQR database. Paris, France: European and Mediterranean Plant Protection Organization. http: [M]//www.eppo.int/DATABASES/pqr/pqr.htm.

Gray A, 1886. *Ambrosia bidentata* x *trifida*[J]. Botanical Gazette, 11(12): 338.

Hovick S M, McArdle A, Harrison S K, et al., 2018. A mosaic of phenotypic variation in giant ragweed (*Ambrosia trifida*): Local- and continental-scale patterns in a range-expanding agricultural weed[J]. Evol Appl., 11(6): 995–1009.

Mcclay A S, 1987. Observation on the biology and host specificity of *Epiblema strenuana* (Lepidoptera, Tortricidae), a potential biocontrol agent for *Parthenium hysterophorus* (Compositae)[J]. Entomophaga, 32(1): 23–34.

Milanova S, Vladimirov V, Maneva S, 2010. Suppressive effect of some forage plants on the growth of *Ambrosia artemisiifolia* and *Iva xanthiifolia*[J]. Pesticidi i Fitomedicina, 25(2): 171–176.

Mulligan G A, 2000. Common Weeds of the Northern United States and Canada. Ottawa, Canada: Agriculture Canada. http: [M]//members.rogers.com/mulligan4520/.

USDA-ARS, 2016. Germplasm Resources Information Network (GRIN). National Plant Germplasm System. Online Database. Beltsville, Maryland, USA: National Germplasm Resources Laboratory. https: [M]//npgsweb.ars-grin.gov/gringlobal/taxon/taxonomysearch.aspx.

Uva R H, Neal J C, Di-Tomaso J M, 1997. Weeds of the Northeast. Ithaca, USA: Cornell University Press.

2. **裸穗豚草** ***Ambrosia psilostachya*** Candolle, Prodr. 5: 526. 1836.

【别名】 **多年生豚草**

【形态描述】 多年生草本。根状茎横走，具不定根。茎直立，高 0.3～1.5 m，上半部具多数分枝，被向上斜展的短柔毛。茎下部叶对生，具短柄，上部叶互生，具短柄或无柄、叶片卵状披针形，长 5～12 cm，一回羽状深裂至中裂，裂片披针形至三角形，具齿或全缘，先端急尖，最上部叶披针形至线状披针形，具少数齿至全缘，上面散生宽短硬毛。雄花序顶生，为穗状总状花序，具 50～100 个的头状花序，总苞由 6～8 个总苞片合生而成，花盘状，具短梗，下垂，内含多数雄花，外面常有糙伏毛，花冠长 4～5 mm，淡紫色，漏斗状具细长的筒部，檐部 4 裂；雄蕊 4，贴生于冠筒上，花丝细长，花药小，长圆形，外伸。雌花序单生于茎上部叶腋，具单花；花柱 2 分枝常不等生，丝状。刺果倒卵形或梨形，长 2～7 mm，宽约 2 mm，粗糙，熟时干燥，褐色，内含 1 瘦果；约具 6 个向上斜展的小刺，在刺果中部排成一圈。**物候期**：花期 7—10 月。**染色体**：$2n$=36，54，72。

【原产地及分布现状】 原产美国西部和墨西哥（Rydberg, 1965; Bassett et al., 1975; Lorenzi et al., 1987），后传入加拿大（Bassett et al., 1975）、欧洲多国（Lawalrée, 1947）、亚洲印度和哈萨克斯坦（Buyankin, 1975）、非洲毛里求斯（McIntyre, 1985）、澳大利亚（Eardley, 1944; Auld et al., 1992）。**国内分布**：台湾地区高雄（Tseng et al., 2004）。

【生境】 喜肥沃的土壤，生于牧场、荒地、田野及路旁。

【传入与扩散】 **文献记载**：裸穗豚草一名见于曾彦学和彭镜毅的报道（Tseng et al., 2004）。**标本信息**：模式标本采自墨西哥，San Fernando & Matomora，1830 年 10 月 1 日，JL. Berlander 2280 (holotype, G-DC; isotypes, GH, MO)。曾彦学于 2000 年 5 月在台湾高雄采到标本。**传入方式**：该种无引种栽培记录，当为无意引种。种子曾出现在进口粮食和大豆中（Moskalenko, 2001）。**传播途径**：主要以根状茎、种子自然传播。通过国际贸易引进；在灌溉条件下，刺果可借水流传播，也可被鸟类、家畜携带传播。**繁殖方式**：以种子和根状茎繁殖。**入侵特点**：根状茎横走，可形成多个幼芽，蔓延迅速难以防除（Wagner et al., 1958）。

【危害及防控】 **危害**：危害苗期黑麦、小麦、燕麦、番茄和紫花苜蓿生长（Dalrymple et al., 1983）。与人工和天然牧场上的多年生草本植物竞争生长（Vermeire et al., 2000）。花粉可导致人类“枯草热”病症（Wodehouse, 1971; Culver et al., 1988; Karnkowski, 2001）。**防控**：同豚草，但还需要清除根状茎，防止其根蘖繁殖。

【凭证标本】 台湾地区高雄县左营半屏山，2000 年 5 月 28 日，曾彦学 2350（TESRI）；同地，2000 年 8 月 6 日，曾彦学 2557（TESRI）；同地，2000 年 8 月 19 日，曾彦学 2676（TESRI）。

裸穗豚草（*Ambrosia psilostachya* Candolle）

1. 生境；2. ～ 5. 花序枝；6. 叶片多羽状深裂

参考文献

Bassett I J, Crompton C W, 1975. The biology of Canadian weeds. 11. *Ambrosia artemisiifolia* L. and *A. psilostachya* DC. Canad. J. Pl. Sci., 55: 463–467.

Buyankin V I, 1975. New weeds of the Ural'sk Province[J]. Botanicheskii Zhurnal, 60(8): 1190–1191.

Culver C A, Malina J J, Talbert R L, 1988. Probable anaphylactoid reaction to a pyrethrin pediculocide shampoo[J]. Clinical-Pharmacology, 7 (11): 846–849.

Dalrymple R L, Rogers J L, 1983. Allelopathic effects of western ragweed on seed germination and seedling growth of selected plants. Journal of Chemical Ecology, 9(8): 1073–1078.

Eardley C M, 1944. Control of perennial ragweed (*Ambrosia psilostachya*)[J]. Journal of Department Agricultural South Australia, 47: 430–434.

Karnkowski W, 2001. Can the weeds be recognized as quarantine pests? — Polish experiences with *Ambrosia* spp. Zbornik predavanj in referatov 5. Slovensko Posvetovanje o Varstvu Rastlin, Čatežob Savi, Slovenija, 6. marec-8. marec 2001, 396–402. ref. 21. ①

Lawalrée A, 1947. Les Ambrosia adventices en Europe occidentale[J]. Bull. Jard. Bot. Etat Bruxelles, 18: 305–315.

Lorenzi H J, Jeffery LS, 1987. Weeds of the United States and their Control[M]. New York, USA: Van Norstrand Reinhold Co..

McIntyre L F G, 1985. Weed control in various food crops in Mauritius with particular reference to mixed cropping[J]. Revue Agricole et SucriFre de l'Ile Maurice, 64(2): 111–116.

Moskalenko G P, 2001. Quarantine Weeds for Russia[M]. Moscow, Russia: Plant Quarantine Inspectorate.

Payne W W, Raven P H, Kyhos D W, 1964. Chromosome numbers in Compositae[J]. American Journal of Botany, 51: 419–424.

Rydberg P A, 1965. Flora of the prairies and plains of Central North America[M]. New York and London: Hafner publisching Company.

Tseng Y H, Peng C I, 2004. *Ambrosta psilostachya* D C. (Asteraceae) a newly Research, 2004, naturalized plant in Taiwan[J]. Endemic Species, 6(1): 71–74.

Vermeire L T, Gillen R L, 2000. Western ragweed effects on herbaceous standing crop in Great Plains grasslands[J]. Journal of Range Management, 53(3): 335–341.

Wagner W H, Beals T F, 1958. Perennial ragweed (*Ambrosia*) in Michigan, with the description of a new, intermediate taxon[J]. Rhodora, 60: 177–204.

Wodenhouse R P, 1971. Hayfever Plants[M]. 2nd ed. New York, USA: Hafner Publ. Co..

① 本文献参与网站 https://www.cabdirect.org/cabdirect/abstract/20023029883。

3. **豚草** ***Ambrosia artemisiifolia*** Linnaeus, Sp. Pl. 2: 988. 1753. —— *Ambrosia elatior* Linnaeus, Sp. Pl. 2: 987. 1753. —— *Ambrosia artemisiifolia* var. *elatior* (Linnaeus) Descourtilz, Fl. Méd. Antilles 1: 239. 1821.

【别名】 **普通豚草、艾叶破布草、美洲艾**

【特征描述】 一年生草本，高 20～150 cm。茎直立，上部有圆锥状分枝，有棱，被疏生密糙毛。下部叶对生，具短叶柄，一至二回羽状深裂，裂片狭小，长圆形至倒披针形，全缘，有明显的中脉，上面深绿色，被细短伏毛或近无毛，背面灰绿色，被密短糙毛；上部叶互生，无柄，羽状分裂。雄头状花序半球形或卵形，径 4～5 mm，具短梗，下垂，在枝端密集成总状花序。总苞宽半球形或碟形，总苞片全部结合，无肋，边缘具波状圆齿，稍被糙伏毛。花托具刚毛状托片；每个头状花序有 10～16 朵不育的管状花，花冠淡黄色，长约 2 mm，有短管部，上部钟状，有宽裂片；花药卵圆形；花柱不分裂，顶端膨大成画笔状。雌头状花序无花序梗，在雄头花序下面或在下部叶腋单生，或 2～3 个密集成团伞状，有 1 个无被可育的雌花，花柱 2 深裂，丝状。瘦果倒卵形，无毛，藏于坚硬的总苞中形成刺果，刺果倒卵形或卵状长圆形，长 4～5 mm，宽约 2 mm，顶端有围裹花柱的圆锥状喙部，在顶部以下有 4～6 个尖刺，稍被糙毛。**物候期**：花期 8—9 月，果期 9—10 月。**染色体**：$2n=36=32$ m（2SAT）+4 sm。

【原产地及分布现状】 原产美国和加拿大南部（Lorenzi et al., 1987; Kovalev, 1989），现广泛分布于非洲（CJB, 2016）、亚洲（Flora of China Editorial Committee, 2011）、澳大利亚（Council of Heads of Australasian Herbaria, 2016）和欧洲（Euro+Med, 2016）。**国内分布**：东北、华北、华东和华中等约 15 个省区（Flora of China Editorial Committee, 2011）。

【生境】 喜湿怕旱，常分布于荒地、路边、水沟旁、田块周围或农田中。

【传入与扩散】 **文献记载**：豚草一名源于日本名豕草，徐炳声《上海植物名录》（1959）

和裴鉴等《江苏南部种子植物手册》(1959)使用豚草一名。**标本信息**:原始文献记载该种产美国的弗吉尼亚和宾夕法尼亚。Hind 于 Bosser 等主编的 Fl. Mascareignes 109: 214.1993 中选定 Herb. Linn 1114.4 为后选模式标本。**传入方式**:1935 年发现于杭州,此外还经与苏联的经济交往传入东北,但是华东地区也可能由进口粮食和货物裹挟带入。**传播途径**:可随风、水流、动物、人类活动、粮油作物贸易、交通工具等多种方式近距离或远距离传播。**繁殖方式**:种子繁殖。**入侵特点**:① 繁殖性 一株发育良好的豚草产籽量可达 7 万~10 万粒(Yurukova-Grancharova et al., 2015)。豚草籽具有明显的休眠性,部分种子在土壤中埋藏 40 年仍能萌发(King, 1966)。② 传播性 通过风、水媒自然扩散,或借助农事活动,在田间传播(Moskalenko, 2001)。也见于仓储粮谷中(Ilic et al., 1995; Jehlik, 1995; Moskalenko, 2001),通过粮油作物贸易传播(Jehlik, 1995; Semenenko, 2002)。③ 适应性 该种的生态适应幅极其广泛,能在不同土壤类型、植被群落结构组成和类型的生境下大量爆发,并且对春季作物和各种半自然生境具有潜在的威胁(Fumanal et al., 2008; Genton et al., 2005)。**可能扩散的区域**:通过潜在适生区预测,发现豚草在四川盆地、新疆的部分地区、中国南方的一些省区,如贵州、广西、广东和海南潜在分布区大(陈浩 等,2007)。

【危害及防控】 已列入《中华人民共和国进境植物检疫性有害生物名录》(农业部第 862 号公告)和《中国第二批外来入侵物种名单》[环发(2003)11 号]。**危害**:危害农作物,减少作物产量、降低品质(Loux et al., 1991; Bertrand et al., 1996)。在德国,豚草入侵导致的经济损失约 320 万欧元(Reinhardt et al., 2003)。豚草迅速成为新生境优势种,与本地种竞争空间、营养、光和水分,最终导致生境改变并降低生物多样性(Beres et al., 2002)。豚草花粉是导致人类过敏性鼻炎、花粉症或皮炎的过敏原之一(Déchamp, 1999; Moller et al., 2002; Gerber et al., 2011)。**防控**:在冬小麦田种植红三叶草(*Trifolium pretense* Linnaeus)作为遮盖作物能降低豚草生物量(Mutch et al., 2003)。可在苗期采用人工除草方式,或压路机碾压方式,前者可有效降低种子和花粉产量但过于昂贵,后者可减少豚草种子生产力高达 74%(Vincent et al., 1992)。可引种豚草天敌豚草条纹叶甲 [*Zygogramma suturalis*(Fabricius)](Igrc et al., 1996)、广聚萤叶甲 [*Ophraella communa* Le Sage](Knowles et al., 1999)、豚草卷蛾 [*Epiblema strenuana*(Walker)](Wan, 1991)、丁香假单胞菌［*Pseudomonas syringae* pv. *tagetis* Hellmer］（Johnson et al., 1996）等昆虫和病菌联合防治。在苗期前后喷洒多种除草剂，如硝磺草酮（Armel et al., 2003）、二苯醚类（Nelson & Renner, 1998）、氯酯磺草胺（Askew et al., 1999）等，可达到良好的防治效果。

【凭证标本】 安徽省池州市贵池区杨村附近，海拔 54 m，30.571 9 N，117.430 7 E，2014 年 8 月 29 日，严靖、李惠茹、王樟华、闫小玲 RQHD00613（CSH）；福建省南平市光泽县十里铺，海拔 241 m，27.542 4 N，117.349 1 E，2015 年 10 月 5 日，曾宪锋、邱贺媛 ZXF17869（CZH）；广东省揭阳市惠来县县城，23.037 7 N，116.275 1 E，2014 年 11 月 20 日，曾宪锋 ZXF16055（CZH）；广西壮族自治区来宾市良江镇，海拔 89.142 15 m，23.708 8 N，109.204 1 E，2014 年 9 月 25 日，唐赛春、林春华 LB23（IBK）；黑龙江省黑河市北安区庆华路庆华社区，海拔 306 m，43.817 7 N，127.343 7 E，2015 年 7 月 30 日，齐淑艳 RQSB03868（CSH）；湖北省荆州市岳口码头，海拔 56 m，30.509 042 N，113.073 106 E，2014 年 9 月 1 日，李振宇、范晓虹、于胜祥、龚国祥、熊永红 RQHZ10601（CSH）；吉林省吉林市磐石市福安街道红土村，海拔 227 m，40.817 5 N，123.902 7 E，2014 年 7 月 12 日，齐淑艳 RQSB03168（CSH）；江苏省南京市六合区太平集，海拔 20.28 m，32.322 8 N，118.973 9 E，2015 年 6 月 29 日，严靖、闫小玲、李惠茹、王樟华 RQHD02486（CSH）；江西省赣州市章贡区火车站附近，2015 年 10 月 22 日，曾宪锋 ZXF18004（CZH）；辽宁省大连市旅顺口区柏岚子村，海拔 211 m，45.697 5 N，131.418 1 E，2015 年 8 月 6 日，齐淑艳 RQSB03628（CSH）；上海市崇明区鸽龙港附近海堤，2015 年 7 月 18 日，严靖、闫小玲、李惠茹、王樟华 RQHD02813（CSH）；浙江省衢州市常山县丁家坞，海拔 107 m，28.945 5 N，118.544 1 E，2014 年 9 月 16 日，严靖、闫小玲、王樟华、李惠茹 RQHD00821（CSH）。

【相似种】 豚草开花前的营养株往往容易与国产种大籽蒿（*Artemisia sieversiana* Willdenow）、野艾蒿（*Artemisia lavandulaefolia* Candolle）等相混淆（关广清，1985）。另外，该种与裸穗豚草（*Artemisia psilostachya* Candolle）亲缘关系近（Bassett et al., 1975；朱玉琼，2008）。

豚草（*Ambrosia artemisiifolia* Linnaeus）

1. 植株形态；2. 幼苗；3、6. 雌花序；4. 开花植株；5. 刺果；7. 花序枝上部；8. 雄花序；9. 生境

参考文献

陈浩，陈利军，Thomas P A，2007. 以豚草为例利用 GIS 和信息理论的方法预测外来入侵物种在中国的潜在分布区［J］. 科学通报，52（5）：555-561.

关广清，1985. 豚草和三裂叶豚草的形态特征和变异类型［J］. 沈阳农学院学报，16（4）：9-17.

朱玉琼，2008. 豚草属分子系统学研究［D］. 北京：首都师范大学：1-61.

祖元刚，沙伟，1999. 三裂叶豚草和普通豚草的染色体核型研究［J］. 植物研究，19（1）：48-52.

Armel G R, Wilson H P, Richardson R J, et al., 2003. Mesotrione combinations in no-till corn (*Zea mays*)[J]. Weed Technology, 17(1): 111–116.

Askew S D, Wilcut J W, Langston V B, 1999. Weed management in soybean (*Glycine max*) with preplant-incorporated herbicides and cloransulam-methyl[J]. Weed Technology, 13(2): 276–282.

Bassett I J, Crompton C W, 1975. The biology of Canadian weeds: 11. *Ambrosia artemisiifolia* L. and A. psilostachya D C[J]. Canadian Journal of Plant Science, 55(2): 463–476.

Beyers J T, Smeda R J, Johnson W G, 2002. Weed management programmes in glufosinate-resistant soyabean (Glycine max)[J]. Weed Technology, 16(2): 267–273.

CJB. African Plant Database. Conservatoire et Jardin Botaniques de la Ville de Geneve, Geneva, Switzerland, and South African National Biodiversity Institute, Pretoria, South Africa. Geneva, Switzerland: CJB/SANBI. http://www.ville-ge.ch/musinfo/bd/cjb/africa/.

Council of Heads of Australasian Herbaria. Australia's Virtual Herbarium. Australia: Council of Heads of Australasian Herbaria. [2016–12–1]http: //avh.ala.org.au.

Déchamp C, 1999. Ragweed, a biological pollutant: current and desirable legal implications in France and Europe[J]. Revue Françaised' Allergologie et d'Immunologie Clinique, 39(4): 289–294.

Euro+Med, 2016. Euro+Med PlantBase — the information resource for Euro-Mediterranean plant diversity. http: //www.emplantbase.org/home.html [2020–3–28].

Flora of China Editorial Committee, 2016. *Flora of China*. St. Louis, Missouri and Cambridge, Massachusetts, USA: Missouri Botanical Garden and Harvard University Herbaria. http://www.efloras.org/flora_page.aspx?flora_id=2[2020–3–28].

Fumanal B, Girod C, Fried G, et al., 2008. Can the large ecological amplitude of *Ambrosia artemisiifolia* explain its invasive success in France[J]. Weed Research, 48(4): 349–359.

Gerber E, Schaffner U, Gassmann A, et al., 2011. Prospects for biological control of *Ambrosia artemisiifolia* in Europe: learning from the past. *Weed Research* (Oxford), 51(6): 559–573. http://onlinelibrary.wiley.com/doi/10.1111/j.1365–3180.2011.00879.x/full.

Genton B J, Shykoff J A, Giraud T, 2005. High genetic diversity in French invasive populations of common ragweed, *Ambrosia artemisiifolia*, as a result of multiple sources of introduction[J]. Molecular Ecology, 14(14): 4275–4285.

Igrc J, Ilovai Z, 1996. Zygogramma sutularis F. (Coleoptera: Chrysomelidae), its possible application against ragweed (*Ambrosia elatior* L.) in biological control[J]. Növényvédelem, 32(10): 493–498; 23 ref.

Ilic V, Kalinovic I, 1995. Contribution to knowledge of foreign matters in stored mercantile maize seed[J]. Acta Agronomica Ovariensis, 37(2): 145–152.

Jehlík V, 1995. Occurrence of alien expansive plant species at railway junctions of the Czech Republic[J]. Ochrana Rostlin, 31(2): 149–160.

Johnson D R, Wyse D L, Jones K J, 1996. Controlling weeds with phytopathogenic bacteria[J]. Weed Technology, 10(3): 621–624.

Knowles L L, Levy A, Mc-Nellis J M, et al., 1999. Tests of inbreeding effects on host-shift potential in the phytophagous beetle Ophraella communa[J]. Evolution, 53(2): 561–567.

King L J, 1966. Weeds of the World: Biology and Control[M]. New York, USA: Interscience Publ.

Kovalev O V, 1989. Spread of adventitious plants of the tribe Ambrosia in Eurasia and methods of biological control of weeds of the genus *Ambrosia* L. (Ambrosieae, Asteraceae)[J]. Trudy Zoologicheskii, Institut Akademii Nauk SSSR, 189: 7–23.

Lorenzi H J, Jeffery LS, 1987. Weeds of the United States and their control[M]. New York, USA: Van Nostrand Reinhold Co. Ltd., 355.

Loux M M, Berry M A, 1991. Use of a grower survey for estimating weed problems[J]. Weed Technology, 5(2): 460–466.

Moller H, Spiren A, Svensson A, et al., 2002. Contact allergy to the Asteraceae plant *Ambrosia artemisiifolia* L. (ragweed) in sesquiterpene lactone-sensitive patients in southern Sweden[J]. Contact Dermatitis, 47(3): 157–160.

Moskalenko G P, 2001. Quarantine Weeds for Russia[M]. Moscow, Russia: Plant Quarantine Inspectorate.

Mutch D R, Martin T E, Kosola K R, 2003. Red clover (Trifolium pratense) suppression of common ragweed (*Ambrosia artemisiifolia*) in winter wheat (*Triticum aestivum*)[J]. Weed Technology, 17(1): 181–185.

Nelson K A, Renner K A, 1998. Weed control in wide- and narrow-row soybean (Glycine max) with imazamox, imazethapyr, and CGA–277476 plus quizalofop[J]. Weed Technology, 12(1): 137–144.

Reinhardt F, Herle M, Bastiansen F, 2003. Economic impact of the spread of alien species in Germany: 201 86 211 UBA-FB 000441e[R]. Germany: Federal Environmental Agency.

Semenenko L A, 2002. Experiences from the work of weed experts[J]. Zashchita i Karantin Rastenii, 8: 32.

Vincent G, Deslauriers S, Cloutier D, 1992. Problems and eradication of *Ambrosia artemisiifolia* L. in Quebec in the urban and suburban environments[J]. Allergie et Immunologie (Paris), 24(3): 84–89.

Wan F H, 1991. A literature review on *Epiblema strenuana* — a potential biological control agent of *Ambrosia artemisiifolia* and its feasibility of application in China[J]. Chinese Journal of Biological Control, 7(4): 177–180.

Yurukova-Grancharova P, Yankova-Tsvenkova E, Badljiev G, 2015. Reproductive characteristics of *Ambrosia artemisiifolia* and *Iva xanthiifolia* — two invasive alien species in Bulgaria[J]. Comptes Rendus de l'Academie Bulgare des Sciences, 68(7): 853–862.

40. 银胶菊属 *Parthenium* Linnaeus

一年生或多年生草本，亚灌木或直立灌木，被绒毛、绵状绒毛或无毛。叶互生、全缘，具齿或羽裂。头状花序小，有异型小花，放射状，多数排列成稠密或疏松的圆锥花序或伞房花序，外围雌花 1 层，结实，中央两性花多数，不结实，全部花冠白色或浅黄色。总苞钟状或半球形；总苞片 2 层，覆瓦状排列，外层宽，与内层等长或略短。花托小，凸起或圆锥状，有膜质楔形的托片。雌花花冠舌状，舌片短宽，顶端 2 ～ 3 齿裂；两性花花冠管状，向上渐扩大，顶端 4 ～ 5 裂。雄蕊 4 ～ 5 个，花药顶端卵状渐尖或锥尖，基部无尾。雌花花柱分枝 2；两性花花柱不分枝，顶端头状或圆球状。雌花瘦果背面扁平，腹面龙骨状，无毛或被短柔毛，其与内向左右侧 2 朵被鳞片包裹着的两性花一同着生在总苞片的基部。冠毛 2 ～ 3，刺芒状或鳞片状。

本属约有 16 种，分布于美洲北部、中部和南部以及西印度群岛。中国引入栽培 1 种，另有入侵 1 种。

银胶菊 *Parthenium hysterophorus* Linnaeus, Sp. Pl. 2: 988. 1753.

【别名】 **美洲银胶菊**

【特征描述】 一年生草本。茎直立，高 0.6～1 m，基部径约 5 mm，多分枝，具条纹，被短柔毛，节间长 2.5～5 cm。下部和中部叶二回羽状深裂，全形卵形或椭圆形，连叶柄长 10～19 cm，宽 6～11 cm，羽片 3～4 对，卵形，长 3.5～7 cm，小羽片卵状或长圆状，常具齿，顶端略钝，上面被基部为疣状的疏糙毛，下面的毛较密而柔软；上部叶无柄，羽裂，裂片线状长圆形，全缘或具齿，或有时指状 3 裂，中裂片较大，通常长于侧裂片的 3 倍。头状花序多数，直径 3～4 mm，在茎枝顶端排成开展的伞房花序，花序梗长 3～8 mm，被粗毛。总苞宽钟形或近半球形，直径约 5 mm，长约 3 mm，总苞片 2 层，各 5 个，外层较硬，卵形，长约 2.2 mm，顶端叶质，背面被短柔毛，内层较薄，几近圆形，长宽近相等，先端钝，下凹，边缘近膜质，透明，上部被短柔毛。舌状花 1 层，5 朵，白色，长约 1.3 mm，舌片卵形或卵圆形，先端 2 裂。管状花多数，长约 2 mm，檐部 4 浅裂，裂片短尖或短渐尖，具乳头状突起、雄蕊 4 个。雌花瘦果倒卵形，基部渐尖，干时黑色，长约 2.5 mm，被疏腺点。冠毛 2，鳞片状，长圆形，长约 0.5 mm，顶端截平或有时具细齿。**物候期：**花期 4—10 月。**染色体：**$2n$=34。

【原产地及分布现状】 原产美洲热带地区，归化于热带地区。**国内分布：**澳门、福建、重庆、广东、广西、贵州、海南、湖南、江西、四川、山东、台湾、香港、云南。

【生境】 生于旷地、路旁、河边及坡地上，以及果园和可耕地，海拔 1 500 m 以下。

【传入与扩散】 **文献记载：**银胶菊一名出自《种子植物名称》(1954)。**标本信息：**Stuessy, T. F. 在 Ann. Missouri Bot. Gard. 62(4): 1094. 1975 上指定 Herb. Linn. - 1115.1. Jamaica (LINN) 为后选模式。1926 年在云南采到标本。**传入方式：**在南亚和东南亚归化后蔓延入境。**传播途径：**通过自身子实的漂移或混杂在谷物、草种及随交通工具传播。**繁殖方式：**种子繁殖。

【危害及防控】 **危害：**为危害较大的杂草，对其他植物有化感作用，侵入农田会引起作物减产，还可引起人和家畜（牛）的过敏性皮炎。**防控：**可用百草枯及2甲4氯、百草敌等双子叶茎叶处理除草剂进行化学防除。臭虫、甲虫取食银胶菊的根部，引起其枯萎，是有效防治银胶菊的生物防治方法。

【凭证标本】 福建省漳州市东山县东山岛，海拔20 m，24.432 6 N，118.103 3 E，2014年9月24日，曾宪锋 ZXF15462（CZH）；广西壮族自治区桂林市雁山区雁山镇，海拔154.3 m，25.062 1 N，110.303 7 E，2014年7月10日，韦春强 GL33（IBK）；澳门氹仔飞机场北安圆形地，海拔32 m，22.163 1 N，113.572 6 E，2015年5月21日，王发国 RQHN02768（CSH）；贵州省黔西南布依族苗族自治州兴义市万峰湖附近，海拔807 m，24.866 1 N，105.022 5 E，2014年7月29日，马海英、秦磊、敖鸿舜 28（CSH）；云南省红河州金平县勐拉乡老乌寨驮马，海拔1 955 m，25.141 3 N，102.738 3 E，2015年7月7日，陈文红、陈润征等 RQXN00131（CSH）。

【相似种】 灰白银胶菊（*Parthenium argentatum* A. Gray），原产美洲中部和北部，在我国南部栽培，但未见逃逸的野生种群。

银胶菊（*Parthenium hysterophorus* Linnaeus）

1. 叶羽状深裂；2. 生境；3. 头状花序；4. 果序；5. 头状花序背面，示总苞；6. 植株形态

参考文献

唐赛春，吕仕洪，何成新，等，2008. 外来入侵植物银胶菊在广西的分布与危害［J］. 广西植物，28（2）：197-200.

王康满，侯元同，2004. 山东归化植物一新记录属——银胶菊属［J］. 曲阜师范大学学报（自然科学版），30（1）：83-84.

Chen Y S, D J Nicholas H, 2011. Heliantheae[M]//Wu Z Y, Raven P H, Hong D Y. Flora of China: vol. 20–21. Beijing: Science Press & St. Louis: Missouri Botanical Garden Press: 852–878.

Evans H C, 1997. *Parthenium hysterophorus*. a review of its weed status and the possibilities for biological control[J]. Biocontrol News and Information, 18: 89–98.

Kohli R K, Batish D R, Singh H P, et al., 2006. Status, invasiveness and environmental threats of three tropical American invasive weeds (*Parthenium hysterophorus* L., *Ageratum conyzoides* L., *Lantana camara* L.) in India[J]. Biological Invasions, 8(7): 1501–1510.

41. 假苍耳属 *Cyclachaena* Fresenius

一年生草本。茎直立，分枝。叶茎生、大多对生（有时候茎上部叶互生），具叶柄；叶片多少三角状，卵形至近圆形通常 3～5 浅裂，边缘具齿。小头状花序黄绿色，盘状，组成圆锥花序。总苞陀螺状到半球形，总苞宿存，10～12 枚，排成 2 层，不等长，外层 5 枚，椭圆形，草质，内层倒卵形，干膜质至膜质；花托凸起成圆锥形，托片片状至线形，多少膜质，有时无。雌性小花 5 朵，花冠白色，管状。功能雄性小花 5～10 朵（～20 朵或更多），花冠绿白色，漏斗状，裂片 5，直立，花丝合生，花药近分离。瘦果长圆状倒卵球形，无冠毛。

本属仅 1 种，原产北美洲，在欧洲和亚洲等地归化，中国也有归化。

假苍耳 ***Cyclachaena xanthiifolia*** (Nuttall) Fresenius, Index Sem. (Frankfurt) 1836: 4. 1836. —— *Iva xanthiifolia* Nuttall, Gen. N. Amer. Pl. 2: 185. 1818.

【特征描述】一年生草本，高 0.15～3 m。茎直立，多分枝，下部有时变无毛，具纵棱。叶对生，茎上部叶有时互生，叶柄长 1～7（～12+）cm；叶片三角状、卵形、宽卵形或近圆形，长 6～12（～20+）cm，宽 5～12（～18+）cm，通常 3～5 掌状浅裂，有时不裂，具齿，先端急尖，有时短渐尖，基部浅心形、截形或圆形，密被腺点，上面常密被糙伏毛，具 3～5 条掌状脉。花序梗长 1～6（～12+）mm。总苞陀螺状至半球形，直径 3～5 mm，苞片长 2～3 mm。雌性小花的花冠长 0.1～0.5 mm。瘦果倒卵形，背腹扁，黑色至黑褐色，长约 2 mm，宽约 1 mm，表面密布颗粒状细纵纹，两侧有明显脊棱，顶端圆钝，基部具凸出的黄色果脐。**物候期：**花期 7—10 月。**染色体：**2*n*=36。

【原产地及分布现状】 原产于北美大草原，密西西比河东部和西部各州。**国内分布：**黑龙江、吉林、河北、辽宁、山东、新疆。

【生境】 生于废弃的田野、洪泛平原、溪流边，海拔 1～1 300 m。

【传入与扩散】 **文献记载：**假苍耳一名始于关广清（1983）的报道。**标本信息：**模式标本采自美国，Thomas Nuttall s.n.（holotype: BM）。1981 年在辽宁省朝阳县首次发现，1982 年在沈阳郊区再次看到。**传播途径：**果实成熟后易脱落，可随水流、风等四处扩散。

【危害及防控】 **危害：**生长过程中易排斥其他植物。群落，改变当地原有植物种类和群落类型，危害较大。入侵大豆、玉米、向日葵、甜菜等农田后，可导致农作物产量下降，造成严重的经济损失。可在花期产生大量花粉，导致花粉症病患者增多；果期植株散发明显的异味，皮肤接触后会有瘙痒感。**防控：**拔除、割除；喷洒除草剂。

【凭证标本】 吉林省延边朝鲜族自治州图们市 G13 服务区，海拔 126 m，41.976 4 N，121.574 3 E，2014 年 8 月 5 日，齐淑艳 RQSB03503（CSH）。

【相似种】 该种的营养体有些像苍耳属植物，但花序、花及果完全不同。

假苍耳 [*Cyclachaena xanthiifolia* (Nuttall) Fresenius]

1. 花序枝；2. 基部叶；3. 头状花序；4. 生境；5. 植株形态

参考文献

杜珍珠，崔瑜，阎平，等，2017. 新疆发现外来有害杂草——假苍耳［J］. 生物安全学报，26（1）：95-97.

关广清，1983. 一种新侵入我国的杂草——假苍耳［J］. 植物检疫，5：44-49.

许志东，丁国华，刘保东，等，2012. 假苍耳的地理分布及潜在适生区预测［J］. 草业学报，21（3）：75-83.

赵薇，陶波，2010. 假苍耳的化学防除［J］. 东北农业大学学报，41（6）：32-35.

Hodi L, Torma M, 2012. Germination biology of *Iva xanthiifolia* Nutt[J]. Journal of Plant Diseases and Protection, 21(3): 75–83.

42. 黄顶菊属 *Flaveria* Jussieu

一年生、多年生或亚灌木。茎直立或下垂，分枝。叶茎生、对生，具叶柄或无。叶片长圆形卵形至披针形或线形，两面无毛或具短柔毛，边缘全缘或有锯齿，或刺锯齿状。头状花序聚合成伞形，辐射状或盘状。总苞长圆形，坛状或圆柱状，直径 0.5～2 mm。总苞片宿存，2～6（～9）枚，1 层，花托小，凸起。舌状花无或 1～2 枚，雌性，可育，存在时伸出头状花序，花冠黄色或白色。管状花 1～15 枚，两性，可育，花冠黄色，花管短于花冠喉部或与花冠喉部等长，裂片 5，三角形。瘦果黑色，稍侧扁，狭倒披针形或线形长圆形，有棱，无毛。通常无冠毛，或 2～4 枚长存，透明鳞片或冠状鳞片。

本属约有 21 种，主要分布于墨西哥、美国、澳大利亚、加勒比和中南美洲。中国外来入侵 1 种。

黄顶菊 *Flaveria bidentis* (Linnaeus) Kuntze, Revis. Gen. Pl. 3(3): 148. 1898. —— *Ethulia bidentis* Linnaeus, Mant. Pl. 1: 110. 1767.

【别名】 **二齿黄菊**

【特征描述】 一年生植物。茎直立，高达 100 cm，疏生柔毛。叶柄长 3～15 mm 或无柄；

叶片披针状椭圆形，长 50～120（180）mm，宽 10～25（70）mm，上部叶基部合生，边缘有锯齿。头状花序，蝎尾状聚伞花序。副萼状苞片 1 或 2 枚，直径 1～2 mm，总苞片 3～4 枚，长圆形，长约 5 mm。舌状花无或 1 朵，舌片淡黄色，斜卵形，长约 1 mm；管状花（2 或）3～8 朵，花冠筒长约 0.8 mm，檐部漏斗状，长约 0.8 mm。瘦果倒披针形或近棒状，长 2～2.5 mm，冠毛缺。**物候期**：花期 7—11 月。**染色体**：$2n=2x=36=24\text{ m}+8\text{ sm}+4\text{ st}$。

【原产地及分布现状】原产于南美洲。**国内分布**：河北、河南、山东、天津。

【生境】生于荒地、路旁、山坡、果园、林地、农田和草地等，喜黏土、砾石或砂质土壤。

【传入与扩散】**文献记载**：黄顶菊一名始见于高贤明等（2004）的报道。**标本信息**：Anon. s.n. Herb. Linn. 977. 4（lectotype, LINN）。2001 年在天津市南开大学附近有零星几株，2003 年已在南开大学西门的路边空地以及一些建筑工地上大量涌现（高贤明 等，2004）。**传入方式**：首先在天津引种栽培。**传播途径**：引种栽培后逃逸扩散。果实通过人为和交通工具携带传播扩散。**繁殖方式**：种子繁殖。

【危害及防控】**危害**：黄顶菊入侵后会给当地农业、林业、畜牧业及生态环境带来极大的危害；入侵作物田和果园导致农作物和果树减产；所到之处排斥其他草本植物，形成单优群落，减少生物多样性；极大地消耗土壤养分，对土壤的可耕性破坏严重，影响其他植物的生长。**防控**：切断种子源，可在其种子成熟之前将路边、坡地、果园等处的植株铲除掉。在非耕地使用百草枯或草甘膦等灭生性除草剂防除，也可以在农田使用选择性除草剂和莠去津、2 甲 4 氯、乙羧氟草醚。检验检疫部门应加强对分布区货物、运输工具等携带黄顶菊子实的监控。用不同牧草对黄顶菊进行田间替代调控，可抑制黄顶菊生长。

【凭证标本】河南省安阳市林州市高速收费口，海拔 269 m，36.103 6 N，114.366 4 E，2016 年 10 月 25 日，刘全儒、何毅等 RQSB09614（BNU）。

黄顶菊 [*Flaveria bidentis* (Linnaeus) Kuntze]

1. 叶；2. 生境；3. 蝎尾状聚伞花序侧面；4. 花序枝；5. 头状花序排列成蝎尾状聚伞花序；
6. 管状花剖面；7. 叶对生；8. 植株形态；9. 头状花序正面特写

参考文献

高贤明，唐廷贵，梁宇，等，2004. 外来植物黄顶菊的入侵警报及防控对策［J］. 生物多样性，12（2）：274-279.

皇甫超河，张天瑞，刘红梅，等，2010. 三种牧草植物对黄顶菊田间替代控制［J］. 生态学杂志，29（8）：1511-1518.

任艳萍，江莎，古松，等，2008. 外来植物黄顶菊（*Flaveria bidentis*）的研究进展［J］. 热带亚热带植物学报，（4）：390-396.

时丽冉，高汝勇，芦站根，等，2006. 黄顶菊染色体数目及核型分析（简报）［J］. 草地学报（4）：387-389.

张天瑞，皇甫超河，杨殿林，等，2011. 外来植物黄顶菊的入侵机制及生态调控技术研究进展［J］. 草业学报，20（3）：268-278.

Chen Y S, D J Nicholas H, 2011. *Flaveria*[M]//Wu Z Y, Raven P H, Hong D Y. Flora of China: vol. 20–21. Beijing: Science Press & St. Louis: Missouri Botanical Garden Press: 855–856.

43. 堆心菊属 *Helenium* Linnaeus

一年或多年生草本，高 10～160 cm。茎 1（～10），直立，不分枝或远端分枝（叶基部下延常形成翅），无毛或疏生至密被毛。叶茎生，大多互生（近端处有时对生），叶柄有或无，叶片多为椭圆形、披针形、线形、倒披针形、长圆形、卵形或匙形，通常羽状分裂，终端边缘全缘或具齿，表面无毛或疏生至密生毛，具腺点。头状花序辐射状或盘状，单生或（2～300+）呈圆锥花序或伞房花序。总苞近球形、半球形、圆形或卵球形，直径 4～34 mm。叶状苞 9～34（～40）枚，（1～）2（～3）层。花托圆锥形、球形、半球形或卵球形。舌状花无或 7～34 朵，雌蕊可育或中性，花冠黄色、黄色带紫色条纹、红棕色，近端红色，远端黄色、红棕色至红色或紫色。管状花 75～1 000 枚或更多，两性，可育，花冠黄色、紫色或黄色，到近端黄绿色，远端黄褐色、棕色、红褐色或紫色，花管短于花冠喉部，裂片 4～5，三角形（花柱分枝顶端有细毛或截形）。瘦果锥状，4～5 角，无毛或疏生至密生毛；冠毛宿存，5～12 枚联合或分生。

本属约有 32 种，分布于北美洲、中美洲、南美洲。中国引进 4 种，其中芳香堆心菊［*Helenium aromaticum* (Hooker) L.H. Bailey］很少栽培，苦味堆心菊［*Helenium amarum* (Rafinesque) H. Rock］近年来栽培较多，但未发现有逸生或归化现象；堆心菊（*Helenium autumnale* Linnaeus）及其品种各地常有栽培，有时也有逸生现象；而紫心菊（*Helenium flexuosum* Rafinesque）虽少见记载，但在广西等地明显有归化现象。此外，一些文献记载中国广西和贵州等地还有归化种比格罗堆心菊（*Helenium bigelovii* A. Gray），但经检查相关凭证标本，如采自广西壮族自治区桂林市雁山区雁山镇的韦春强［GL26（IBK00375646）］，实际是紫心菊的误定，尚未见到有鉴定准确的比格罗堆心菊的归化标本，故本志不收录。

参考文献

陈秋霞，韦春强，唐塞春，等，2008. 广西桂林外来入侵植物调查［J］. 亚热带植物科学，37（3）: 55–58.

申敬民，李茂，侯娜，等，2010. 贵州外来植物研究［J］. 种子，29（6）: 52–56.

Bierner M W, 1972. Taxonomy of *Helenium* sect. *Tetrodus* and a conspectus of North American *Helenium* (Compositae)[J]. Brittonia, 24(4): 331–355.

分种检索表

1 植株直立，仅上部具短分枝；茎生叶稀疏，狭披针形，近全缘；边缘舌状花稍反折，中部管状花排列近球形，紫红色 ………………………… 1. 紫心菊 *Helenium flexuosum* Rafinesque

1 植株铺散，分枝多而疏散；茎生叶多数，狭椭圆形或披针形，具显著锯齿；边缘舌状花近平展，中部管状花排列近半球形，橙红色 …………… 2. 堆心菊 *Helenium autumnale* Linnaeus

1. **紫心菊 *Helenium flexuosum*** Rafinesque, New Fl. 4. 81. 1838. —— *Helenium nudiflorum* Nuttall, Trand. Philos. Newser. 7: 384. 1841.

【别名】 **弯曲堆心菊**

【特征描述】 多年生直立草本，高 30～100 cm。茎常单一，常在上部分枝，茎上有明显翼翅，中部无毛或被稀疏糙毛，上部被疏糙毛或稍密糙毛。叶无毛至被稍密糙毛、基生叶丛生近莲座状，叶片倒披针形，倒卵形至匙形，全缘或有锯齿；茎中部叶片倒披针形至披针形，全缘或具齿；上部叶片披针形至披针状线形，全缘。头状花序少数至多数，排成圆锥状。花序梗长 3～10 cm，被疏糙毛或稍密糙毛。边缘舌状花常 8～13 朵，有时无，中性，黄色、微红褐色、红色至紫色，长 10～20 mm，宽 5～10 mm；中央管状花 250～700 朵，下部黄色而上部紫色，有时全部为紫色，小花花冠长 2.3～3.7 mm，裂片 4～5。瘦果长 1～1.2 mm，被糙毛；冠毛 5～6 个，具芒鳞片状，全缘，长 0.6～1.7 mm。**物候期**：花期 4—10 月。**染色体**：$2n$=28。

【原产地及分布现状】 原产美国。**国内分布**：广西、江西。

【生境】 生于路旁、田野、草地。

【传入与扩散】 **文献记载**：紫心菊于 1936 年引种到庐山植物园（陈封怀，1958）。**标本信息**：美国，Featherman Americus, s.n.（holotype, LSU00048498）。国内较早的标本是赵保惠 1951 年采自庐山植物园的花期标本（PE）。**传入方式**：作为观赏植物引进，后逸生成杂草。**传播途径**：人工引种及子实随交通工具等传播。**繁殖方式**：种子繁殖。

【危害及防控】 **危害**：观赏植物，逸生为杂草。**防控**：对逸生杂草在结果前清除。

【凭证标本】 江西省庐山植物园，1951 年 8 月 6 日，赵保惠 00136（PE）；庐山含鄱口至五佬峰路旁，1955 年 7 月 17 日，李丙贵 140（PE）。

紫心菊（*Helenium flexuosum* Rafinesque）

1. 花序枝；2. 头状花序；3. 枝叶；4. 基生叶；5. 生境

参考文献

Bierner M W, 1972. Taxonomy of *Helenium* sect. *Tetrodus* and a conspectus of North American *Helenium* (Compositae)[J]. Brittonia, 24(4): 331–355.

2. 堆心菊 *Helenium autumnale* Linnaeus, Sp. Pl. 2: 886. 1753.

【别名】 **喷嚏菊、秘丝菊**

【特征描述】 多年生草本，茎基部稍弯曲，高 20～100 cm。茎有纵棱，具有稀疏长柔毛。基生叶丛生，有叶柄，叶片线状披针形，长 6～10 cm，宽 0.5～1.5 cm，花后凋落；茎叶线状披针形，无柄，互生，长 5～12 cm，宽 1～2 cm，全缘或有疏粗齿，叶基沿茎下延成翼状，翼的边缘全缘或波状，叶顶端锐尖或钝，两面近光滑或疏具柔毛，背面散生暗褐色斑点，仅主脉显著或有时有离基三出脉。头状花序直径 1～1.5 cm，有长柄，单生于枝顶或再排列成伞房花序；花序托圆锥状，有小凸点。总苞片 2～3 层，外面 2 层总苞片几等长，披针形，绿色，开花后向下反卷；内层总苞片长不及外层的 1/2；缘花舌状，10 朵，雌花，花冠倒宽卵形，顶端 3 齿裂，黄色；管状花管状，极多，两性，花冠 5 齿裂，绿色，顶端棕褐色，雌蕊开花后伸出花冠，柱头 2 裂。瘦果长圆形，有粗毛；冠毛 8，鳞片状，顶端长尖，白色。**物候期**：花期 7—8 月。**染色体**：$2n$=32，34，36。

【原产地及分布现状】 原产于北美洲。**国内分布**：安徽、福建、广东、广西、贵州、河北、湖北、湖南、江苏、江西、上海、台湾、浙江。

【生境】 生于路旁、田野，或沿着溪流、沟渠、渗流区生长。

【传入与扩散】 **文献记载**：陈封怀《庐山植物园栽培植物手册》（1958）记载。**标本信息**：模式标本采自北美，Fernanld 在 Rhodora 45: 486. 1943. 上指定（Linn-1005.1）为后选模式。1946 年在江西采到标本。**传入方式**：作为观赏植物引进，华南和华东等沿海地区有种植，逸生成杂草。**传播途径**：人工引种及子实随交通工具等传播。**繁殖方式**：种子繁殖。

【危害及防控】 **危害**：逸生为杂草。**防控**：对逸生杂草在结果前清除。

【凭证标本】 陕西省渭南市华县华洲公园，海拔 390 m，34.500 6 N，109.764 6 E，2015 年 9 月 30 日，张勇 RQSB01637（CSH）。

堆心菊（*Helenium autumnale* Linnaeus）

1. 花序枝；2. 头状花序顶生；3. 带有红心的头状花序，示花冠

参考文献

徐海根，强胜，2011. 中国外来入侵生物［M］. 北京：科学出版社：308-309.

44. 点叶菊属 *Porophyllum* Guettard

一年生或多年生直立草本，灌木或亚灌木，具强烈气味。叶为单叶，对生或互生，无柄或具柄，叶片圆形、椭圆形至线形；边缘全缘至具圆齿，具透明腺体。头状花序单生或排列成疏松伞房花序；总苞圆柱状、钟状或陀螺状；叶状总苞片 5～10 枚，自基部分生，排成 1 层，具腺体，长圆形至线形。无边缘舌状花；中央管状花两性，结实，10～100 朵，花冠 5 裂。瘦果纺锤形至圆柱形；冠毛离生，刚毛状，宿存。

全世界有约 25 种，分布于美国、墨西哥、西印度群岛、中美洲和南美洲。中国最近发现归化 1 种。

点 叶 菊 ***Porophyllum ruderale*** (Jacquin) Cassini, Dict. Sci. Nat. ED. 2, 43: 56. 1826. —— *Kleinia ruderalis* Jacquin, Enum. Syst. Pl. 28, 8. 1760.

【别名】 **葩葩洛**

【特征描述】 一年生草本或亚灌木，高 0.7～1.3 m，白色乳汁存在或缺失。叶互生或对生，长 1.5～5.5 cm，宽 0.5～3 cm，叶片卵形、椭圆形或倒卵形，先端圆形或急尖，具小尖头，基部渐狭、楔形或阔楔形，边缘具圆齿或全缘，叶柄长 0.5～3.5 cm。头状花序单生或排成疏松伞房花序，长 1.5～2.5 cm，花序梗长 2～5 mm，顶端膨大。叶状总苞片 5 枚，带紫色晕，长 1.5～2.5 cm。中央管状花两性，25～30 朵或更多，花冠管部钟状，黄色或微绿色至微紫色，5 裂，裂片卵形至三角形；雄蕊 5 枚，花药先端附属物急尖；柱头分枝 2，弯曲。瘦果长 7～10 mm，具小刚毛；冠毛长 6～9 mm。**物候期**：花期 4—9 月。**染色体**：$2n$=24。

【原产地及分布现状】原产于热带美洲（美国、墨西哥、西印度群岛、中美洲和南美洲）。**国内分布：**中国见于广东（广州、深圳）和福建（诏安）等地，已经归化并建立居群，居群中成熟个体和幼苗数量均十分庞大。

【生境】生于路边荒地、疏林下或荒山坡。

【传入与扩散】**文献记载：**点叶菊一名见于吴保欢等（2018）的报道。**标本信息：**模式为根据美洲加勒比海岛屿植物所作的图，后选模式为 N. Jacquin, Selec. Stirp. Amer. Hist. 127.1763，由 D. J. Keil 于 Ann. Missouri Bot. Gard. 62(4): 1234. 1976 选定。2015 年在广东省深圳宝安区野外采到标本。**传入方式：**无意引入。**传播途径：**种子随风或动物传播。**繁殖方式：**种子繁殖。

【危害及防控】**危害：**杂草，入侵草地、荒地和山坡，影响本土生物多样性和森林恢复。**防控：**加强控制和监管，如有必要进行人工拔除。

【凭证标本】广东省深圳宝安区铁岗水库，海拔 40～50 m，2015 年 5 月 6 日，赵万义，W.S. Yang, J. Sun SZ－1－1746(SYS)，2017 年 7 月 27 日，吴保欢 PP2017451 至 PP2017480（CANT）。

点叶菊［*Porophyllum ruderale* (Jacquin) Cassini］

1. 生境；2. 头状花序侧面，示带有紫色晕的总苞；3. 果序开裂；4. 植株形态

参考文献

吴保欢，赵万义，石文婷，等，2018. 点叶菊属，中国菊科一新归化属［J］. 热带亚热带植物学报，26（3）：299-301.

45. 万寿菊属 *Tagetes* Linnaeus

一年生草本。茎直立，有分枝，无毛。叶通常对生，少有互生，羽状分裂，具油腺点。头状花序通常单生，少有排列成花序，圆柱形或杯形，总苞片1层，几全部联合成管状或杯状，有半透明的油点；花托平，无毛；舌状花1层，雌性，金黄色、橙黄色或褐色；管状花两性，金黄色、橙黄色或褐色，全部结实。瘦果线形或线状长圆形，基部缩小，具棱；冠毛具3～10枚不等长的鳞片或刚毛，其中一部分联合，另一部分多少离生。

全世界有40种以上，产美洲中部及南部，尤其是墨西哥，其中有许多种被作为观赏植物栽培。中国共引入6种，其中香万寿菊（*Tagetes lucida* Cavanilles）和矮万寿菊（*T. lunulata* Ortega）很少见栽培；芳香万寿菊（*Tagetes lemmonii* A. Gray）近年来栽培正逐渐增多，目前福建、上海、浙江等地均发现有栽培，该种生长极为旺盛，需加强警惕。万寿菊（*Tagetes erecta* Linnaeus）各地普遍栽培，有时被作为提取食用色素的原材料而大面积栽培，该种常有归化逸生，尤其是具小花的类型［过去称孔雀草（*Tagetes patula* Linnaeus）］，而印加孔雀草（*Tagetes minuta* Linnaeus）则属于入侵性较强的外来种。

分种检索表

1 复花序具单一顶生的头状花序；舌状花舌片黄色至橙色或红褐色，稀白色；管状花10～120朵 ······························· 1. 万寿菊 *Tagetes erecta* Linnaeus

1 复花序具多数排成密集伞房状花序的头状花序；舌状花舌片淡黄色至奶油色；管状花4～7朵 ······························· 2. 印加孔雀草 *Tagetes minuta* Linnaeus

1. **万寿菊** ***Tagetes erecta*** Linnaeus, Sp. Pl. 2: 887. 1753. —— *Tagetes patula* Linnaeus, Sp. Pl. 2: 887. 1753.

【别名】 **臭芙蓉、臭菊花**

【特征描述】 一年生草本，高 50～150 cm。茎直立，粗壮，具纵细条棱，分枝向上平展。叶羽状分裂，长 5～10 cm，宽 4～8 cm，裂片长椭圆形或披针形，边缘具锐锯齿，上部叶裂片的齿端有长细芒、沿叶缘有少数腺体。头状花序单生，直径 5～8 cm，花序梗顶端棍棒状膨大；总苞长 1.8～2 cm，宽 1～1.5 cm，杯状，顶端具齿尖；舌状花黄色或暗橙色，长 2.9 cm，舌片倒卵形，长约 1.4 cm，宽约 1.2 cm，基部收缩成长爪，顶端微弯缺；管状花花冠黄色，长约 9 mm，顶端具 5 齿裂。瘦果线形，基部缩小，黑色或褐色，长 8～11 mm，被短微毛；冠毛有 1～2 长芒和 2～3 短而钝的鳞片。**物候期**：花期 7—9 月。**染色体**：$2n$=24，48。

【原产地及分布现状】 原产于墨西哥。**国内分布**：安徽、澳门、重庆、广东、广西、贵州、海南、河北、河南、湖北、湖南、江苏、辽宁、陕西、山东、山西、上海、四川、天津、香港、西藏、云南、浙江。

【生境】 生于路旁、花坛。

【传入与扩散】 **文献记载**：清代著作《秘传花镜》（1688）记载。**标本信息**：R.A. Howard 在 Fl. Lesser Antilles 6: 601. 1989. 上指定 Herb. Linn. - 1009.3.（LINN）为后选模式。**传入方式**：有意引进，作观赏花卉栽培，后逸生。**传播途径**：人工引种。**繁殖方式**：种子繁殖、扦插和组培。

【危害及防控】 **危害**：杂草，入侵山坡草地，影响生物多样性和森林恢复。**防控**：不宜在道路两旁、山坡绿化中栽培，特别是长江流域及其以南地区要加以控制和监管。

【凭证标本】 安徽省合肥市巢湖市柘皋镇坝院村，海拔 39 m，31.724 6 N，117.723 6 E，2014 年 7 月 21 日，严靖、李惠茹、王樟华、闫小玲 RQHD00281（CSH）；辽宁省沈阳市沈阳大学校园，海拔 162 m，41.858 4 N，123.473 8 E，2014 年 7 月 16 日，齐淑艳 RQSB03213（CSH）；新疆维吾尔自治区巴音郭楞蒙古自治州库尔勒市龙山公园，海拔 999 m，41.767 3 N，86.184 9 E，2015 年 8 月 22 日，张勇 RQSB01919（CSH）；云南省昆明市石林圭山，海拔 20 000 m，24.630 0 N，103.581 6 E，2016 年 12 月 18 日，税玉民 RQXN00826（CSH）；浙江省杭州市建德市 S210 省道（浦江建德交界处隧道出口），海拔 363 m，29.563 8 N，119.744 5 E，2014 年 9 月 21 日，严靖、闫小玲、王樟华、李惠茹 RQHD00903（CSH）。

万寿菊（*Tagetes erecta* Linnaeus）

1. 生境；2. 上部叶；3. 头状花序正面；4. 花序枝；5. 植株形态；6. 头状花序单生；7. 头状花序侧面

参考文献

Chen Y S, D J Nicholas H, 2011. *Tagetes*[M]//Wu Z Y, Raven P H, Hong D Y. Flora of China: vol. 20–21. Beijing: Science Press & St. Louis: Missouri Botanical Garden Press: 854.

2. 印加孔雀草 *Tagetes minuta* Linnaeus, Sp. Pl. 2: 887. 1753.

【别名】 **小花万寿菊、细花万寿菊**

【特征描述】 一年生草本，株高 10～250 cm，有芳香。茎有纵肋，老时基部近木质化。无毛，有腺体，具分枝。叶对生，上部叶有时互生，呈深绿色，羽状全裂，椭圆形，长 3～30 cm，宽 0.7～8 cm，叶轴具狭翅，有（3～）9～17 枚小叶，小叶线状披针形，长 1～11 cm，宽 0.7～8（～10）mm。头状花序单生或排成顶生伞房花序；头状花序狭圆柱状；总苞片 3 或 4 片，长 7～14 mm，宽 2～3 mm，合生成管状，黄绿色，无毛，并有棕色或橙色的腺点。舌状花 2～3 朵，淡黄色到乳白色，长 2～3.5 mm；管状花 4～7 朵，黄色至深黄色，长 4～5 mm。瘦果黑褐色，线状长圆形，长（4.5～）6～7 mm，具短毛，冠毛 1～2 枚刚毛状长达 3 mm，其余 3～4 个短而钝，长约 1 mm。**物候期**：花果期 7—10 月。**染色体**：$2n$=48。

【原产地及分布现状】 原产于热带美洲。广泛分布于美洲中部和南部，归化于非洲（南非、津巴布韦、肯尼亚）、日本和大洋洲。**国内分布**：北京、江西、江苏、山东、台湾、西藏（米林，郎县）。

【生境】 生于公路边、路基坡、河渠边、干涸河床和荒地。

【传入与扩散】 **文献记载**：印加孔雀草一名始见于王秋美和陈志雄的报道（Wang & Chen, 2006）。**标本信息**：后选模式为 Dillenius 于 Hort. Eltham. 2: 374, t. 280, f. 362. 1732 的图，由 Delgado Montano 于 Jarvis 和 Turland 于 Taxon 47: 368. 1998 选定。1990 年 10

月在中国科学院植物园草坪上采到标本。**传入方式：**进境草种、花卉种子携带可能是印加孔雀草传入的最主要途径。我国每年进境的草种、花卉种子很多，其中包括万寿菊属花卉的种子，也不排除可能在进口粮谷、饲料中携带入境。**繁殖方式：**种子繁殖。**入侵特点：**① 繁殖性　该种头状花序多，结果量大。② 传播性　瘦果细小而具冠毛，使得该种极易传播繁衍。③ 适应性　该种有万寿菊属特有的挥发油气味（而且比栽培种浓烈），使其对病虫害有天然的抵抗能力，对其他植物也会产生化感作用，食草动物也不喜食其植株（张劲林 等，2014）。

【危害及防控】 **危害：**印加孔雀草对非原生地的自然生态的影响：由于印加孔雀草的特点，在其入侵形成群落的地带，本土植物（甚至抗逆性很强的稗属、蓼属、藜属）均被排挤，几乎造成仅存单一物种的后果。印加孔雀草对农作物的影响：印加孔雀草对农作物的影响来自两方面，一是与作物争夺生存空间、阳光、水分、养分，二是其化感作用对作物生长的抑制。**防控：**由于印加孔雀草为一年生草本，较易清除。在印加孔雀草的各个生长阶段，均可手工拔除或使用机械割除，但对已结实的印加孔雀草（北京9月以后），清除后的植株最好进行燃烧处理，以杀灭其瘦果活性。对生长在禾本科作物农田的印加孔雀草杂草，也可使用仅对双子叶植物起作用的除草剂进行清除。国家也应加强对来自其他国家或地区的粮谷、饲草、种子中印加孔雀草的检疫。

【凭证标本】 北京市昌平区兴寿，2010年10月1日，张劲林 10100105（CSH）；江苏省连云港市赣榆区竹园村，2015年8月19日，严靖、闫小玲、李惠茹、王樟华 RQHD02868（CSH）；山东省日照市日照港，海拔3～5 m，2012年10月12日，李振宇、范晓虹、于胜祥、邵秀玲 12574（PE）。

印加孔雀草
（*Tagetes minuta* Linnaeus）

1. 头状花序；
2. 群体；
3. 花序枝；
4. 植株形态；
5. 叶对生，羽状全裂；
6. 生境

参考文献

许敏，2015. 青藏高原一新归化种［J］. 广西植物，35（4）：554-555.

张劲林，吕玉峰，边勇，等，2014. 中国境内（内地）一种新的入侵植物——印加孔雀草［J］. 植物检疫，28（2）：65-67.

Chen Y S, D J Nicholas H, 2011. *Tagetes*[M]//Wu Z Y, Raven P H, Hong D Y. Flora of China: vol. 20–21. Beijing: Science Press & St. Louis: Missouri Botanical Garden Press: 854.

Wang C M, Chen C H, 2006. *Tagetes minuta L.* (Asteraceae), a newly naturalized plant in Taiwan[J]. Taiwania (1): 32–35.

46. 香檬菊属 *Pectis* Linnaeus

一年生或多年生草本，高 1～120 cm，枝叶常具柠檬香味或香料气味。茎匍匐或直立，单一或多分枝。叶茎生，对生，通常无柄，叶片大都线形、椭圆形、倒披针形、长圆形或倒卵形，边缘通常具刚毛状纤毛（大都在基部），两面无毛或被毛（上面或边缘具油腺点）。头状花序辐射状，单生或簇生成开展的聚伞状花序（花序梗常具苞片）；无叶状总苞片；总苞钟状，圆柱状、椭圆状或纺锤形，直径 2～8 mm。叶状总苞片 3～15 枚，排成 1 层（通常显著，单独脱落，每个连同一个边缘瘦果，有时基部合生，连同所有瘦果整体脱落；单个凸面体具硬化龙骨状突起，边缘具狭或宽的透明膜质边，顶部通常具短缘毛，边缘和两面上带有油腺体）。花托扁平至半球形，光滑或有麻点，无毛。边缘舌状花 3～15（～21）朵，雌性，可育（生于叶状总苞片基部），花冠黄色，背面通常红色（通常干燥后白色到微紫色、舌片椭圆形，全缘或 2～3 裂，无毛或下部被微腺柔毛）。中央管状花（1～）3～55（～100）朵，通常两性，花冠黄色（有时干燥后白色至微紫色），管部短于狭窄的漏斗状喉部，裂片 4～5 个，三角形到披针状卵形（裂片近等大，花冠辐射对称，非二唇形，或裂片不等大，3～4 个形成一个正面唇，与一个 1 裂的唇对生，以及花冠左右对称，二唇形，所有裂片无毛或上部被微腺柔毛。花药基部圆形或近心形，顶端附属物圆形或微缺。柱头包藏于伸出很长的分支乳头状节中。瘦果微黑色或深棕色，圆筒状到狭棍棒状，具棱或角，被微柔毛至柔毛；冠毛宿存，通常为芒状、刚毛状或鳞片状，有时冠状。**染色体**：2*n*=24。

本属约有 90 种，主要分布于北美洲的墨西哥、西印度群岛以及中美洲、南美洲和太平洋岛屿（加拉帕戈斯群岛、夏威夷群岛）。中国近年入侵 1 种，见于台湾。

伏生香檬菊 *Pectis prostrata* Cavanilles, Icon. 4: 12, pl. 324. 1797.

【特征描述】 一年生草本，分枝，匍匐或斜生，长 1～30 cm，被微柔毛，排成 2 列。叶线形至狭倒披针形，长 10～30 mm，宽 1.5～7 mm，边缘下部具流苏状缘毛和刚毛、上面光滑，下面密被纤毛，具圆形油腺点，油腺点直径 0.1～0.3 mm，刚毛 4～8 对，长 1～3 mm。头状花序单生或 2～3 个簇生，排成具叶的聚伞花序；花序梗长 1～2 mm，苞片 4 枚，狭卵形，先端渐尖，边缘具缘毛，长 2.5～4 mm；总苞钟状、圆柱状、椭圆状或倒卵状；总苞片 5～6 枚，排成 1 层，长圆形至倒卵形，革质，无毛，具 1 脊，长 5～7 mm，宽 1～3 mm，先端截形或凹缺，上部收缩。边缘舌状花 5；雌花，鳞片状冠毛 2，花冠微黄色，长 3.5～4 mm，先端凹缺，中央管状花 10～18 朵，两性，冠毛 5，花冠微黄色，长约 3 mm，4 裂。花药先端渐尖成一个锐尖头，基部钝，长约 0.7 mm，雌蕊 1 枚，花柱密被针刺，花柱分枝长约 0.5 mm。瘦果倒披针形，成熟时微黑色，表面具瘤突，长约 3.5 mm，具 2 脊，边缘被 2～4 列硬毛，上部被柔毛，毛长达 0.75 mm；冠毛披针形，膜质，边缘具疏锯齿，长 1.5～2.5 mm。**物候期**：花期 7—11 月。**染色体**：$2n$=24。

【原产地及分布现状】 原产热带美洲（西印度群岛、中美洲等）；在东南亚地区归化较为普遍。**国内分布**：中国仅见于台湾南部，已经归化并建立生长良好的居群。

【生境】 生于河边草地或河岸。

【传入与扩散】 **文献记载**：伏生香檬菊一名始见于钟明哲等人的报道（Jung et al., 2011）。**标本信息**：西班牙，栽培植株，从墨西哥采种，1795 年，L. Née, s.n.（type, MA476086）。2007 年 7 月 16 日在台湾高雄市采到标本。**传入方式**：有意引入。**传播途径**：种子随风、水流或动物传播。**繁殖方式**：种子繁殖。

【危害及防控】 危害：杂草，入侵河边草地或河岸，影响本土生物多样性和森林恢复。防控：加强控制和监管，如有必要进行人工拔除。

【凭证标本】 台湾高雄市，林园乡林园河岸公园，2007年7月16日，高瑞卿无号（TAIF）；高屏溪边，2010年10月8日，谢春万无号（TNU）；同地，2010年10月8日，钟明哲 5121（TNU）。

伏生香檬菊
（*Pectis prostrata* Cavanilles）
1. 生境；2. 植株形态

参考文献

Jung M J, Hsien C W, Kao Y C, et al., 2011. *Pectis* L. (Asteraceae), a newly recorded genus to the Flora of Taiwan[J]. Taiwania, 56(2): 173–176.

47. 天人菊属 *Gaillardia* Fougeroux

一年生或多年生草本，茎直立。叶互生，或叶全部基生。头状花序大，边花辐射状，中性或雌性，结实，中央有多数结实的两性花，或头状花序仅有同型的两性花。总苞宽大，总苞片 2～3 层，覆瓦状，基部革质。花托突起或半球形，托片长刚毛状。边花舌状，顶端 3 浅裂或 3 齿，少有全缘；中央管状花两性，顶端浅 5 裂，裂片顶端被节状毛。花药基部短耳形，两性花花柱分枝顶端画笔状，附片有丝状毛。瘦果长椭圆形或倒塔形，有 5 棱；冠毛 6～10 枚，鳞片状，有长芒。

本属约有 20 种，原产南北美洲热带地区。中国引入栽培 4 种 1 杂交种，其中 1 种归化。

参考文献

张宗绪，1920. 植物名汇拾遗［M］. 上海：商务印书馆 .
Chen Y S, D J Nicholas H, 2011. *Gaillardia*[M]//Wu Z Y, Raven P H, Hong D Y. Flora of China: vol. 20–21. Beijing: Science Press & St. Louis: Missouri Botanical Garden Press: 878.
Hsia W Y, 1931. A list of cultivated and wild plant from the Botanical Garden of the National Museum of Natural History[J]. Contributions from the Laboratory of Botany National Academy of Peiping, 1: 39–69.

天人菊 *Gaillardia pulchella* Fougeroux, Hist. Acad. Roy. Sci. Mém. Math. Phys. (Paris, 4to). 1786: 5. 1788. —— *Gaillardia pulchella* form. *flaviflora* S.S. Ying, Coloured Ill. Fl. Taiwan 5: 601, photo 1284. 1995.

【特征描述】 一年生草本，高 20～60 cm。茎中部以上多分枝，分枝斜升，被短柔毛或锈色毛。下部叶匙形或倒披针形，长 5～10 cm，宽 1～2 cm，边缘波状钝齿，浅裂至琴状分裂，先端急尖，近无柄；上部叶长椭圆形，倒披针形或匙形，长 3～9 cm，全缘或上部有疏锯齿或中部以上 3 浅裂，基部无柄或心形半抱茎，叶两面被伏毛。头状花序径 5 cm。总苞片披针形，长约 1.5 cm，边缘有长缘毛，背面有腺点，基部密被长柔毛。舌状花黄色，基部带紫色，舌片宽楔形，长约 1 cm，顶端 2～3 裂；管状花裂片三角形，顶端渐尖成芒状，被节毛。瘦果长约 2 mm，基部被长柔毛；冠毛长 5 mm。**物候期**：花果期 6—8 月。**染色体**：2*n*=34。

【原产地及分布现状】 原产于北美洲。**国内分布**：安徽、澳门、福建、河南、江苏、四川、台湾、浙江。

【生境】 生于路旁、荒地。

【传入与扩散】 **文献记载**：天人菊源于日本名，夏纬瑛采用天人菊作中文名（Hsia, 1931）。张宗绪《植物名汇拾遗》（1920）记载吴兴俗称“金钱菊”。**标本信息**：B.L. Turner & T.J. Watson. 于 Phytologia Mem. 13: 17. 2007 上指定（P-JU 9464）为后选模式。**传入方式**：有意引进，作为观赏植物引种栽培。**繁殖方式**：种子繁殖。

【危害及防控】 **危害**：对其他植物有一定的化感作用。**防控**：将逸生植株在结果前清除。

【凭证标本】 福建省福州市平潭县环岛东路，海拔 4 m，25.533 9 N，119.806 6 E，2015 年 9 月 27 日，曾宪锋 RQHN07463（CSH）；新疆维吾尔自治区巴音郭楞蒙古自治州库尔勒市龙山公园，海拔 1 016 m，41.766 2 N，86.186 8 E，2015 年 8 月 22 日，张勇 RQSB01915（CSH）。

【相似种】 杂交种大花天人菊（*Gaillardia* × *grandiflora* Hort. ex Van Houtte）各地普遍栽培，偶有逸生。该杂交种为多年生草本，但种子播种后当年可开花结果，故常被误定为天人菊（*Gaillardia pulchella* Fougeroux）或宿根天人菊（*Gaillardia aristata* Pursh）。

天人菊（*Gaillardia pulchella* Fougeroux）

1. 生境；2. 群体；3. 果序；4. 头状花序

48. 羽芒菊属 *Tridax* Linnaeus

多年生草本，有毛或无毛。叶对生，有缺刻状齿或羽状分裂。头状花序较少，异型，放射状，单生于茎、枝顶端，具长柄，外围雌花1层，淡黄色，中央的两性花黄色或绿色，全部小花结实。总苞卵形、钟形或近半球状，总苞片数层，覆瓦状排列，外层短宽，叶质，内层窄狭，较长，干膜质。花托扁平或凸起，托片干膜质。雌花花冠舌状或二唇形，外唇大，顶端3齿或3深裂；内唇小或极小，2深裂或浅裂或不裂。两性花花冠管状，檐部稍扩大，5浅裂。花药顶端尖，基部矢状，有短尖小耳。两性花花柱分枝顶端钻形，被毛。瘦果陀螺状或圆柱状，被毛；冠毛短或长，芒状渐尖，羽状。

本属约有26种，大多数产美洲热带地区。中国归化入侵1种，产东南部及南部一些岛屿。

羽芒菊 ***Tridax procumbens*** Linnaeus, Sp. Pl. 2: 900. 1753.

【别名】 **长柄菊**

【特征描述】 多年生铺地草本。茎纤细，平卧，节处常生多数不定根，长30～100 cm，基部径约3 mm，略呈四方形，分枝，被倒向糙毛或脱毛，节间长4～9 mm。基部叶略小，花期凋萎、中部叶有长达1 cm的柄，罕有长2～3 cm的。叶片披针形或卵状披针形，长4～8 cm，宽2～3 cm，基部渐狭或几近楔形，顶端披针状渐尖，边缘有不规则的粗齿和细齿，近基部常浅裂，裂片1～2对或有时仅存于叶缘之一侧，两面被基部为疣状的糙伏毛，基生三出脉，两侧的1对较细弱，有时不明显，中脉中上部间或有1～2对极不明显的侧脉，网脉无或极不显著；上部叶小，卵状披针形至狭披针形，具短柄，长2～3 cm，宽6～15 mm，基部近楔形，顶端短尖至渐尖，边缘有粗齿或基部近浅裂。头状花序少数，径1～1.4 cm，单生于茎、枝顶端；花序梗长10～20 cm，稀达30 cm，被白色疏毛，花序下方的毛稠密，总苞钟形，长7～9 mm；总苞片2～3层，外层绿色，叶质或边缘干膜质，卵形或卵状长圆形，长6～7 mm，顶端短尖或凸尖，背面被密毛；内层长圆形，长7～8 mm，无毛，干膜质，顶端凸尖；最内层线形，光亮，鳞片状。花托稍突起，托片长约8 mm，顶端芒尖或近于凸尖。雌花1层，舌状，舌片长圆形，长约4 mm，宽约3 mm，顶端2～3浅裂，管部长3.5～4 mm，被毛。两性花多数，花冠管状，长约7 mm，被短柔毛，上部稍大，檐部5浅裂，裂片长圆状或卵状渐尖，边缘有时带波浪状。瘦果陀螺形、倒圆锥形或稀圆柱状，干时黑色，长约2.5 mm，密被疏毛；冠毛上部污白色，下部黄褐色，长5～7 mm，羽毛状。**物候期**：花期11月至翌年3月。**染色体**：2*n*=36=8 m+22 sm（2 sat）+6 st。

【原产地及分布现状】 原产于热带美洲，归化于旧大陆热带地区。**国内分布**：澳门、福建、广东、广西、海南、江西、四川、台湾、香港、云南。

【生境】 生于低海拔旷野、荒地、坡地以及路旁阳处。

【传入与扩散】 **文献记载**：N. Fukuyama（福山伯明）于 G. Masamune（正宗严敬），Short Fl. Form. 226. 1936 记载台湾分布。**标本信息**：A.M. Powell 在 Brittonia 17(1): 80. 1965. 上指定 William Houstoun s.n. (Herb. Clifford 418, Tridax 1, BM) 为后选模式-羽芒菊一名见于侯宽昭《中国种子植物科属辞典》(1958)。南京中山植物园《南京中山植物园栽培植物的名录》(1959) 亦有记载。**传入方式**：随贸易、旅行等国际交往无意引进。**传播途径**：随风、交通工具及人类其他活动传播扩散。**繁殖方式**：以种子及地下芽繁殖。

【危害及防控】 **危害**：杂草，危害农作物，降低生物多样性。**防控**：加强检疫，化学防除。

【凭证标本】 澳门大潭山，海拔10 m，22.158 6 N，113.572 1 E，2014年10月8日，王发国 RQHN02601、福建省漳州市东山县西埔镇，海拔38 m，23.706 6 N，117.428 0 E，2014年9月14日，曾宪锋 ZXF18346（CZH）；广东省江门市鹤山市大雁山，海拔13 m，22.793 0 N，113.019 5 E，2015年9月29日，王发国、段磊 RQHN03215（CSH）；广西壮族自治区梧州市城东镇，海拔14.9 m，23.473 5 N，111.283 2 E，2014年10月13日，韦春强 WZ046（IBK）；海南省儋州市中和镇，海拔16 m，19.783 9 N，109.346 5 E，2015年12月19日，曾宪锋 ZXF18515（CZH）。

羽芒菊（*Tridax procumbens* Linnaeus）

1. 生境；2. 花序枝；
3. 果序开裂；4. 头状花序纵剖，示管状花；
5. 头状花序正面；6. 群体；
7. 头状花序侧面，示总苞；8. 开花植株

参考文献

李振宇，解焱，2002. 中国外来入侵种［M］. 北京：科学出版社 .
万方浩，刘全儒，谢明，2012. 生物入侵：中国外来入侵植物图鉴［M］. 北京：科学出版社 .
谢珍玉，2002. 海南部分野生菊科植物遗传标记的研究［D］. 广州：华南热带农业大学 .
Chen Y S, D J Nicholas H, 2011. *Tridax*[M]//Wu Z Y, Raven P H, Hong D Y. Flora of China: vol. 20–21. Beijing: Science Press & St. Louis: Missouri Botanical Garden Press: 864.

49. 包果菊属 *Smallanthus* Mackenzie

多年生或一年生草本或灌木，株高 1～3（～12）m。茎直立。叶茎生，对生，具叶柄（叶柄通常具翅）或无梗，叶片通常三角形至卵形，掌状浅裂，两面具硬毛，具胶质，或被微柔毛，具腺点，边缘齿状或细齿状。头状花序辐射状，单生或 2～5 个聚集成伞房花序。总苞半球形，直径 8～15 mm。总苞片宿存，12 或 13（～25）枚，2 层，草质，内部与舌状花数量相等，膜质或干膜质，更窄且更短。花托扁平到凸起，托苞倒卵形，干膜质。舌状花 7～13（～25）朵，雌性，可育；花冠黄色，白色或橙色，花管有毛，裂片线形到椭圆形或卵形。管状花（20～）40～80（～150）朵，具功能性雄花、花冠黄色或橙色，花筒短于钟状或漏斗状的檐部，裂片 5，三角形。瘦果在花托上倾斜生长，倒卵球形，具 30～40 细肋或条纹，基部不收狭，喙不明显；无冠毛。

本属有 20～23 种，原产美国、墨西哥和南美洲。中国引入 2 种，其中菊薯［*Smallanthus sonchifolius* (Poeppig) H. Robinson］在中国南部有成片栽培，各地常有零星引种栽培，其块根可供食用，商品名雪莲果。另有外来归化种 1 种。

参考文献

陈明林，张小平，苏登山，2003. 安徽省外来杂草的初步研究［J］. 生物学杂志，20（6）: 24–27.
郭水良，李扬汉，1995. 我国东南地区外来杂草研究初报［J］. 杂草科学，2：4–8.
臧敏，邱筱兰，黄立发，等，2006. 安徽省外来植物研究［J］. 安徽农业科学，34（20）: 5306–5308.
Chen Y S, D J Nicholas H, 2011. Smallanthus[M]//Wu Z Y, Raven P H, Hong D Y. Flora of China: vol. 20–21. Beijing: Science Press & St. Louis: Missouri Botanical Garden Press: 867.

包果菊 ***Smallanthus uvedalia*** (Linnaeus) Mackenzie ex Small, Man. S.E. Fl. 1509. 1933. —— *Osteospermum uvedalia* Linnaeus, Sp. Pl. 2: 923. 1753. —— *Polymnia uvedalia* (Linnaeus) Linnaeus, Sp. Pl. (ed.2) 2: 1303. 1763.

【别名】 **毛杯叶草**

【特征描述】 多年生草本，高 1～3 m。茎直立而中空，具紫色斑点。叶对生，无柄或叶柄基部具明显宽翅、叶柄长 3～12 cm，叶片卵形至三角形，长 10～35（～60）cm，宽 10～35 cm，通常掌状 3～5 裂。头状花序组成松散的聚伞状，总苞片 4～6 枚，卵形至卵状披针形，长 10～20 mm，宽 10～12 mm。舌状花 7～13 朵，雌性，可育，黄色，长 12～30 mm。瘦果长 5～6 mm，宽约 4 mm，褐色，具弧状浅纹。**物候期**：4—5 月出苗，幼苗生长快。花期 7—10 月。**染色体**：$2n$=32。

【原产地及分布现状】 原生于中美洲及北美洲。**国内分布**：安徽、江苏、上海、浙江。

【生境】 生于灌丛、田野。喜疏松肥沃、排水良好的土壤。

【传入与扩散】 **文献记载**：包果菊一名出自《江苏植物志》(1982)。1982 年首次报道。**标本信息**：模式标本采自美国弗吉尼亚：J.R. Wells 在 Brittonia 17(2): 152. 1965 上指定 Anonymous - Herb. Linn. 1033.3.（LINN）为后选模式。**传入方式**：可能是引种栽培后逸生。**传播途径**：通过风和水流作用逸生和扩散。**繁殖方式**：种子繁殖和营养繁殖。**入侵特点**：种子数量大，幼苗生长快。**可能扩散的区域**：热带和亚热带地区。

【危害及防控】 **危害**：高大杂草，危害作物和环境的生物多样性。**防控**：加强引种栽培的管理，对逸生植株及时清除。

【凭证标本】 江苏省南京市玄武区南京中山植物园药用植物园，海拔 28 m，32.055 5 N，118.827 9 E；2020 年 11 月 13 日，吴宝成 2756（PE）。

【相似种】 菊薯［*Smallanthus sonchifolius* (Poeppig) H. Robinson］，中国南方有栽培。

包果菊［*Smallanthus uvedalia* (Linnaeus) Mackenzie ex Small］

1. 生境；2. 花序枝；3. 头状花序侧面，示总苞；4. 群体；5. 头状花序；6. 瘦果；7. 头状花序组成松散的聚伞状；8. 果序，示 1 枚瘦果；9. 头状花序背面，示总苞

50. 松香草属 *Silphium* Linnaeus

多年生草本，株高 20～250 cm（纤维状根，根茎或具主根）。茎通常直立，分枝（圆柱形或方形，树脂样分泌物使茎具光泽）。叶基生和茎生（基生叶长存或开花前枯萎）、轮生，对生或互生（有时多种形态共存）；叶柄有或无；叶片（1 或 3 脉）三角形、椭圆形、线形、卵形或菱形，有时羽状裂片 1～2 或羽裂，基部心形或截形至楔形，边缘全缘或有齿，表面无毛或有毛。头状花序辐射状，排列成圆锥花序或总状花序。总苞钟状到半球状，直径 1～3 cm。总苞片宿存，11～45 枚，2～4 层（外层更宽，叶状，内层更小，更薄，与舌状花相对）。花序托扁平至稍凸，被鳞片。舌状花 8～35 朵，1～4 列，雌性，可育，花冠黄色或白色。管状花 20～200 朵，具功能性雄蕊，花冠黄色或白色，花冠短于狭窄的喉部，裂片 5，三角形。瘦果黑色至褐色，压扁。冠毛无，或成 2 根芒宿存。

本属有 12 种，均产北美洲，中国引入栽培 1 种，后在局部地区逸生或归化。

串叶松香草 ***Silphium perfoliatum*** Linnaeus, Syst. Nat. ed. 10. 2: 1232. 1759.

【特征描述】 多年生草本。根纤维状。植物茎高 75～300 cm，茎方形，光滑，具硬毛或粗糙。基生叶早落，茎生叶通常对生，很少轮生，有柄或无柄。叶片三角形，披针形或卵形，长 2～41 cm，宽 0.5～24 cm，基部纤弱或截短（上部对生叶基部合生），全缘、具齿或双齿，先端渐尖至极尖，表面粗糙至有硬毛。总苞片 25～37 枚排成 2～3 层，外贴紧，先端极尖至锐尖，背面粗糙或具硬毛。舌状花 17～35 朵，花冠黄色。管状花 85～150（～200）朵，花冠黄色。瘦果长 8～12 mm，宽 5～9 mm，冠毛长 0.5～1.5 mm。**物候期：**花期 6—9 月，果期 8—10 月。**染色体：**$2n=2x=14=4\ m+6\ sm+4\ st$。

【原产地及分布现状】 原产于北美洲。**国内分布：**安徽、广西、甘肃、黑龙江、湖北、重庆、吉林、江苏、江西、辽宁、陕西、山东、山西、上海、天津、新疆、浙江。

【生境】 喜肥沃壤土，耐酸性土，不耐盐渍土。在酸性红壤、沙土、黏土上也生长良好。耐寒冷，冬季不必防冻，地上部分枯萎，地下部分不冻死。

【传入与扩散】 **文献记载：** 串叶松香草一名见于《牧草与饲料》。《河北植物志》（1991）和《辽宁植物志》（1992）也有记载。**标本信息：** 后选模式 Herb.Linn. 1032.3（LINN）采自美国中部，由 Reveal 于 Jarvis 和 Turland 于 Taxon 47: 367.1998 选定。**传入方式：** 1979 年从朝鲜引入我国，作为优质饲料引种栽培而逸生扩散。**繁殖方式：** 种子繁殖。**入侵特点：** 耐寒，耐热，适应性强（李宪庚，1991）。

【危害及防控】 **危害：** 串叶松香草的根、茎中的苷类物质含量较多，苷类大多具有苦味。根和花中生物碱含量较多，生物碱对神经系统有明显的生理作用，大剂量能引起抑制作用。叶中含有鞣质，花中含有黄酮类。串叶松香草中含有松香草素、二萜和多糖，含有 8 种皂苷，称为松香苷，属三萜类化合物。串叶松香草喂量多会引起猪积累性毒物中毒。**防控：** 谨慎引种，严格控制栽培范围。

【凭证标本】 重庆市城口县高楠镇长沟河，海拔 1 630 m，32.106 7 N，108.600 6 E，2015 年 8 月 19 日，刘正宇、张军等 RQHZ06098（CSH）。

串叶松香草（*Silphium perfoliatum* Linnaeus）

1. 植株形态；2. 头状花序纵剖；3. 总苞；4. 叶对生；5. 头状花序；
6. 头状花序背面，示总苞；7. 生境

参考文献

李宪庚，1991. 串叶松香草［J］. 生物学通报，(4)：39.
宋芸，乔永刚，赵龙波，2009. 串叶松香草染色体核型分析［J］. 草原与草坪，(5)：20-22.

51. 百日菊属 *Zinnia* Linnaeus

一年或多年生草本，或半灌木。叶对生，全缘，无柄。头状花序小或大，单生于茎顶或二歧式分枝枝端。头状花序辐射状，有异型花，外围有1层雌花，中央有多数两性花，全结实。总苞钟状或狭钟状，总苞片3至多层，覆瓦状排列，宽大，干质或顶端膜质。花托圆锥状或柱状，托片对折，包围两性花。雌花舌状，舌片开展，有短管部、两性花管状，顶端5浅裂。花柱分枝顶端尖或近截形，花药基部全缘。雌花瘦果扁三棱形，雄花瘦果扁平或外层的三棱形，上部截形或有短齿。冠毛有1～3个芒或无冠毛。

本属有17～25种，主要分布墨西哥和美国，中美洲和南美洲亦有分布。中国引入栽培5种，其中1种在局部地区入侵。

参考文献

Chen Y S, D J Nicholas H, 2011. *Zinnia*[M]//Wu Z Y, Raven P H, Hong D Y. Flora of China: vol. 20–21. Beijing: Science Press & St. Louis: Missouri Botanical Garden Press: 863–864.

多花百日菊 *Zinnia peruviana* (Linnaeus) Linnaeus, Syst. Nat. ed. 10, 2: 1221. 1759. —— *Chrysogonum peruvianum* Linnaeus, Sp. Pl. 2: 920. 1753.

【别名】 **野百日菊、多花百日草**

【特征描述】 一年生草本。茎直立，有二歧状分枝，被粗糙毛或长柔毛。叶披针形或狭卵状披针形，长2.5～6 cm，宽0.5～1.7 cm，基部圆形半抱茎，两面被短糙毛，三出基脉在下面稍高起。头状花序径2.5～3.8 cm，生枝端，排列成伞房状圆锥花序、花序梗膨大中空圆柱状，长2～6 cm。总苞钟状，宽1.2～1.5 cm，长1～1.6 cm；总苞片多层，长圆形，顶端钝圆形，边缘稍膜质。托片先端黑褐色，钝圆形，边缘稍膜质撕裂。舌状花黄色、紫红色或红色，舌片椭圆形，全缘或先端 2～3 齿裂；管状花红黄色，长约 5 mm，先端 5 裂，裂片长圆形，上面被黄褐色密茸毛。雌花瘦果狭楔形，长约 10 mm，宽约 2 mm，极扁，具 3 棱，被密毛；管状花瘦果长圆状楔形，长 8.5～10 mm，极扁，有 1～2 个芒刺，具缘毛。**物候期：**花期 6—10 月，果期 7—11 月。**染色体：**$2n$=24。

【原产地及分布现状】原产墨西哥，归化于美国东南部及南美洲。**国内分布：**安徽、北京、甘肃、广东、广西、海南、河北、河南、湖北、江苏、陕西、山东、山西、四川、台湾、天津、云南。

【生境】生于山坡、草地或路边，海拔达 1 250 m。

【传入与扩散】**文献记载：**多花百日草一名始见于南京中山植物园《南京中山植物园栽培植物名录》(1959)，《中国植物志》75 卷（1979）改称多花百日菊。**标本信息：**模式标本采自秘鲁，Jussieu s. n.（P-JV-9416）。**传入方式：**有意引进，法国人 P. Licent 于 1919 年 9 月 19 日采自华北地区（PE）。人工引种观赏而逸生。

【危害及防控】**危害：**栽培观赏，有一定的入侵性。**防控：**发现逃逸植株及时清除。

【凭证标本】安徽省安庆市潜山县余井镇虾子塘，海拔 61 m，30.738 6 N，116.619 9 E，2014 年 7 月 29 日，严靖、李惠茹、王樟华、闫小玲 RQHD00462（CSH）；贵州省黔东南州锦屏县新化寨村，海拔 425 m，26.408 8 N，109.161 1 E，2016 年 7 月 21 日，马海英、彭丽双、刘斌辉、蔡秋宇 RQXN05379（CSH）；新疆维吾尔自治区阿勒泰地区北屯县高速路口，海拔 537 m，47.327 0 N，87.950 4 E，2015 年 8 月 11 日，张勇 RQSB02254（CSH）。

【相似种】百日菊（*Zinnia elegans* Jacquin）叶宽卵圆形或长圆状椭圆形，舌状花深红色、玫瑰色、紫堇色或白色，舌片倒卵圆形，原产墨西哥，中国南北各地常见栽培，有时有逃逸现象。

多花百日菊
[*Zinnia peruviana* (Linnaeus) Linnaeus]

1. 生境；
2. 叶基部半抱茎；
3. 头状花序；
4. 头状花序侧面，示总苞；
5. 头状花序剖面；
6. 植株形态

52. 金钮扣属 *Acmella* Persoon

一年生或多年生草本。茎倾斜、上升或直立，分枝或不分枝。叶对生；叶柄具翅或无翅；叶片卵形至披针形，稀条形或宽倒卵形，基部楔形、渐狭、截形或心形，先端钝至长渐尖，边缘全缘、波状齿或齿，具三基出脉或离基三出脉。花序梗顶生或腋生，单生或2～3条聚生；头状花序辐状或盘状，花托常圆锥状，顶端渐尖至钝圆；总苞片4～24枚，1～3层，近相等或不相等。舌状花3～22，舌片先端2～3裂，黄色、橙黄色、白色或绿白色，稀淡紫色，或缺失；盘花23～620朵，为管状花或完全花，四至五数，黄色，花冠橙黄色、白色或绿白色，裂片三角形，内面具小乳突；花柱基部球状。瘦果倒卵形或椭圆体形，缘花（舌状花）的瘦果横切面三角形，盘花的瘦果侧扁，横切面椭圆形，边缘具缘毛或无毛，有时具麦秆色的栓质边缘；冠毛为1～10根芒状小刚毛。

约有30种，世界热带地区广布，中国原产2种，分布西南部至台湾；外来归化4种，1变种，入侵我国长江以南。

参考文献

Chen Y S, D J Nicholas H, 2011. *Acmella*[M]//Wu Z Y, Raven P H, Hong D Y. Flora of China: vol. 20–21. Beijing: Science Press & St. Louis: Missouri Botanical Garden Press: 861–863.

Jansen R K, 1985. The systematics of *Acmella* (Asteraceae-Heliantheae)[J]. Syst. Bot. Monogr., 8: 1–115.

Pruski J F, Robinson H. Asteraceae, 5(2): 1–608. In Davidse G, Sousa Sanchez M, Knapp S, Chiang Cabrera F Fl. Mesoamer. St. Louis: Missouri Botanical Garden.

Strother J L. Compositae-Heliantheae s. l. 5: 1–232. In Breedlove DE Fl. Chiapas. San Francisco: California Academy of Sciences.

分种检索表

1 头状花序白色 ······························ 2

1 头状花序黄色 ······························ 3

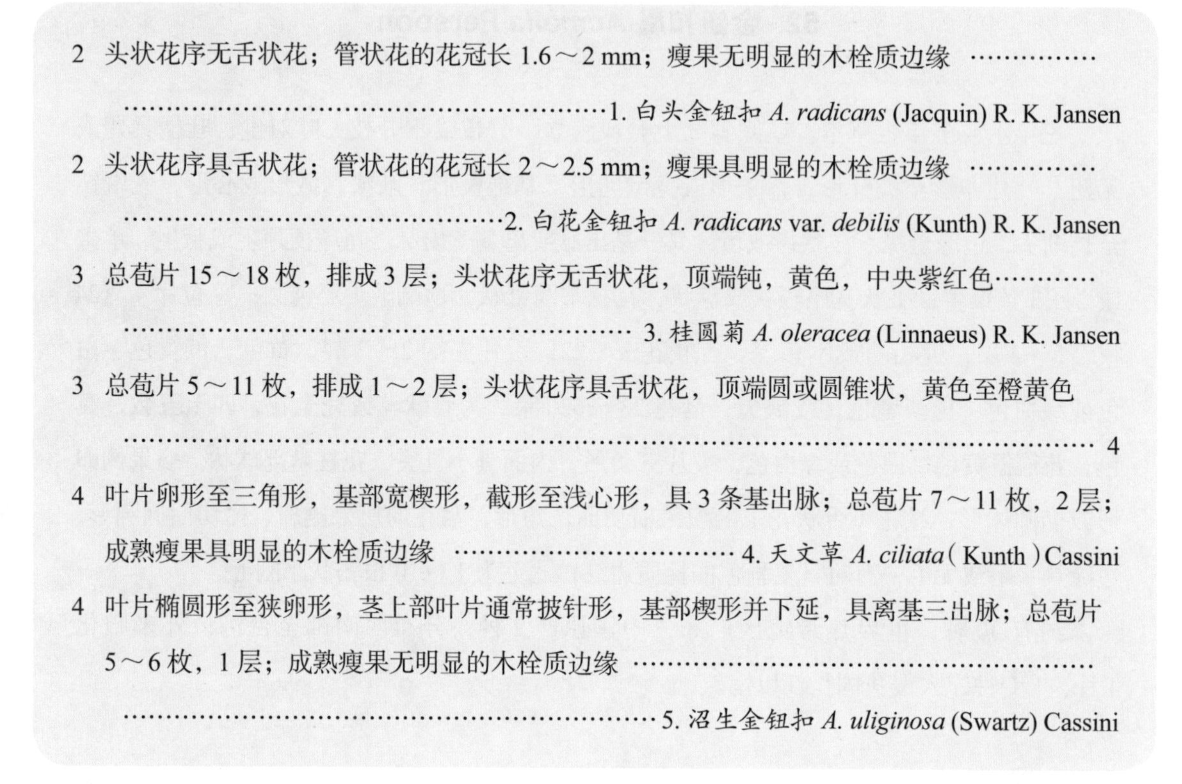

2 头状花序无舌状花；管状花的花冠长 1.6～2 mm；瘦果无明显的木栓质边缘 ……………………………………………………………………1. 白头金钮扣 *A. radicans* (Jacquin) R. K. Jansen

2 头状花序具舌状花；管状花的花冠长 2～2.5 mm；瘦果具明显的木栓质边缘 ……………………………………………………2. 白花金钮扣 *A. radicans* var. *debilis* (Kunth) R. K. Jansen

3 总苞片 15～18 枚，排成 3 层；头状花序无舌状花，顶端钝，黄色，中央紫红色……………………………………………………………… 3. 桂圆菊 *A. oleracea* (Linnaeus) R. K. Jansen

3 总苞片 5～11 枚，排成 1～2 层；头状花序具舌状花，顶端圆或圆锥状，黄色至橙黄色 ……………………………………………………………………………………………… 4

4 叶片卵形至三角形，基部宽楔形，截形至浅心形，具 3 条基出脉；总苞片 7～11 枚，2 层；成熟瘦果具明显的木栓质边缘 ……………………………… 4. 天文草 *A. ciliata*（Kunth）Cassini

4 叶片椭圆形至狭卵形，茎上部叶片通常披针形，基部楔形并下延，具离基三出脉；总苞片 5～6 枚，1 层；成熟瘦果无明显的木栓质边缘 ……………………………………………………………………………… 5. 沼生金钮扣 *A. uliginosa* (Swartz) Cassini

1. **白头金钮扣（新拟）*Acmella radicans*** (Jacquin) R.K. Jansen, Syst. Bot. Monogr. 8: 69. 1985. —— *Spilanthus radicans* Jacquin, Collectanea 3: 229. 1791. —— *Spilanthes exasperatus* Jacquin, Icon. Pl. Rar. 3(9): 15, t. 584. 1792, nom. superfl.

【形态描述】一年生草本，高 10～60 cm。茎通常直立至上升，稀于节上生根，多分枝，绿至紫色，无毛或被柔毛。叶柄长 0.4～2.5 cm，具狭翅，被柔毛；叶片卵形至狭卵形，长 2～8 cm，宽 1～5 cm，基部渐狭，先端急尖至短渐尖，边缘具细齿状至粗齿，两面无毛或疏生短柔毛，边缘具糙硬毛，具离基三出脉。花序梗长 2～7 cm，多少被柔毛；头状花序单生或 2～3 个簇生枝顶或叶腋，无舌状花；花托高 3.8～7.5 mm，直径 0.5～1.9 mm，先端急尖至渐尖；总苞片 6～9 枚，2 层，草质，边缘全缘至波状，具缘毛；托片长 4～5.2 mm，稻草黄色。头状花序盘状，无舌状花；盘花 60～150 枚，外轮为管状花，有时具不育花药和可育雌蕊；花冠绿白色至白色，长 1.6～2 mm，檐部 4 裂。

瘦果长 2～2.7 mm，黑褐色至黑色，密生缘毛，无明显的木栓质边缘，顶端常有刺；冠毛 3（外层具 3 角的瘦果）或 2（内层扁的瘦果），刚毛状，长 0.4～1.6 mm。**物候期：**花果期 7—12 月。**染色体：**n=39。

【原产地及分布现状】 原产中美洲，分布墨西哥至巴拿马；在古巴、赞比亚、坦桑尼亚、马拉维、津巴布韦、印度、泰国归化。**国内分布：**浙江（温岭、象山）。

【生境】 喜潮湿环境，生于低海拔的河岸、沟边、山坡林缘、荒地、路旁、田边，在原产地垂直分布海拔 60～1 800 m，并侵入农田。

【传入与扩散】 **文献记载：**张幼法等于 2012 年在浙江象山县植物资源调查过程中发现该种，但误认为是短舌花金钮扣（*Acmella brachyglossa* Cassini）的中国大陆新记录，从张幼法等（2013）的植物照片看，该植物的头状花序白色，无舌状花，与 2002 年在温岭市采的标本同为白头金钮扣（*Acmella radicans*）。该种在象山县较多见，分布丹城、大徐、涂茨、贤库等乡镇（张幼法 等，2013）。**标本信息：**根据委内瑞拉植物描述，后选模式为 Jacquin, Icon. Pl. Rar. 3(9): 15, t. 584. 1792 的图版，见 R.K. Jansen, Syst. Bot. Monogr. 8: 96. 1985. 杭州植物园标本室在浙江药用植物调查中，于 2002 年 11 月 16 日在浙江温岭市横路乡野外采到果期标本（杭植标 4167，存 PE）。该标本还曾被误认为国产金钮扣 *Acmella paniculata* (Wallich ex Candolle) R.K. Jansen，没有引起重视。**传入方式：**该种无引种栽培记录，可能属无意引种，随农产品、货物包装或人与动物携带传入。**传播途径：**瘦果具缘毛，顶端具刺和刚毛状冠毛，能附着于货物包装、衣物和动物皮毛上被搬运。作为农田杂草，瘦果可能随农作物种子传播，还可能借水流扩散。**繁殖方式：**主要以种子繁殖。**入侵特点：**白头金钮扣结实量大，有多种传播途径。**可能扩散的区域：**热带和亚热带地区，海拔 1 800 m 以下多种中生环境。

【危害及防控】 **危害：**能产生大量新植株，生长旺盛，排挤其他草本植物，对本土植物具有一定的潜在威胁；可侵入农田和园圃成为杂草。**防控：**在果实成熟前清除。

【凭证标本】温岭市横路乡里沙田，2002 年 11 月 16 日，杭植标 4167（PE）；象山县大徐镇汤家店村黄家山，海拔 35 m，2013 年 10 月 2 日，张幼法等 XS2013100201（ZJFC）。

【相似种】国产种金钮扣［*Acmella paniculata* (Wallich ex Candolle) R. K. Jansen］，头状花序黄色，瘦果疏生或密生瘤突。原产热带美洲的短舌花金钮扣（*Acmella brachyglossa* Cassini）外形近本种，但前者头状花序淡黄色，具 5～8 个舌状花，盘花 107～222 个（Chung et al., 2007）。该种于 1992 年在台湾地区台南县发现，2007 年分别在南投县和台中市采到标本，可能由当地草医作药用植物引进后逃逸。

白头金钮扣［*Acmella radicans* (Jacquin) R. K. Jansen］

1. 生境；2. 叶对生；3. 头状花序；4. 植株形态

参考文献

张幼法，马丹丹，谢文远，等，2014. 中国大陆归化新记录植物——短舌花金钮扣［J］. 浙江林业科技，34（1）: 75-76.

Chung K F, Kono Y, Wang C M, et al., 2008. Notes on *Acmella* (Asteraceae: Heliantheae) in Taiwan［J］. Botanical Studies, 49: 73–82.

2. **白花金钮扣** ***Acmella radicans*** (Jacquin) R. K. Jansen var. ***debilis*** (Kunth) R. K. Jansen, Syst. Bot. Monogr. 8: 72, f: 18.1985. —— *Spilanthes debilis* Kunth, Nov. Gen. Sp. (follo ed.) 4: 165. 1820(1818).

【特征描述】 一年生草本，高 10～50 cm。茎通常直立至上升，少在基部分枝，绿色至紫色，无毛或被柔毛。叶柄长 5～12 mm，具狭翅；叶片通常卵形至狭卵形，长 1～7 cm，宽 0.7～5 cm，基部渐狭，先端急尖至短渐尖，边缘具小齿或粗齿，两面无毛或疏生柔毛，边缘疏生刚毛。花序梗顶生或腋生，单生或 2～3 聚生，长 4～7 cm。头状花序白色，辐状，长 4～11 mm，宽 3～8 mm，舌状花 5～7 朵，通常较短或仅略微超过总苞片，花冠长 2.5 mm，白色，被疏柔毛；管状花 80 ～160 朵，相连的管状花在外，有时具有不育花药和可育雌蕊，花冠长 2～2.5 mm，白色，檐部 4～5 裂，裂片长 0.2～0.4 mm；花柱长 1～1.6 mm，分枝长 0.4～0.6 mm。瘦果黑褐色，长 2～2.8 mm，有中等到密集的缘毛，具有明显的木栓质的边缘；刚毛状冠毛长 0.3～0.6 mm。**物候期：**花果期 7—12 月。

【原产地及分布现状】 原产南美洲和西印度群岛，归化于南亚（印度）。**国内分布：**安徽（黄山、黟县）、海南。

【生境】 生于海拔 233 m 以下的河岸、沟边、路边和耕地等人为活动频繁地区，偏好潮湿的生境。

【传入与扩散】文献记载：白花金钮扣在国内的新记录始见于王樟华等（2015）的报道。标本信息：委内瑞拉，奥里诺科河（Orinoco River）的河岸，1800 年 5 月，Humboldt & Bonpland s.n. [holotype, P-HBK, IDC 6209.108: 12, OS; isotypes, B (destroyed), F, GH]。2014 年 8 月，严靖等在安徽省黄山市采到标本。传入方式：可能是人类活动无意携带进入。传播途径：瘦果边缘具篦梳状的缘毛，顶端具刚毛状冠毛，两者都有很强的附着作用，容易黏附在货物包装、衣物和动物身上携带。瘦果随人和动物或货物传播，也可随水流传播。繁殖方式：以种子繁殖。入侵特点：结实量大，有多种传播途径。可能扩散的区域：热带和亚热带地区。

【危害及防控】危害：暂无发现明显的危害。防控：限制种群大小和数量，并限制其瘦果扩散。

【凭证标本】安徽省黄山市黄山区岩寺村，海拔 215 m，29.903 0 N，117.985 8 E，2014 年 8 月 31 日，严靖、李惠茹、王樟华、闫小玲，RQHD00671（CSH）；黄山市黟县西递风景区停车场，海拔 233 m，29.903 8 N，117.985 5 E，2014 年 12 月 4 日，严靖、李惠茹、王樟华、闫小玲，RQHD01543（CSH）。

【相似种】本种外形略似天文草［*Acmelia ciliata* (Kunth) Cassini］，但头状花序白色。

白花金钮扣［*Acmella radicans* (Jacquin) R. K. Jansen var. *debilis* (Kunth) R. K. Jansen］
1. 生境；2. 花序枝；3. 幼苗；4. 头状花序；5. 瘦果；6. 植株形态

参考文献

王樟华，严靖，闫小玲，等，2015. 中国菊科一新归化植物——白花金钮扣［J］. 热带亚热带植物学报，23（6）：643-646.

Jagtap D G, Bachulkar M, 2015. *Acmella radicans* var. *debilis* (Asteraceae): A new varietal record for Asia[J]. Rheedea, 25(1): 39–43.

Strother J L. Compositae-Heliantheae s. l. 5: 1–232. In Breedlove DE (ed.) Fl. Chiapas. San Francisco: California Academy of Sciences.

3. **桂圆菊** ***Acmella oleracea*** (Linnaeus) R. K. Jansen, Syst. Bot. Monogr. 8: 65. 1985. —— *Spilanthus oleracea* Linnaeus, Syst. Nat. ed. 12, 2: 534. 1767.

【别名】 **千里眼、千日菊、金钮扣、印度金钮扣、铁拳头**

【特征描述】 一年生草本。茎通常直立，茎节处不生根，绿色至红色，无毛。叶柄 2～6.4 cm，无毛至被稀柔毛，具狭翅、叶片宽卵形至三角形，长 5～10 cm，宽 4～8 cm，两面通常无毛，基部截形至急狭，边缘齿状，先端短渐尖至急尖。头状花序盘状，长 1.1～2.5 cm，直径 1.1～1.7 cm。总花梗长 3.5～12.5 cm，无毛至被疏柔毛。总苞片 15～18 枚，3 层，叶状，疏生缘毛，外轮苞片 5～6 枚，长 5.8～7.3 mm，宽 2.1～2.8 mm，通常狭卵形至披针形或有时卵形，急尖；花托长 8.3～21.5 mm，直径 3.5～8.5 mm；小花 400～600 朵；花冠长 2.7～3.3 mm，黄色，檐部 5 裂；花管长 0.5～0.7 mm，直径 0.2～0.4 mm；裂片长 0.3～0.6 mm，宽 0.2～0.4 mm；雄蕊长 1.4～1.7 mm。瘦果长 2～2.5 mm，宽 0.9～1.1 mm，边缘被直立纤毛；顶端具 2 枚近等长的刚毛状冠毛，较长者长 0.5～1.5 mm，较短者长 0.3～1.5 mm。**物候期：** 花期 4—7 月。**染色体：** 2*n*=52，60，78。

【原产地及分布现状】 园艺起源的花卉，通常被认为从原产秘鲁中部的 *Acmella alba* (L'Heritier) R. K. Jansen 选育出的（Jansen, 1985）；在马达加斯加、坦桑尼亚、印度和尼泊尔归化。**国内分布：** 华南、台湾、西藏（墨脱）。

【生境】 喜温暖、向阳、湿润的环境，忌干旱，不耐寒，要求疏松、肥沃、湿润的土壤，常生于田边、沟边、溪旁潮湿地、荒地、路旁及林缘，海拔 800～1 900 m。

【传入与扩散】 **文献记载：**《南京中山植物园栽培植物名录》（1959）使用“千日菊”（日本名）。陈俊渝等《园林花卉》（1980）称桂圆菊。**标本信息：** 模式标本为栽培的花期标本，后选模式 Herb. Linn. 177. 553（LINN）由 Jansen 于 Syst. Bot. Monogr. 8: 65. 1985 选定。1974 年在西藏墨脱采到逸生标本。**传入方式：** 作花卉和药用植物引种栽培后逸为野生。**传播途径：** 瘦果随人和动物或货物传播，也可随水流传播。**繁殖方式：** 种子繁殖。**入侵特点：** 结实量大，有多种传播途径。**可能扩散的区域：** 热带和亚热带地区。

【危害及防控】 **危害：** 该种含生物碱金钮扣酰胺（Spilanthol et al., 1903），拉丁美洲当地人用花序和根作止痛药。该种还可作杀虫剂（Jansen, 1985），有一定的毒性。**防控：**将逸生植株在结果前清除。

【凭证标本】 西藏墨脱县德儿贡村，田中，海拔 1 750 m，1974 年 8 月 20 日，青藏队 74-4434（PE）；台湾地区台北市南港区，彭镜毅 10689（HAST）。

【相似种】 原产南美洲，在南亚、东南亚和我国归化的天文草［*Acmella ciliata* (Kunth) Cassini］，叶形较像桂圆菊，但为多年生草本，叶片较小，长 2.3～7.5 cm，宽 1.5～9 cm，基部截形至浅心形；头状花序辐状，总苞片 7～10 枚，2 层，舌状花 5～10 朵，橙黄色，舌片长 1.2～4.7 mm；冠毛通常缺失，存在时为 2 短刚毛。

桂圆菊 [*Acmella oleracea* (Linnaeus) R. K. Jansen]

1. 生境；2. 群体；3. 头状花序；4. 植株形态

参考文献

陈俊愉，刘师汉，1980. 园林花卉［M］. 上海：上海科学技术出版社：1-650.
中国科学院植物研究所，南京中山植物园，1959. 南京中山植物园栽培植物名录［M］. 上海：上海科学技术出版社：1-150.
Gerber E, 2006. Ueber die chemischen Bestandteile der Parakresse (*Spilanthes oleracea,* Jacq.)[J]. Arch Pharmazie, 241(4): 270–289.

4. **天文草** ***Acmella ciliata*** (Kunth) Cassini, Dict. Sci. Nat.(ed.2) 24：331. 1822. —— *Spilanthes ciliata* Kunth in Humboldt, Bonpland & Kunth, Nov. Gen. Sp. (folio ed.) 4: 163. 1820.

【形态描述】 多年生草本，高30～80 cm。茎通常倾卧至上升，节上生根，绿色至紫色，无毛或疏被柔毛。叶柄长0.7～4 cm，具狭翅，无毛或疏被柔毛；叶片卵形至宽卵形，长2.3～7.5 cm，宽1～5.9 cm，先端急尖，边缘具小齿或粗齿，基部通常截形或心形，两面无毛或疏被柔毛。花序梗长1～7.4 cm，多少被柔毛；头状花序辐状，单生或2～3个顶生或腋生，宽卵球状，高6～10.5 mm，直径5.5～9.5 mm；总苞片7～10枚，2层，外层3～5枚，狭卵形至宽卵形或椭圆形，长4～6.9 mm，宽1～2.3 mm，内层3～6枚，披针形至卵形或椭圆形，长2.8～6.1 mm，宽1～2.9 mm；花托高3.8～7.4 mm，直径0.8～1.9 mm；托片草黄色，长3～4.5 mm，宽0.4～0.8 mm；舌状花5～10朵，两性，花冠橙黄色，长2.5～6.5 mm，筒部长0.9～2 mm，檐部长1.2～4.7 mm，宽1.1～3 mm；盘花90～177，两性，橙黄色，花冠五数，长1.5～2 mm，筒部长0.3～0.6 mm，檐部5裂，裂片三角形，长0.2～0.4 mm，宽0.2～0.3 mm。瘦果黑色，长1.4～2.2 mm，宽0.5～1 mm，无刺，边缘疏生或具较密的缘毛，边缘明显栓质化；冠毛通常缺失，有时为2根不等长或短于1 mm的短硬毛。**物候期**：热带地区花果期几全年。**染色体**：$2n$=78。

【原产地及分布现状】 原产于南美洲及西印度群岛热带地区；在印度、越南、泰国、马来西亚、印度尼西亚归化。**国内分布**：福建（福州、龙海、南靖、泉州、云霄、漳州）、广东（潮州、从化、广州、和平、惠州、茂名、清新、汕头、韶关、深圳、云浮、肇庆、中山）、广西（百色、恭城、河池、南宁、玉林）、贵州（册亨、望谟）、海南（乐东、琼山、五指山）、香港（九龙）、台湾（苗栗、台北）、云南（昆明、麻栗坡、勐腊、普洱、文山）、浙江（杭州）。

【生境】 喜生潮湿环境，生于低海拔村边旷地、路旁、草丛、山谷林缘、溪边、农田、苗圃，在原产地生于海平面附近至海拔 2 600 m。

【传入与扩散】 **文献记载**：钟国芳等（2008）将邱年永和张光雄（1998）《台湾原色药用植物图鉴》第五卷中的名称"天文草"作为 *A.ciliata* 的中文名。**标本信息**：模式标本采自哥伦比亚波哥大（Santa Fede Bogota）附近，1801 年 6 月至 7 月间，Bonpland s. n. (holotype: P, HBK, I DC 6209.107: III.5)。中国境内首次标本采集纪录为陈家瑞、李振宇 125（PE），于 1979 年 8 月 10 日采自福建省南靖县和溪，路边草地。该种无引种和栽培记载，可能是华侨从海外无意引入。天文草与国产种金钮扣外形非常近似，因此常被误定为金钮扣，在华南和台湾常混用俗名"天文草"。**传入方式**：该种传入中国大陆的方式可能为无意引入，其瘦果的缘毛有很强的附着作用，可附在货物包装、衣物或动物的皮毛上传播。该种可侵入农田，因此可随农产品传播，还可能随水流扩散。钟国芳等认为该种可能由民间草医引种到台湾（Chung et al., 2008）。**传播途径**：瘦果借缘毛附着衣物或动物体表被搬运，也可随作物种子传播，还可能借水流扩散。**繁殖方式**：以种子繁殖或分株繁殖。**入侵特点**：天文草结实量大，有多种传播途径。**可能扩散的区域**：热带和亚热带低海拔地区。

【危害及防控】 **危害**：能产生大量新植株，生长旺盛，可侵入农田和园圃成为杂草。**防控**：在果成熟以前全株清除。

【凭证标本】 福建省龙海市九龙岭，海拔 400 m，1997 年 10 月 18 日，谭策铭 971582

（PE）；广东省清远市清新区龙颈镇滨矿，海拔 300 m，1999 年 5 月 22 日，曾飞燕等 1081（PE）；贵州省册亨县者楼镇，海波 550 m，2004 年 12 月 8 日，王封才 0509（PE）。

【相似种】 国产种金钮扣［*Acmella paniculata* (Wallich ex Candolle) R. K. Jansen］与天文草相似，但头状花序无舌状花，瘦果较长，长 2.2～2.9 mm，可以区别。《香港植物志》记载香港九龙还产大花金钮扣［*Spilanthes grandiflora* Turczaninow — *Acmella grandifiroa* (Turzaninow) R.K. Jansen］（Hu et al., 2009），该种舌状花长 5.4～12.2 mm，其舌片长为宽的 3～4 倍，瘦果无木栓质边缘，分布于菲律宾和印度尼西亚。

天文草 [*Acmella ciliata* (Kunth) Cassini]

1. 生境；2. 头状花序侧面，示总苞；3. 花序纵剖，示管状花；4. 叶正面；5. 叶背面；6. 花序枝；7. 植株形态

参考文献

邱年永，张光雄，2010. 原色台湾药用植物图鉴：第 5 卷 [M] . 台北：南天书局 .

Chung K F, Kono Y, Wang C M, et al., 2008. Notes on *Acmella* (Asteraceae: Heliantheae) in Taiwan[J]. Botanical Studies, 49: 73–82.

Hu S Y, Wong Y, 2009. Asteraceae (Compositae). Hong Kong Herbarium, Agriculture, Fisheries and Conservation Department & South China Botanical Garden[M]//Chinese Academy of Sciences. Flora of Hong Kong: vol. 3. HongKong: Agriculture, Fisheries and Conservation Department, Government of the HongKong Special Administrative Region: 268–269.

5. **沼生金钮扣** ***Acmella uliginosa*** (Swartz) Cassini in F. Cuvier, Dict. Sci. Nat. 24: 331. 1822. —— *Spilanthes uliginosa* Swartz, Prodr. 110. 1788. —— *Spilanthes iabadicensis* A.H. Moore, Proc. Amer. Acad. Artis 42: 542. 1907.

【特征描述】 一年生草本，高 10～30（～50）cm。茎单生或从基部分枝，直立到上升或偶有匍匐，绿色到紫色，无毛或适度被柔毛。叶柄长 0.5～1.5 cm，柔毛稀疏或适中，无翅或狭翅；叶片披针形、狭卵形或卵形，长 1.3～5 cm，宽 0.3～2.5 cm，两面无毛或疏生柔毛，基部渐狭楔形，边缘波齿状，疏生柔毛，先端锐尖。头状花序辐射状，单生或 2～3 朵顶生，卵形，长 5～8 mm，宽 4～6 mm，花序梗 1.2～3 cm，疏生柔毛；花托长 3～6 mm，宽 0.5～1 mm，先端渐尖；总苞片 5～6 枚，1 层，先端圆形或急尖；托片淡黄色，开花早期有时具具紫色，长 2.5～3.5 mm，宽约 0.5 mm；舌状花 4～7 朵，花冠黄至橙黄色，长 1.5～3.5 mm，筒部长 0.5～1.5 mm，3 裂，裂片长 1～2 mm，宽 0.5～1.5 mm；管状花 68～148 朵，黄色到橙黄色，花冠长 1～1.6 mm，筒部长 0.2～0.5 mm，檐部 0.7～1.2 mm，裂片三角形，长 0.2～0.3 mm，宽约 0.2 mm。瘦果黑色，长 1.2～1.8 mm，具中等至浓密的直立缘毛；冠毛直立，2 根不等长，刚毛状，长者 0.2～0.7 mm，短者 0.1～0.5 mm。**物候期**：花期全年。**染色体**：$2n$=52。

【原产地及分布现状】 原产于热带美洲，在热带非洲、亚洲南部和东南部广泛归化。**国内分布**：广东（惠州、深圳、徐闻）、台湾（基隆、南投、台北、台中、新北）、香港（九龙）。

【生境】在热带地区，常生于路边、农田、沼泽、溪边、牧场、草地和次生林等受干扰的地区，喜湿，既能适应沙土、黏土、壤土或砾石土，又能生水中，海拔 1 200 m 以下。在台湾，该种通常长在路边，海拔分布范围是 10～100 m。

【传入与扩散】**文献记载**：沼生金钮扣一名始见于钟诗文等（2007）的报道。**标本信息**：牙买加，1784 至 1786 年间，Olof Swartz s.n.（holotype, BM）。1869 年 J. E. Teijsmann 在印度尼西亚爪哇的茂物植物园采到标本。1968 年，胡秀英先后在香港九龙沙田区和大埔区采到该种标本，上述香港标本曾被误定为无舌状花的 *Spilanthes paniculata* Wallich ex Candolle，也即国产种金钮扣［*Acmella paniculata* (Wallich ex Candolle) R.K. Jansen］。R. K. Jansen（1985）将 1968 年采自香港沙田区崇基校园的第一号标本，即胡秀英 6014（K, US）鉴定为 *Acmella uliginosa* (Swartz) Cassini，但未引起注意。**传入方式**：可能随园艺植物种子和农产品贸易传入。**传播途径**：靠人类及动物活动和水流传播。**繁殖方式**：种子繁殖。**入侵特点**：结实量大，有多种传播途径。**可能扩散的区域**：热带和亚热带低海拔地区。

【危害及防控】**危害**：可能成为农田杂草，并入侵湿地。**防控**：加强检验检疫，结果前及时清除，限制其扩散。

【凭证标本】香港九龙沙田区崇基校园，1968 年 10 月 20 日，胡秀英 6014（PE）；九龙大埔区生水中，1968 年 11 月 2 日，胡秀英 6111（PE）。台湾地区台北市土城，2008 年 6 月 11 日，钟明哲 2991（PE）。

【相似种】入侵广东南部的沼生金钮扣标本常被误定为国产种美形金钮扣［*Acmella calva* (Candolle) R. K. Jansen (*Spilanthes callimorpha* A. H. Moore)］，前者为多年生草本，总苞片 5～6 枚，1 层，先端圆形至急尖，瘦果无冠毛；后者为多年生草本，总苞片 8～11 枚，2 层，先端急尖至渐尖，瘦果顶端具 2 根刚毛状冠毛，在国内仅分布云南南部。

沼生金钮扣 [*Acmella uliginosa* (Swartz) Cassini]

1. 头状花序；2. 叶对生；3. 植株形态；4. 花序枝

参考文献

Chung S W, Hsu T C, Chang Y H, 2007. *Acmella uliginosa* (Swartz) Cassini (Asteraceae): A newly naturalized plant in Taiwan[J]. Taiwania, 52(3): 276–279.

53. 牛膝菊属 *Galinsoga* Ruiz & Pavon

一年生草本。叶对生，全缘或有锯齿。头状花序小，异型，辐射状，顶生或腋生，多数头状花序在茎枝顶端排成疏松的伞房花序，有长花序梗，雌花1层，4～5朵，舌状，白色，盘花两性，黄色，全部结实。总苞宽钟状或半球形，总苞片1～2层，约5枚，卵形或卵圆形，膜质，或外层较短而薄草质。花托圆锥状或伸长，托片质薄，顶端分裂或不裂。舌片开展，全缘或2～3齿裂，两性花管状，檐部稍扩大或狭钟状，顶端短或极短的5齿。花药基部箭形，有小耳。两性花花柱分枝微尖或顶端短急尖。瘦果有棱，倒卵圆状三角形，通常背腹压扁，被微毛。冠毛膜片状，少数或多数，膜质，长圆形，流苏状，顶端芒尖或钝；雌花无冠毛或冠毛短毛状。

本属有15～33种或更多，原产于北美洲、墨西哥、西印度群岛、百慕大、中美洲和南美洲，在世界各地广泛归化或入侵。中国归化入侵2种，自东北到西南各地广泛分布。

参考文献

汤东生，董玉梅，陶波，等，2012. 入侵牛膝菊属植物的研究进展［J］. 植物检疫，26（4）：51-55.

Chen Y S, D J Nicholas H, 2011. *Galinsoga*[M]//Wu Z Y, Raven P H, Hong D Y. Flora of China: vol. 20–21. Beijing: Science Press & St. Louis: Missouri Botanical Garden Press: 864–865.

分种检索表

1 全部茎枝被疏散或上部稠密的贴伏短柔毛和少量腺毛；叶片边缘浅或钝锯齿或波状浅锯齿 ………………………………………… 1. 牛膝菊 *Galinsoga parviflora* Cavanilles

1 茎枝及花序以下被稠密的长柔毛；叶片边缘有粗锯齿或牙齿 ………………………………………… 2. 粗毛牛膝菊 *Galinsoga quadriradiata* Ruiz & Pavon

1. **牛膝菊** ***Galinsoga parviflora*** Cavanilles, Icon. 3: 41. 1795.

【别名】 **辣子草、向阳花、小米菊**

【特征描述】 一年生草本，高 10～80 cm。不分枝或自基部分枝，分枝斜升，全部茎枝被疏散或上部稠密的贴伏短柔毛和少量腺毛，茎基部和中部花期脱毛或稀毛。叶对生，卵形或长椭圆状卵形，长（1.5～）2.5～5.5 cm，宽（0.6～）1.2～3.5 cm，基部圆形、宽或狭楔形，顶端渐尖或钝，基出三脉或不明显五出脉，在叶下面稍突起，在上面平，有叶柄，柄长 1～2 cm、向上及花序下部的叶渐小，通常披针形、全部茎叶两面粗涩，被白色稀疏贴伏的短柔毛，沿脉和叶柄上的毛较密，边缘浅或钝锯齿或波状浅锯齿，在花序下部的叶有时全缘或近全缘。头状花序半球形，有长花梗，多数在茎枝顶端排成疏松的伞房花序，花序径约 3 cm。总苞半球形或宽钟状，宽 3～6 mm；总苞片 1～2 层，约 5 枚，外层短，内层卵形或卵圆形，长 3 mm，先端圆钝，白色，膜质。舌状花 4～5 朵，舌片白色，先端 3 齿裂，筒部细管状，外面被稠密白色短柔毛；管状花花冠长约 1 mm，黄色，下部被稠密的白色短柔毛。托片倒披针形或长倒披针形，纸质，顶端 3 裂或不裂或侧裂。瘦果长 1～1.5 mm，3 棱或中央的瘦果 4～5 棱，黑色或黑褐色，常压扁，被白色微毛。舌状花冠毛毛状，脱落；管状花冠毛膜片状，白色，披针形，边缘流苏状，固结于冠毛环上，整体脱落。**物候期：**花果期 7—10 月。**染色体：**$2n$=16。

【原产地及分布现状】 原产南美洲，在我国归化。**国内分布：**安徽、澳门、北京、重庆、福建、甘肃、广东、广西、贵州、海南、河北、河南、黑龙江、湖北、湖南、吉林、江苏、江西、辽宁、内蒙古、陕西、山东、山西、上海、四川、台湾、天津、西藏、香港、新疆、云南、浙江。

【生境】 生林下、河谷地、荒野、河边、田间、溪边或市郊路旁。生于海岸附近到海拔 3 680 m 的山坡草地。

【传入与扩散】 **文献记载：**牛膝菊一名出自贾祖璋和贾祖珊《中国植物图鉴》(1937)。**标本信息：**秘鲁，D. L. Schulz 在 Feddes Repert. 92(5-6): 389. 1981 上指定 MA-CAV p.p 为后选模式。1914 年在云南采到标本。**传入方式：**无意引进，随人或动物活动，特别是园艺植物引种裹挟等传入。**传播途径：**易随带土苗木传播。**繁殖方式：**种子繁殖。**入侵特点：**① 繁殖性 种子量大，种子没有休眠或休眠程度低，生长迅速，开花早，同一生长季节可发生多代。② 传播性 该种的种子小，主要以种子为传播途径，在风力的作用下，随风四散，也可以随人、牲畜、交通工具或大豆、小麦等作物种子调运传播扩散。③ 适应性 该种对养分的要求不高，可以在贫瘠的土地上生长，而且能够适应潮湿的土壤环境。同时，牛膝菊具有强大的根系，能够有效增强其在不良土壤环境下的固土能力，促进对土壤养分及水分的吸收(李康 等，2010)。

【危害及防控】 **危害：**该种是一种难以去除的杂草，适应能力强，发生量大，对农田作物、蔬菜、果树等都有严重影响。**防控：**加强检疫，应用 2 甲 4 氯、百草敌等化学除草剂进行防治。

【凭证标本】 安徽省六安市金寨县油坊店乡何冲村，海拔 170 m，31.505 8N，115.991 2 E，2014 年 7 月 27 日，严靖、李惠茹、王樟华、闫小玲 RQHD00421 (CSH)；湖南省张家界市桑植县八大公山，海拔 500 m，2016 年 7 月 13 日，金效华、张成、江燕 JXH17192 (CSH)；甘肃省平凉市崆峒区柳湖镇八里村，海拔 1 392 m，35.564 0 N，106.630 9 E，2015 年 7 月 29 日，张勇、李鹏 RQSB02595 (CSH)；贵州省毕节市黔西县县城周边，海拔 1 240 m，27.011 3 N，106.026 6 E，2014 年 10 月 3 日，马海英、秦磊、邱天雯 355 (CSH)；河北省承德市避暑山庄，海拔 520 m，40.986 1 N，117.934 9 E，2016 年 11 月 15 日，刘全儒等 RQSB09347 (CSH)；黑龙江省鹤岗市工农区昌南路，海拔 216 m，43.885 7 N，126.436 6 E，2015 年 7 月 30 日，齐淑艳 RQSB03837 (CSH)；四川省甘孜藏族自治州雅江八角楼，海拔 3 252 m，30.075 1 N，101.138 2 E，2016 年 10 月 27 日，刘正宇、张军等 RQHZ05370 (CSH)；云南省怒江州贡山县城周，海拔 1 508 m，27.741 3 N，98.665 5 E，2017 年 1 月 12 日，税玉民、郭世伟 RQXN03057 (CSH)。

牛膝菊（*Galinsoga parviflora* Cavanilles）

1. 生境；2. 花序枝；3. 头状花序；4. 节；5. 头状花序背面，示总苞；6. 头状花序剖面；7. 叶

参考文献

李康，郑宝江，2010. 外来入侵植物牛膝菊的入侵性研究［J］. 山西大同大学学报（自然科学版），26（2）：69-71.

林敏，郝建华，2011. 苏州外来植物入侵风险评估体系及牛膝菊的入侵风险［J］. 生态科学，30（5）：507-511.

汤东生，董玉梅，陶波，等，2012. 入侵牛膝菊属植物的研究进展［J］. 植物检疫，26（4）：51-55.

2. **粗毛牛膝菊** ***Galinsoga quadriradiata*** Ruiz & Pavon, Syst. Veg. Fl. Peruv. Chil. 1: 198. 1798.

【别名】**粗毛辣子草、粗毛小米菊、睫毛牛膝菊、珍珠草**

【特征描述】一年生草本，植株高 8～62 cm。茎叶粗糙，密被开展长柔毛。叶对生，叶片卵形或长椭圆状卵形，茎枝上部叶卵状披针形，长 1.5～6 cm，宽 0.6～4.5 cm，边缘有粗锯齿或牙齿。花序梗长 5～20 mm；总苞半球状至钟状，直径 3～6 mm；总苞片宽椭圆形至倒卵形，长 2～3 mm；托片线形或倒披针形，全缘或 2～3 浅裂。舌状花 4～5 朵，舌片通常白色，有时粉红色，长 0.9～2.5 mm，宽 0.9～2 mm，先端 $^{1}/_{3}$3 齿裂；管状花 15～35 朵，花冠长约 1 mm，黄色，下部密被白色短柔毛。瘦果长（1～）1.3～1.8 mm，黑色或黑褐色，两型；舌状花瘦果冠毛毛状，脱落；管状花瘦果冠毛膜片状，白色，披针形至倒披针形，流苏状，有时具芒，长 0.2～1.7 mm。**物候期**：花期 7—10 月。**染色体**：$2n$=32，48，64（$2n$=2x=32=30 m+2 sm）。

【原产地及分布现状】原产于墨西哥，但广泛分布在美国南部。**国内分布**：安徽、重庆、贵州、黑龙江、湖北、江苏、江西、辽宁、陕西、上海、台湾、云南、浙江。

【生境】生长在田间、溪边、河谷地、林下、荒野、河边和市郊路边。

【传入与扩散】**文献记载**：粗毛牛膝菊一名出自《中国植物志》第75卷（1979）。**标本信息**：秘鲁，利马，Schulz于Feddes Repert. 92: 391（1981）上指定H. Ruiz López & J.A. Pavón s.n.（MA）为后选模式。1943年11月18日在四川成都采到标本。**传入方式**：无意引进，20世纪中叶随园艺植物引种传入。**传播途径**：其种子具短硬毛，借风力黏附于人畜散播，在适宜的生境下实现萌发生长和种群扩散。**繁殖方式**：种子繁殖。

【危害及防控】**危害**：危害秋收作物（玉米、大豆、甘薯、甘蔗）、蔬菜、观赏花卉、果树及茶树，发生量大，危害重。粗毛牛膝菊能产生大量种子，在适宜的环境条件下快速扩增，排挤本土植物，形成大面积的单一优势群落。该种入侵和危害草坪、绿地，造成草坪的荒废，给城市绿化和生物多样性带来巨大威胁。**防控**：翻耕、轮作可以降低种子萌发。采用化学防除可以在幼苗期使用扑草净、敌草隆、西玛津等除草剂，生长期使用2,4-D丁酯、2甲4氯、苯达松等除草剂防除。

【凭证标本】云南省大理州宾川县鸡足山，海拔2 300 m，2013年8月8日，伍凯、郝家琛YN064（BNU）；浙江省宁波市奉化区溪口镇附近，海拔44 m，29.660 4 N，121.242 1 E，2014年10月31日，严靖、闫小玲、王樟华、李惠茹RQHD01196（CSH）；安徽省黄山市黄山区三口镇，海拔306 m，30.113 3 N，118.219 6 E，2014年9月1日，严靖、李惠茹、王樟华、闫小玲RQHD00684（CSH）；广西壮族自治区桂林市雁山区雁山镇，海拔169.5 m，25.069 3 N，110.298 1 E，2014年7月10日，韦春强GL30（IBK）；福建省宁德市福鼎市霞浦县太姥山，海拔508 m，27.121 2 N，120.196 0 E，2014年11月30日，曾宪锋ZXF16379（CZH）。

粗毛牛膝菊（*Galinsoga quadriradiata* Ruiz & Pavon）

1. 生境；2. 群体；3. 植株形态；4. 叶对生；5. 头状花序正面；
6. 花序中突出的管状花；7. 头状花序侧面，示总苞；8. 头状花序剖面

参考文献

李晓春，2016. 入侵植物粗毛牛膝菊种群遗传多样性及遗传分化研究［D］. 沈阳：沈阳大学.

齐淑艳，徐文铎，2008. 外来入侵植物粗毛牛膝菊在辽宁地区的新发现［J］. 辽宁林业科技（4）：20–21.

田陌，张峰，王璐，等，2011. 入侵物种粗毛牛膝菊（*Galinsoga quadriradiata*）在秦岭地区的生态适应性［J］. 陕西师范大学学报（自然科学版），39（5）：71–75.

54. 秋英属 *Cosmos* Cavanilles

一年或多年生草本。茎直立。叶对生，全缘，二回羽状分裂。头状花序较大，单生或排立成疏伞房状，各有多数异形的小花，外围有1层无性的舌状花，中央有多数结果实的两性花。总苞近半球形，总苞片2层，基部联合，顶端尖，膜质或近草质。花托平或稍凸，托片膜质，上端伸长成线形。舌状花舌片大，全缘或近顶端齿裂，两性花花冠管状，顶端有5裂片。花药全缘或基部有2细齿。花柱分枝细，顶端膨大，具短毛或伸出短尖的附器。瘦果狭长，有4～5棱，背面稍平，有长喙。顶端有2～4枚具倒刺毛的芒刺。

本属约有26种，原产美洲热带，广泛引入到世界各地。中国引入4种，其中2种常见栽培，有时逸生或归化。

参考文献

Chen Y S, D J Nicholas H, 2011. *Cosmos*[M]//Wu Z Y, Raven P H, Hong D Y. Flora of China: vol. 20–21. Beijing: Science Press & St. Louis: Missouri Botanical Garden Press: 856.

分种检索表

1 舌状花紫红色，粉红色或白色 ………………………… 1. 秋英 *Cosmos bipinnatus* Cavanilles

1 舌状花黄色至橙红色 ……………………………… 2. 硫磺菊 *Cosmos sulphureus* Cavanilles

1. **秋英** ***Cosmos bipinnatus*** Cavanilles, Icon. 1: 10. 1791.

【别名】 **大波斯菊**

【特征描述】 植株高30～200 cm，无毛或疏生微柔毛，有时被微糙毛。叶柄无或长达1 cm；叶片长6～11 cm，末回裂片宽达1.5 mm，边缘全缘，先端急尖。头状花序单生，直径3～6 cm；花序梗长10～20 cm；萼状苞片开展，线形至披针形，长6～13 mm，先端渐尖；总苞直径 7～15 mm。总苞片直立，披针形至卵状披针形，长 7～13 mm，先端圆形或钝。舌状花白色、粉红色或紫色，舌片倒卵形或倒披针形，长 15～50 mm，先端多少截形，具齿；盘花花冠长 5～7 mm。瘦果果长 7～16 mm，无毛，具小乳突；冠毛无，或为 2～3 根上升或直立的、长 1～3 mm 的芒。**物候期**：花期 6—8 月。**染色体**：2*n*=24=18 m（1 sat）+ 6 sm（1 sat）。

【原产地及分布现状】 原产于墨西哥和美国。**国内分布**：安徽、澳门、北京、重庆、福建、广东、广西、贵州、海南、河北、河南、黑龙江、湖北、湖南、吉林、江苏、江西、辽宁、内蒙古、陕西、山东、山西、上海、四川、台湾、天津、云南、浙江。

【生境】 生于荒野、草坡或道路两旁，海拔 2 700 m 以下。

【传入与扩散】 **文献记载**：孔庆莱《植物学大辞典》（1933）称大波斯菊。秋英一名出自中国植物学会广州分会《广州常见经济植物》（1953）。**标本信息**：根据马德里植物园从墨西哥引种，1789 年开花的植株描述，模式标本存于 MA。**传入方式**：1911 年从日本引入台湾，T. Loesener（1918）于 *Prodromus Florae Tsingtauensis*（P. 478）记载山东青岛有栽培。作为观赏花卉栽培而逸生。**传播途径**：人工引种栽培而扩散。**繁殖方式**：种子繁殖。

【危害及防控】 **危害**：逸生杂草，常在道路两旁、山坡蔓延，影响景观和森林恢复。**防控**：登记审批，严格控制引种。不宜作为荒野、草坡、道路两旁的绿化和美化植物材料。

【凭证标本】 安徽省黄山市黄山区 S218 省道庄里村，海拔 206 m，30.287 2 N，118.091 9 E，2014 年 8 月 31 日，严靖、李惠茹、王樟华、闫小玲 RQHD00675（CSH）；浙江省湖州市安吉县昄山乡四季园，海拔 31 m，31.006 1 N，119.899 2 E，2014 年 9 月 25 日，严靖、闫小玲、王樟华、李惠茹 RQHD01060（CSH）；福建省宁德市寿宁县绿化公园，海拔 83 m，27.219 7 N，119.572 0 E，2015 年 6 月 22 日，曾宪锋 ZXF16600（CZH）；广西壮族自治区来宾市武宣县东乡镇，海拔 151.9 m，23.632 6 N，

109.865 4 E，2016 年 8 月 3 日，韦春强、李象钦 RQXN08286（CSH）；四川省甘孜藏族自治州康定城郊，海拔 3 460 m，30.002 5 N，101.950 4 E，2016 年 10 月 27 日，刘正宇、张军等 RQHZ05355（CSH）；青海省海南藏族自治州共和县青年公园，海拔 2 781 m，36.251 3 N，100.616 5 E，2015 年 7 月 15 日，张勇 RQSB02669（CSH）。

秋英（*Cosmos bipinnatus* Cavanilles）

1. 生境；2. 植株形态；3. 叶；4. 幼苗群体；5. 幼果；6. 头状花序正面；7. 头状花序剖面，示管状花；8. 头状花序背面，示总苞；9. 成熟果序

参考文献

张凡，张芹，龙双红，2012. 波斯菊核型分析［J］. 草业科学，29（11）：1715-1717.

2. **硫磺菊** ***Cosmos sulphureus*** Cavanilles, Icon. 1: 56. 1791.

【别名】 **硫黄菊、黄秋英**

【特征描述】 植株高 30～200 cm，无毛或疏被柔毛或糙硬毛。叶柄长 1～7 cm；叶片长 5～12（～25）cm，末回裂片宽 2～5 mm，边缘疏生小刺状缘毛，先端具小尖。花序梗长 10～20 cm；总苞直径 6～10 mm。外层总苞片斜展，条状钻形，长 5～7（～10）mm，先端急尖；内层总苞片直立，长圆状披针形，长 9～13（～18）mm，先端尖锐至圆钝。舌状花红色、黄色至红橙色，倒卵形，长 18～30 mm，顶端多少截形，小齿状。盘花花冠长 6～7 mm。瘦果长 15～30 mm，通常很小，无毛。**物候期**：花期 7—9 月。**染色体**：$2n=24$。

【原产地及分布现状】 原产墨西哥。**国内分布**：重庆、福建、广东、广西、贵州、湖北、湖南、江苏、陕西、山西、四川、台湾、天津、云南、浙江。

【生境】 生于荒野、草坡、庭院。

【传入与扩散】 **文献记载**：硫磺菊一名出自中国植物学会广州分会《广州常见经济植物》（1952）。**标本信息**：模式标本采自墨西哥，Fr. Abbon 228（holotype, US）。1922 年在福建采到标本。**传入方式**：1938 年从日本引入台湾，作为园艺植物栽培而逸生。**传播途径**：借人工引种而传播扩散。**繁殖方式**：种子繁殖。

【危害及防控】 **危害**：逸生杂草。**防控**：控制引种栽培，严格审批管理。不宜在公路和荒野地作为绿化材料。

【凭证标本】安徽省蚌埠市五河县西坝口村，海拔 15 m，33.146 6 N，117.859 5 E，2014 年 7 月 3 日，严靖、李惠茹、王樟华、闫小玲 RQHD00056（CSH）；河南省濮阳市龙华区北环路与京开大道交界处，海拔 63 m，35.794 5 N，115.059 0 E，2016 年 10 月 25 日，刘全儒、何毅等 RQSB09605（BNU）；广东省揭阳市揭东县白塔乡，海拔 41 m，6.251 3 N，100.616 5 E，2014 年 11 月 19 日，曾宪锋 RQHN06626（CSH）；江西省新余市渝水区，海拔 117.46 m，27.833 8 N，114.858 0 E，2016 年 10 月 25 日，严靖、王樟华 RQHD03430（CSH）；新疆维吾尔自治区阿勒泰地区布尔津县郊区，海拔 470 m，47.709 6 N，86.878 0 E，2015 年 8 月 12 日，张勇 RQSB02214（CSH）。

硫磺菊（*Cosmos sulphureus* Cavanilles）

1. 生境；2. 果序；3. 叶；4. 头状花序；5. 幼嫩果序；6. 部分枝叶；7. 头状花序背面，示苞片

参考文献

王建华，毛忠良，吴国平，等，2015. 苏南地区硫磺菊观赏栽培与管理技术 [J] . 南方园艺，26 (3): 39-40.

55. 鬼针草属 *Bidens* Linnaeus

一年生或多年生草本。茎直立或匍匐，通常有纵条纹。叶对生或有时在茎上部互生，稀3枚轮生，全缘或具齿，缺刻，或一至三回三出或羽状分裂。头状花序单生茎，枝端或多数排成不规则的伞房状圆锥花序丛。总苞钟状或近半球形，苞片通常1～2层，基部常合生，外层草质，短或伸长为叶状，内层通常膜质，具透明或黄色的边缘；托片狭，近扁平，干膜质。花杂性，外围一层为舌状花，或无舌状花而全为筒状花，舌状花中性，稀为雌性，通常白色或黄色，稀为红色，舌片全缘或有齿；管状花筒状，两性，可育，冠檐壶状，整齐，4～5裂。花药基部钝或近箭形；花柱分枝扁，顶端有三角形锐尖或渐尖的附器，被细硬毛。瘦果扁平或具4棱，倒卵状椭圆形、楔形或条形，顶端截形或渐狭，无明显的喙，有芒刺2～4枚，其上有倒刺状刚毛；果体褐色或黑色，光滑或有刚毛。

本属有150～250种，广布于全球热带及温带地区，尤以美洲种类最为丰富。中国原产约7种，另有外来入侵7种，分布几遍布全国各地。

参考文献

陈封怀，胡启明，1979. 鬼针草属 [M] // 林榕 . 中国植物志：第 75 卷 . 北京：科学出版社：369-381.

Chen Y S, D J Nicholas H, 2011. *Bidens*[M]//Wu Z Y, Raven P H, Hong D Y. Flora of China: vol. 20–21. Beijing: Science Press & St. Louis: Missouri Botanical Garden Press: 857–860.

分种检索表

1 瘦果较宽，楔形或倒卵状楔形，顶端截形 ························ 2

1 瘦果条形，顶端渐狭 ························ 3

2 叶常一回羽状分裂或具 2～5 小叶，小叶披针形；叶状总苞片 10～16（21）枚 ……………………………………………………………………… 1. 多苞狼杷草 *Bidens vulgata* Greene

2 叶常 3（～5）小叶，小叶披针形至披针状卵形；叶状总苞片（5～）8（～10）枚 ……………………………………………………………………… 2. 大狼杷草 *Bidens frondosa* Linnaeus

3 总苞外层苞片披针形，先端不增宽，被柔毛；叶二至三回羽状分裂 ……………………… 4

3 总苞外层苞片匙形，先端增宽，无毛或仅边缘有稀疏柔毛；叶通常为三出复叶 ………… 5

4 叶二至三回羽状分裂，末回裂片长圆状披针形或长圆状线形 ……………………………………………………………………… 3. 南美鬼针草 *Bidens subalternans* Candolle

4 叶二至三回羽状分裂，末回裂片三角状或菱状披针形……4. 婆婆针 *Bidens bipinnata* Linnaeus

5 头状花序边缘无舌状花，如存在时，舌状花小型，两性，下部管状，舌片白色，花冠长 2～3 mm；瘦果顶端具 3（～5）芒刺 ……………………… 5. 三叶鬼针草 *Bidens pilosa* Linnaeus

5 头状花序边缘具大型舌状花，舌状花白色，不育，舌片长 3～18 mm、瘦果具 0～2 芒刺 ……………………………………………………………………… 6

6 外层叶状总苞片（8～）12（～16）枚，阔匙形，长 2～4 mm，宽 0.6～1.3 mm；边缘舌状花长为宽的 2 倍或更长；瘦果具 2 芒刺、小叶不分裂 ……………………………………………………………………… 6. 白花鬼针草 *Bidens alba* (Linnaeus) Candolle

6 外层叶状总苞片（6～）8（～12）枚，线形至线状匙形，长 1～5 mm，宽 0.2～1 mm、边缘舌状花长不到宽的 2 倍，瘦果具 0～2 芒刺；小叶不分裂或强烈分裂 ……………………………………………………………………… 7. 芳香鬼针草 *Bidens odorata* Cavanilles

1. **多苞狼杷草（新拟）*Bidens vulgata*** Greene，Pittonia 4(21A): 72. 1899.

【特征描述】 一年生草本。茎直立，分枝，高 30～170 cm。叶对生、叶柄长 10～50 cm、叶片轮廓三角形至卵形，长 50～100（～150）mm，宽（15～）30～80（～120）mm，通常一回羽状长条裂或具小叶 3～5 枚，一回裂片或小叶披针形，长 20～80（～120）mm，宽 10～25（～40）mm，叶片稀二至三回羽状分裂，基部楔形，最终裂片边缘具齿或锯齿，具纤毛，先端尖至渐尖，两面无毛或具刚毛。头状花序单生茎端和枝端，有时数个组成开展的伞房花序，直立。总苞半球形或较宽，长 5～6 mm，直径 8～10 mm。外层叶状总苞片 10～16（～21）枚，斜升或开展，匙形至线形，长 10～20 mm，边缘常具刚毛状纤毛，下面具小刚毛，内层总苞片 10～12 枚，卵形至披针形，长 6～9 mm。边缘舌状花无或 3～5 朵，舌片淡黄色，长 2.5～3.5 mm。中央管状花 40～60 朵，花冠黄色，长 2.5～3.5 mm。瘦果微紫色、褐色、橄榄色或稻草色，扁平，倒卵形至楔形，外层长 6～10 mm，内层长 8～12 mm，边缘下部具向上的钩刺，上部具向下的钩刺，先端截形，两面具 1 脉，模糊可见，有时具结节，无毛或具疏糙伏毛，顶端芒刺 2 枚，直立或叉开，长 3～4（～7）mm，有倒刺毛。**物候期：**花果期 8—10 月。**染色体：**$2n$=24，48。

【原产地及分布现状】 原产于美国。**国内分布：**北京、河北、吉林、江苏、辽宁、上海。

【生境】 常生长在水边、山沟、荒地、田间、沟边或路边。

【传入与扩散】 **标本信息：**美国，1896－09－25, Greene #s.n. (lectotype, Herb. Greene 15066 at NDG [NDG－060649])，由 A. Cronquist 于 Intermountain Fl. 5: 48. 1994 选定。中国归化植物新记录。**传入方式：**可能通过作物或旅行等无意引进到华东地区。**传播途径：**主要通过瘦果芒刺上的倒刺毛钩于牲畜体表或人的衣物上传播。**繁殖方式：**种子繁殖。

【危害及防控】 **危害：**该种是农田和水稻田常见杂草，也见于路边田埂上及抛荒农田，由于其根系发达，吸收土壤水分和养分的能力很强，耗肥和耗水常超过作物生长的消耗，发生量大，影响作物对光能利用和光合作用，干扰并限制作物的生长。**防治：**加强检疫，精选种子，可用氯氟吡氧乙酸、2 甲 4 氯等进行化学防除。

【凭证标本】 江苏省泰州市杂草实验站，海拔 10 m，32.134 3 N，119.541 E，2018 年 11 月 16 日，李振宇、王晓萍、刘梅、夏常英 13975（PE）。

【相似种】 中国以往的文献资料常常将该种误定为大狼杷草（*Bidens frondosa* Linnaeus），二者形态上很相似，主要区别特征如检索表所示。

多苞狼杷草（*Bidens vulgata* Greene）

1. 植株形态；2. 瘦果；3. 群体；4. 果序；5. 生境；6. 果序纵剖；7. 头状花序；8. 花序枝

参考文献

Flora of North America Editorial Committee, 2006. Magnollophyta: Asteridae, part 8: Asteraceae, part. 3[J]. Fl. N. Amer., 21: 1–616.

2. **大狼杷草** ***Bidens frondosa*** Linnaeus, Sp. Pl. 2: 832. 1753.

【别名】 **接力草、外国脱力草**

【特征描述】 一年生草本。茎直立，分枝，高 20～120 cm，被疏毛或无毛，常带紫色。叶对生，具柄，为一回羽状复叶，小叶 3～5 枚，披针形，长 3～10 cm，宽 1～3 cm，先端渐尖，边缘有粗锯齿，通常背面被稀疏短柔毛，至少顶生者具明显的柄。头状花序单生茎端和枝端，连同总苞苞片直径 12～25 mm，高约 12 mm。总苞钟状或半球形，外层苞片 5～10 枚，通常 8 枚，披针形或匙状倒披针形，叶状，边缘有缘毛；内层苞片长圆形，长 5～9 mm，膜质，具淡黄色边缘。无舌状花或舌状花不发育，极不明显，筒状花两性，花冠长约 3 mm，冠檐 5 裂。瘦果扁平，狭楔形，长 5～10 mm，近无毛或是糙伏毛；顶端芒刺 2 枚，长约 2.5 mm，有倒刺毛。**物候期：**花果期 7—10 月。**染色体：**$2n$=24，48，72。

【原产地及分布现状】 原产于北美洲。**国内分布：**安徽、北京、重庆、甘肃、贵州、河北、黑龙江、湖南、吉林、江苏、江西、辽宁、上海、云南、浙江、广西。

【生境】 常生长在荒地、田间、沟边、路边及低洼地，以湿润山坡灌丛、地边路旁、村边沟地为多。

【传入与扩散】 **文献记载：**大狼杷草一名始见于贾祖璋、贾祖珊《中国植物图鉴》（1937）。**标本信息：**后选模式标本为 Herb. Linn. 975.5 (LINN)，采自北美，由 Jeanmonod 于 Gamisans 和 Jeanmonod 编写的 Compl. Prodr. Fl. Corse, Asteraceae 1: 166, 1998 选定。

1926 年 9 月 23 日在江苏采到标本，存放于中国科学院植物研究所标本馆。**传入方式**：可能通过作物或旅行等无意引进到华东地区。**传播途径**：主要通过瘦果芒刺上的倒刺毛钩于牲畜体表或人的衣物上传播，水流也可以帮助其传播（韦春强 等，2013）。**繁殖方式**：种子繁殖。

【危害及防控】 **危害**：该种是秋收作物（棉花、大豆及番薯）和水稻田常见杂草，也见于路边田埂上及抛荒农田，由于其根系发达，吸收土壤水分和养分的能力很强，耗肥和耗水常超过作物生长的消耗，故发生量大，影响作物对光能利用和光合作用，干扰并限制作物的生长。**防治**：加强检疫，精选种子，可用氯氟吡氧乙酸、2 甲 4 氯等进行化学防除。

【凭证标本】 安徽省合肥市巢湖市柘皋镇仓房村，海拔 21 m，31.760 8 N，117.746 5 E，2014 年 7 月 21 日，严靖、李惠茹、王樟华、闫小玲 RQHD00278（CSH）；北京市顺义区潮白河畔，海拔 27 m，40.065 9 N，116.746 1 E，2014 年 9 月 18 日，刘全儒 RQSB09956（CSH）；甘肃省陇南市徽县银杏乡银杏村，海拔 941 m，33.802 3 N，106.037 8 E，2015 年 10 月 3 日，张勇、赵甘新 RQSB01486（CSH）；贵州省贵阳市，海拔 1 368 m，26.321 1 N，106.065 2 E，2014 年 8 月 12 日，马海英、秦磊、敖鸿舜 269（CSH）；黑龙江省鸡西市城子河区永丰乡新华村，海拔 41 m，42.825 0 N，130.382 1 E，2015 年 8 月 2 日，齐淑艳 RQSB03897（CSH）；江苏省南京市六合区太平集，海拔 19.71 m，32.322 8 N，118.974 1 E，2015 年 6 月 29 日，严靖、闫小玲、李惠茹、王樟华 RQHD02484（CSH）。

【相似种】 多苞狼杷草（*Bidens vulgata* Greene）常被误定为该种，两者形态上很相似，主要区别特征如检索表所示。因此，大狼杷草的确切地理分布可能需要重新核实。

大狼杷草（*Bidens frondosa* Linnaeus）

1. 植株上部；2. 头状花序侧面，示总苞；3. 头状花序

参考文献

崔锡花，杜晓军，曹凤秋，等，2004. 延边地区狼杷草的生态学特性及其防除技术［J］. 延边大学农学学报，26（3）：183-188.

韦春强，唐赛春，潘玉梅，等，2016. 养分对入侵植物大狼杷草和近缘本地植物狼杷草竞争的影响［J］. 热带亚热带植物学报，24（6）：609-616.

韦春强，赵志国，丁莉，等，2013. 广西新纪录入侵植物［J］. 广西植物（2）：275-278.

夏至，高致明，李贺敏，等，2014. 鬼针草及其近缘种的分子鉴定和亲缘关系研究［J］. 中草药，45（6）：828-834.

周兵，闫小红，肖宜安，等，2012. 外来入侵植物大狼杷草种群构件生物量结构研究［J］. 广西植物，32（5）：650-655.

3. **南美鬼针草（新拟）*Bidens subalternans*** Candolle. Prodr. 5: 600. 1836.

【别名】 **鬼针草**

【特征描述】 一年生草本。茎直立，高 40～100 cm，分枝，具 4 棱，无毛或被疏硬毛。叶对生，具柄，叶片长 6～21 cm，一至二回羽状分裂，裂片长圆状披针形或长圆状线形，长 4～11 cm，宽 3～6 cm，被密或疏短毛，多少具齿，或具粗锯齿，先端渐尖、叶柄具狭翅。头状花序单生分枝顶端，花期长 8～10 mm，直径 5～6 mm，果期长达 17 mm，直径达 16 mm、花序梗长 1～4 cm。总苞杯状，基部有柔毛，外层苞片 5～7 枚，条形，开花时长约 2.5 mm，果时长达 5 mm，草质，先端钝，被稍密的短柔毛；内层苞片膜质，椭圆形，长 3.5～4 mm，花后伸长为狭披针形，果时长 6～8 mm，背面褐色，被短柔毛，具黄色边缘、托片狭披针形，长约 5 mm，果时长可达 12 mm。舌状花通常 1～3 朵，不育，舌片黄色，椭圆形或倒卵状披针形，长 4～5 mm，宽 2.5～3.2 mm，先端全缘或具 2～3 齿，管状花筒状，黄色，长约 4.5 mm，冠檐 5 齿裂。瘦果 30～50 个，条形，具 4 棱，有沟槽，淡黑色，上部无毛或被疏硬毛，顶端具 3～4 根芒刺。**物候期**：花期 8—10 月，果期 9—10 月。**染色体**：$2n$=48。

【原产地及分布现状】 原产于南美洲（阿根廷、玻利维亚、巴西、智利、哥伦比亚、巴拉圭、乌拉圭），1903 年在比利时被报道。在欧洲和澳大利亚归化或入侵。**国内分布：**江苏连云港和山东日照。

【生境】 生于沟边、路旁、荒地。

【传入与扩散】 **标本信息：**巴西，Bahia，locis cultis.，P. Salzmann，48（holotype，G00454740）。2013 年在江苏连云港采集标本，中国归化植物新记录。**传播途径：**种子产量大，瘦果顶端带有刺芒，借动物和大豆携带传播。在长距离传播中，除可依附羊毛运输传播外，还可借进口谷物和大豆传播。**繁殖方式：**种子繁殖。

【危害及防控】 **危害：**可侵入农田和果园，造成作物减产。**防治：**加强监控，开花前人工拔除。

【凭证标本】 江苏省连云港市港区附近，2013 年 9 月 11 日，李振宇、范晓虹、于胜祥等 12872（PE）。山东省日照市岚山路边草地，2016 年 9 月 28 日，李振宇、傅连中、范晓虹等 13718（PE）。

【相似种】 本种与国产种小花鬼针草（*Bidens parviflora* Willdenow）在植株外形上相近，但后者瘦果顶端仅具 2 根芒刺。

南美鬼针草（*Bidens subalternans* Candolle）

1. 植株形态；2. 头状花序单生分枝顶端；3. 幼嫩果序；4. 成熟果序；5. 叶对生，二回羽状分裂

参考文献

Missouri Botanical Garden, St. Louis, MO & Harvard University Herbaria, Cambridge, MA. eFloras (2019). http: //www.efloras.org [2020-3-28].

4. 婆婆针 *Bidens bipinnata* Linnaeus, Sp. Pl. 2: 832. 1753.

【别名】 **鬼针草、鬼钗草**

【特征描述】 一年生草本。茎直立，高 30～120 cm，下部略具 4 棱，无毛或上部被稀疏柔毛，基部直径 2～7 cm。叶对生，具柄，柄长 2～6 cm，背面微凸或扁平，腹面沟槽，槽内及边缘具疏柔毛，叶片长 5～14 cm，二至三回羽状分裂，第一回分裂深达中肋，裂片再次羽状分裂，小裂片三角状或菱状披针形，具 1～2 对缺刻或深裂，顶生裂片狭，先端渐尖，边缘有稀疏不规整的粗齿，两面均被疏柔毛。头状花序直径 6～10 mm，花序梗长 1～5 cm（果时长 2～10 cm）。总苞杯形，基部有柔毛，外层苞片 5～7 枚，条形，开花时长 2.5 mm，果时长达 5 mm，草质，先端钝，被稍密的短柔毛；内层苞片膜质，椭圆形，长 3.5～4 mm，花后伸长为狭披针形，及果时长 6～8 mm，背面褐色，被短柔毛，具黄色边缘、托片狭披针形，长约 5 mm，果时长可达 12 mm。舌状花通常 1～3 朵，不育，舌片黄色，椭圆形或倒卵状披针形，长 4～5 mm，宽 2.5～3.2 mm，先端全缘或具 2～3 齿；管状花筒状，黄色，长约 4.5 mm，冠檐 5 齿裂。瘦果条形，略扁，具 3～4 棱，长 12～18 mm，宽约 1 mm，具瘤状突起及小刚毛；顶端芒刺 3～4 枚，很少 2 枚，长 3～4 mm，具倒刺毛。**物候期**：花期 8—10 月。**染色体**：$2n$=24，72。

【原产地及分布现状】 原产于美洲，现广布于美洲、亚洲、欧洲及非洲东部。**国内分布**：东北、华北、华东、华南、华中、西南、甘肃、陕西。

【生境】 生于路边、荒地、山坡及田间。

【传入与扩散】 **文献记载**：Flora Hongkongensis（1861）记载。婆婆针一名在《中国高等植物图鉴》第四册（1975）种作异名出现，在《中国植物志》第 75 卷（1979）作正式中文名。**标本信息**：模式标本采自美国弗吉尼亚，由 MesfinTadesse 于 Kew Bull. 48: 499. 1993 指定 Herb. Linn. 975.12（LINN）为后选模式。**传播途径**：瘦果顶端带有刺芒，借风和水传播，也容易挂在动物毛皮及人衣服上携带传播。**繁殖方式**：种子繁殖。

【危害及防控】 **危害**：可侵入农田、果园和苗圃，造成作物减产。**防控**：加强监控，结果前清除。

【凭证标本】 安徽省滁州市天长市十八集乡，海拔 18 m，32.683 0 N，118.913 0 E，2014 年 6 月 12 日，严靖、李惠茹、王樟华、闫小玲 LHR00659（CSH）；贵州省黔西南布依族苗族自治州普安县县城周边，海拔 1 562 m，25.793 61 N，104.965 2 E，2014 年 10 月 1 日，马海英、秦磊、邱天雯 317、河南省登封市薛家门外，海拔 444 m，34.470 5 N，113.050 8 E，2016 年 11 月 8 日，刘全儒、何毅等 RQSB09500（BNU）；黑龙江省牡丹江市爱民区民安路北山公园，海拔 17 m，38.746 9 N，121.210 6 E，2015 年 9 月 19 日，齐淑艳 RQSB04168（CSH）；江苏省徐州市铜山区 S323 五场，海拔 37 m，34.298 8 N，117.479 4 E，2015 年 5 月 30 日，严靖、闫小玲、李惠茹、王樟华 RQHD02124（CSH）；陕西省安康市石泉县县城汉江沿岸，海拔 401 m，33.011 1 N，108.278 9 E，2015 年 10 月 3 日，张勇 RQSB01460（CSH）；四川省阿坝藏族羌族自治州九寨沟县九寨沟金寨沟镇，海拔 2 126 m，33.310 3 N，103.836 3 E，2015 年 10 月 15 日，刘正宇、张军等 RQHZ05747（CSH）；天津市红桥区西沽公园，海拔 5 m，39.173 6 N，117.165 8 E，2014 年 8 月 27 日，苗雪鹏 14082706（CSH）。

【相似种】 分子系统学研究表明该种与金盏银盘［*Bidens biternata* (Lour.) Merr. et Sherff］构成姐妹群，具有较近的亲缘关系（夏至 等，2014）。

婆婆针（*Bidens bipinnata* Linnaeus）

1. 植株形态；2. 幼苗；3. 头状花序侧面，示总苞；4. 头状花序；5. 头状花序剖面，示管状花；6. 幼嫩果序；7. 单一幼嫩果序；8. 成熟果序；9. 无舌状花的头状花序

参考文献

邓玲娇，邹知明，2012. 三叶鬼针草生长、繁殖规律与防除效果研究［J］. 西南农业学报，25（4）: 1460-1463.

夏至，高致明，李贺敏，等，2014. 鬼针草及其近似种的分子鉴定和亲缘关系研究［J］. 中草药，45（6）: 828-834.

Ge C J, 1990. Cytological study on *Bidens bipinnata* L[J]. China Mat. Med., 15: 8–10.

Peng C I, Hsu C C, 1978. Chromosome numbers in Taiwan Compositae[J]. Bot. Acad. Sin., 19: 53–66.

Sirbu C, Oprea A, 2008. New alien species for the flora of Romania: *Bidens bipinnata* L. (Asteraceae)[J]. Turkish Journal of Botany, 32(3): 255–258.

5. **三叶鬼针草** ***Bidens pilosa*** Linnaeus, Sp. Pl. 2: 832. 1753.

【别名】 **鬼针草**

【特征描述】 一年生草本，茎直立，高 30～100 cm，钝四棱形，无毛或上部被极稀疏的柔毛，基部直径可达 6 mm。茎下部叶较小，3 裂或不分裂，通常在开花前枯萎，中部叶具长 1.5～5 cm 无翅的柄，三出复叶，小叶 3 枚，很少为具 5（～7）小叶的羽状复叶或单叶，两侧小叶椭圆形或卵状椭圆形，长 2～4.5 cm，宽 1.5～2.5 cm，先端锐尖，基部近圆形或阔楔形，有时偏斜，不对称，具短柄，边缘有锯齿；顶生小叶较大，长椭圆形或卵状长圆形，长 3.5～7 cm，先端渐尖，基部渐狭或近圆形，具长 1～2 cm 的柄，边缘有锯齿，无毛或被极稀疏的短柔毛，上部叶小，3 裂或不分裂，条状披针形。头状花序直径 8～9 mm，有长 1～6 cm（果时长 3～10 cm）的花序梗。总苞基部被短柔毛，苞片 7～8 枚，条状匙形，上部稍宽，开花时长 3～4 mm，果时长至 5 mm，草质，边缘疏被短柔毛或几无毛，外层托片披针形，果时长 5～6 mm，干膜质，背面褐色，具黄色边缘；内层较狭，条状披针形。无舌状花，管状花筒状，长约 4.5 mm，冠檐 5 齿裂。瘦果黑色，条形，略扁，具棱，长 7～13 mm，宽约 1 mm，上部具稀疏瘤状突起及刚毛；顶端芒刺 3～4 枚，长 1.5～2.5 mm，具倒刺毛。**物候期**：花期全年。**染色体**：$2n=24$，36，48，72。

【原产地及分布现状】广布于亚洲和美洲的热带和亚热带地区。**国内分布：**华东、华中、华南、西南各省区。

【生境】生于村旁、路边及荒地中。

【传入与扩散】**文献记载：**三叶鬼针草一名见于侯宽昭《广州植物志》(1956)。**标本信息：**模式标本采自美洲，由 W. G. D'Arcy 于 Ann.Missouri Bot. Gard. 62(4): 1178. 1975 (1976) 指定 Herb. Linn. 975.8 (LINN) 为后选模式。Flora Hongkongensis (1861) 首次记载时，该种在当时已经成为一种杂草。**传入方式：**可能随进口种子无意传入我国。**传播途径：**该种的瘦果冠毛芒状具倒刺，可以附着于人类和动物身上传播。**繁殖方式：**种子繁殖。**入侵特点：**① 繁殖性 该种植株高大，可产生几个到几十个分枝，每个分枝上又可产生几十到几百个头状花序。自然状态下，每个花序约可产生 36 粒饱满的瘦果(种子)。若以单个植株可产生 500 个花序计算，每株就可以产生 18 115 粒饱满的种子，结实量极大。该种还具有很高的萌发率，研究表明，三叶鬼针草的种子萌发率约为 80%，播种后第六天几乎所有的种子均已萌发。② 适应性 鬼针草具有灵活的交配机制，既可进行异交传粉，又可以自交结实，这是其入侵成功的重要因素(郝建华 等，2009)。

【危害及防控】**危害：**繁殖能力强、传播速度快，入侵番薯、花生、大豆田及果园和草坪。**防控：**可参照白花鬼针草。

【凭证标本】安徽省淮南市田家庵区奥林匹克公园，海拔 49 m，32.571 1 N，117.009 4 E，2014 年 7 月 24 日，严靖、李惠茹、王樟华、闫小玲 RQHD00342 (CSH)；北京市海淀区东北旺，2011 年 9 月 12 日，张劲林 11091202 (BNU)；重庆市涪陵区白涛，海拔 223 m，29.541 5 N，107.493 7 E，2016 年 10 月 21 日，刘正宇、张军等 RQHZ05603 (CSH)；福建省漳州市东山县，海拔 4 m，23.592 4 N，117.426 1 E，2014 年 9 月 21 日，曾宪锋 RQHN06128 (CZH)；广东省揭阳市揭东县，23.672 7 N，

116.176 8 E，2014 年 11 月 19 日，曾宪锋 RQHN06675（CSH）；广西壮族自治区百色市田阳县那坡镇，海拔 107.917 5 m，23.727 4 N，106.827 6 E，2016 年 1 月 18 日，唐赛春、潘玉梅 RQXN08110（CSH）；贵州省黔西南州兴仁县鸦桥村旁，海拔 1 290 m，25.442 2 N，105.143 8 E，2016 年 7 月 13 日，马海英、彭丽双、刘斌辉、蔡秋宇 RQXN05162（CSH）；湖南省湘西州龙山县八面山，海拔 1 300 m，2016 年 7 月 11 日，金效华、张成、江燕 JXH17130（CSH）；江西省新余市分宜县，2016 年 10 月 24 日，严靖、王樟华 RQHD03412（CSH）；四川省乐山市马边县苏坝乡苏坝村，海拔 783 m，28.728 1 N，103.486 6 E，2014 年 11 月 3 日，刘正宇、张军等 RQHZ06204（CSH）；云南省红河州金平县金河乡哈尼田太阳寨酒场，海拔 1 816 m，24.817 2 N，104.001 1 E，2015 年 5 月 30 日，税玉民、陈文红 RQXN00070（CSH）。

【相似种】 有的学者误将本种混称“鬼针草”，鬼针草一名见于陈藏器《本草拾遗》（739），远早于哥伦布发现美洲，可能指国产的小花鬼针草（*Bidens parviflora* Willdenow）。

三叶鬼针草（*Bidens pilosa* Linnaeus）

1. 生境；2. 果序；3. 三小叶复叶；4. 头状花序；
5. 果序和花序侧面，示总苞；6. 幼果果序；7. 花序枝

参考文献

郝建华，刘倩倩，强胜，2009. 菊科入侵植物三叶鬼针草的繁殖特征及其与入侵性的关系［J］. 植物学报，44（6）：656-665.

李扬汉，1998. 中国杂草志［M］. 北京：中国农业出版社：272-273.

6. **白花鬼针草** ***Bidens alba*** (Linnaeus) Candolle, Prodr. 5: 605. 1836. —— *Bidens pilosa* var. *albus* (Linnaeus) O. E. Schutz, Symb. Antill. 7(1): 136. 1911. —— *Coreopsis alba* Linnaeus, Sp. Pl. 2: 908. 1753. —— *Bidens pilos* Linnaeus f. *radiate* Schultz in C. H. Schultz in Webb & Berthelot, Hist. Nat. Iles Canaries 3(2): 242. 1844.

【别名】 **大花咸丰草**

【特征描述】 一年生草本，茎直立，高 30～100 cm，钝四棱形，无毛或上部被极稀疏的柔毛，基部直径可达 6 mm。茎下部叶较小，3 裂或不分裂，通常在开花前枯萎，中部叶具长 1.5～5 cm 无翅的柄，三出复叶，小叶 3 枚，很少为具 5（～7）小叶的羽状复叶，两侧小叶椭圆形或卵状椭圆形，长 2～4.5 cm，宽 1.5～2.5 cm，先端锐尖，基部近圆形或阔楔形，有时偏斜，不对称，具短柄，边缘有锯齿、顶生小叶较大，长椭圆形或卵状长圆形，长 3.5～7 cm，先端渐尖，基部渐狭或近圆形，具长 1～2 cm 的柄，边缘有锯齿，无毛或被极稀疏的短柔毛，上部叶小，3 裂或不分裂，条状披针形。头状花序直径 8～9 mm，有长 1～6 cm（果时长 3～10 cm）的花序梗。总苞基部被短柔毛，苞片 7～8 枚，条状匙形，上部稍宽，开花时长 3～4 mm，果时长至 5 mm，草质，边缘疏被短柔毛或几无毛，外层托片披针形，果时长 5～6 mm，干膜质，背面褐色，具黄色边缘，内层较狭，条状披针形。头状花序边缘具舌状花 5～7 朵，白色，长 5～15 mm，宽 3.5～5 mm，先端钝或有缺刻；管状花筒状，长约 4.5 mm，冠檐 5 齿裂。瘦果黑色，条形，略扁，具棱，长 7～13 mm，宽约 1 mm，上部具稀疏瘤状突起及刚毛；顶端芒刺 3～4 枚，长 1.5～2.5 mm，具倒刺毛。

【原产地及分布现状】 原产于热带美洲，最早记载于加勒比区维京群岛的圣洛克伊岛。现广布于世界各地的热带和亚热带地区。**国内分布**：澳门、福建、广东、广西、海南、江西、台湾、香港、湖南、贵州。

【生境】 生于撂荒地、路边、农田、果园、林地等。

【传入与扩散】 **文献记载**：舌状花较小的类型在国内出现较早，林镕于北平研究院丛刊 2：492.1934 记载。白花鬼针草一名见于《中国植物志》75 卷（1979）。**标本信息**：模式标本 Ferrer-Gallego 于 Phytotaxa 282(1): 75（2016）指定 Hermann, Paradisus Batavus 124(i. e. t. 30)（1698）为后选模式。**传入方式**：舌状花较小的类型于 1934 年被报道，系无意传入的杂草，舌状花较大的类型于 20 世纪 70 年代作为蜜源植物引入台湾。胡秀英 21929（PE）于 1992 年 12 月 10 日采自香港九龙。**传播途径**：人为散播种子，其瘦果顶端带有刺芒，借风和水传播，也容易挂在动物毛皮及人衣服上携带传播。**繁殖方式**：以种子繁殖为主，也有无性繁殖能力，从成熟茎秆上切下的枝条很容易生根形成新的植株（邢福武，2007）。**入侵特点**：① 繁殖性 每株成熟植株可产生 3 000～6 000 粒种子，种子能够保持 3～5 年的发芽能力。在热带地区，种子没有休眠，成熟之后落地即可萌发。② 传播性 该种种子有容易被无意传播的特性。③ 适应性 该种种子的萌发对光线要求不高，在阴暗处，种子也可以萌发生长（洪岚 等，2004）。而且该种存在世代重叠的现象，也是白花鬼针草能够快速入侵扩散的因素之一。**可能扩散的区域**：白花鬼针草在中国的高度适生区主要位于广东、广西、海南、云南、福建、台湾。到 2007 年，该种在全球的适生区面积与当前相似，但在中国的适生区有所增大，在中国有进一步扩张的风险（岳茂峰，2016）。

【危害及防控】 **危害**：白花鬼针草繁殖能力强、传播速度快，并具有强烈的化感作用，排斥其他草本植物，造成生物多样性降低，严重威胁乡土植物的生存（田兴山 等，2010）；易入侵番薯、花生、大豆等农田，以及郁闭度不高的果园、林地和草地等，造成土壤肥力下降，作物减产，对当地的农业、林业、畜牧业以及生态环境造成巨大影响。**防控**：在盛花期利用人工拔除或机械铲除。在大面积发生的地方可利用草甘膦、百草枯等灭生性除草剂以及使用使它隆、苯达松等选择性除草剂对不同生境的白花鬼针草进行灭杀。筛选竞争力强的乡土植物，构建一个抵御外来入侵植物能力强的生态群落。

【凭证标本】 安徽省滁州市来安县釜山水库，海拔 32 m，32.666 4 N，118.658 0 E，2014 年 6 月 12 日，严靖、李惠茹、王樟华、闫小玲 LHR00685（CSH）；澳门小潭山环山径，海拔 45 m，22.160 8 N，113.546 9 E，2014 年 10 月 9 日，王发国 RQHN02607（CSH）；海南省海口市美兰区海南省大学校园，海拔 10 m，20.060 6 N，110.317 9 E，2015 年 8 月 6 日，王发国、李仕裕、李西贝阳、王永淇 RQHN03142（CSH）；广东省广州市天河区华南植物园科研区，海拔 17 m，23.177 9 N，113.353 4 E，2014 年 8 月 24 日，朱双双 RQHN00130（CSH）；广西壮族自治区南宁市南宁至玉林高速公路，海拔 94 m，22.852 4 N，108.405 8 E，2009 年 2 月 3 日，刘全儒、孟世勇 GXGS001（CSH）；广西壮族自治区百色市隆林县天生桥镇，海拔 661 m，24.949 5 N，105.116 1 E，2014 年 12 月 22 日，唐赛春、潘玉梅 RQXN07625（IBK）；吉林省白城市洮南市建设东路，海拔 154 m，2016 年 6 月 30 日，齐淑艳 RQXN08401（CSH）；江西省九江市柴桑区，海拔 12.82 m，29.719 3 N，115.809 1 E，2016 年 10 月 12 日，严靖、王樟华 RQHD09990（CSH）；陕西省咸阳市杨凌市郊区，海拔 443 m，34.271 0 N，108.042 3 E，2015 年 10 月 6 日，张勇 RQSB01350（CSH）；香港香港岛薄扶林水塘，海拔 185 m，22.264 4 N，114.136 0 E，2015 年 7 月 26 日，王瑞江、薛彬娥、朱双双 RQHN00953（CSH）；浙江省丽水市市区莲都区冷水村，海拔 82.22 m，28.500 6 N，119.998 0 E，2015 年 3 月 19 日，严靖、闫小玲、李惠茹 RQHD01568（CSH）；贵州省荔波县大七孔景区，2019 年 1 月 4 日，李振宇 13997（PE）。

【相似种】 白花鬼针草与三叶鬼针草（*Bidens pilosa* Linnaeus）亲缘关系最近（夏至 等，2014）。

白花鬼针草［*Bidens alba* (Linnaeus) Candolle］

1. 生境；2. 群体；3. 头状花序；4. 头状花序背面，示总苞；5. 头状花序正面；6. 植株形态；7. 果序

参考文献

陈志云，梁水凤，李东文，等，2011. 假臭草等 12 种植物对白花鬼针草幼苗的化感作用［J］. 热带亚热带植物学报，19（5）：454-462.

洪岚，沈浩，杨期和，等，2004. 外来入侵植物三叶鬼针草种子萌发与贮藏特性研究［J］. 武汉植物学研究，22（5）：233-237.

田兴山，岳茂峰，冯莉，等，2010. 外来入侵杂草白花鬼针草的特征特性［J］. 江苏农业科学（5）：174-175.
夏至，高致明，李贺敏，等，2014. 鬼针草及其近缘种的分子鉴定和亲缘关系研究［J］. 中草药，45（6）：828-834.
邢福武，曾庆文，谢左章，2007. 广州野生植物［M］. 贵阳：贵州科技出版社：224-225.
岳茂峰，冯莉，崔烨，2016. 基于 MaxEnt 模型的入侵植物白花鬼针草的分布区预测和适生性分析［J］. 生物安全学报，25（3）：222-228.
钟军弟，周宏彬，刘锴栋，2016. 3 种菊科入侵植物白花鬼针草，胜红蓟和假臭草的种子生物学特性比较研究［J］. 杂草学报，34（2）：7-11.

7. 芳香鬼针草（新拟）*Bidens odorata* Cavanilles, Icon. [Cavanilles] 1(1): 9, Pl. 13. 1791.

【特征描述】 一年生草本，茎直立，高 30～150 cm，分枝，四棱形，被稀疏柔毛。叶对生，具柄，长 3～10 cm，宽 5～8 cm，两面被稀疏柔毛，小叶不分裂至羽状分裂。头状花序顶生，排列成聚伞状，大而显著，连同开展的边花直径可达 4 cm、花托基部具刚毛、叶状总苞片排成两层、外层叶状总苞片 6～12 枚，线形至线状匙形，长 1～5 mm，宽 0.2～1 mm，绿色，表面无毛至被柔毛，边缘具纤毛、内层总苞片 6～9 枚，披针形，长 2～6 mm，宽 1～2 mm，褐色，表面无毛至被稍密的柔毛，边缘膜质透明。边缘舌状花不育，5（8）朵，舌片倒卵形，先端近截形，白色，蔷薇色或稀亮黄色，具 4～14 个条纹，长 3～18 mm，宽 2～12 mm；中央管状花两性，12～61 朵，花冠圆形，黄色，长 2～6 mm。瘦果褐色至黑色，线形，压扁四棱形或微扁平，下部无毛，上部被具节硬糙毛，长 2.5～15 mm，中间瘦果长于边缘瘦果，芒刺 0～2 枚，被倒向钩刺，黄色，长 1～3 mm。**物候期：**花果期几乎全年。**染色体：**n=12。

【原产地及分布现状】 原产于热带美洲。**国内分布：**北京、河南、浙江、福建、广东、广西、海南、湖南、重庆、云南。

【生境】 生于荒地、路边、草地、农田、果园、疏林地等。

【传入与扩散】 **标本信息**：模式标本为从墨西哥采种，马德里植物园栽培开花的植物，采集人不详，1785 年 11 月 24 日（M）。**传入方式**：随进口草皮种子传入，中国归化新纪录。**传播途径**：其瘦果顶端带有刺芒，容易挂在动物毛皮、人衣服、行李或货物包装上携带传播，也可借风和水传播。**繁殖方式**：种子繁殖。**入侵特点**：类似白花鬼针草。

【危害及防控】 **危害**：本种繁殖能力强、传播速度快，并具有化感作用，易入侵农田、果园、林地和草地等，对生态环境造成较大影响。**防控**：在盛花期利用人工拔除或机械铲除。可利用除草剂进行灭杀。筛选竞争力强的乡土植物，构建一个抵御外来入侵植物能力强的生态群落。

【凭证标本】 福建省泉州市安溪县湖头镇湖三村大桥附近，海拔 102 m，25.240 5 N，118.037 0 E，2018 年 12 月 15 日，林秦文 150818（PE）；广西东兴市竹山村，地标广场附近，海拔 3 m，21.324 2 N，108.259 2 E，2019 年 1 月 7 日，李振宇 14004（PE）。

芳香鬼针草（*Bidens odorata* Cavanilles）

1. 头状花序；2. 头状花序；3. 开花植株；4. 叶子

参考文献

Ballard R, 1986. *Bidens pilosa* complex (Asteraceae) in North and Central America[J]. American Jounral of Botany, 73(10): 1452–1465.

56. 金鸡菊属 *Coreopsis* Linnaeus

一年或多年生草本。茎直立。叶对生或上部叶互生，全缘或一回羽状分裂。头状花序较大，单生或作疏松的伞房状圆锥花序状排列，有长花序梗，各有多数异形的小花，外层有 1 层无性或雌性结果实的舌状花，中央有多数结实的两性管状花。总苞半球形；总苞片 2 层，每层约 8 枚，基部多少联合。外层总苞片窄小，革质；内层总苞片宽大，膜质。花托平或稍凸起，托片膜质，线状钻形至线形，有条纹。舌状花的舌片开展，全缘或有齿，两性花的花冠管状，上部圆柱状或钟状，上端有 5 裂片。花药基部全缘，花柱分枝顶端截形或钻形。瘦果扁，长圆形或倒卵形，或纺锤形，边缘有翅或无翅，顶端截形，或有 2 尖齿或 2 小鳞片或芒刺。

本属约有 35 种，主产北美洲温带地区，世界热带地区也有少量分布。中国引入栽培约 9 种，其中 3 种归化或入侵。金鸡菊［*Coreopsis basalis* (A. Dietrich) S.F. Blake］在一些文献中也被认为中国有归化，但查询相关标本，大多是大花金鸡菊（*Coreopsis grandiflora* Hogg ex Sweet）或剑叶金鸡菊（*Coreopsis lanceolata* Linnaeus）的错误鉴定，实际上金鸡菊在中国几乎没有栽培，更谈不上逃逸了，因此本志暂不收录。

参考文献

闫小玲，刘全儒，寿海洋，等，2014. 中国外来入侵植物的等级划分与地理分布格局分析［J］. 生物多样性，22（5）: 667-676.

朱世新，覃海宁，陈艺林，2005. 中国菊科植物外来种概述［J］. 广西植物，25（1）: 69-76.

Chen Y S, D J Nicholas H, 2011. *Coreopsis*[M]//Wu Z Y, Raven P H, Hong D Y. Flora of China: vol. 20–21. Beijing: Science Press & St. Louis: Missouri Botanical Garden Press: 860–861.

分种检索表

1 瘦果边缘无膜质宽翅，顶端无短鳞片 ……………… 1. 两色金鸡菊 *Coreopsis tinctoria* Nuttall

1 瘦果边缘具膜质宽翅，顶端具 2 短鳞片 …………………………………………………… 2

2 基部叶对生，披针形或匙形，下部叶羽状全裂 ……………………………………………

…………………………………………………… 2. 大花金鸡菊 *Coreopsis grandiflora* Linnaeus

2 基部叶成对簇生，匙形或线状倒披针形，茎上部叶全缘或 3 深裂 ……………………………

…………………………………………………… 3. 剑叶金鸡菊 *Coreopsis lanceolata* Linnaeus

1. **两色金鸡菊** ***Coreopsis tinctoria*** Nuttall, J. Acad. Nat. Sci. Philadelphia. 2: 114. 1821.

【别名】 **蛇目菊、波斯菊**

【特征描述】 一年生草本，无毛，高 30～100 cm。茎直立，上部有分枝。叶对生，下部及中部叶有长柄，二回羽状全裂，裂片线形或线状披针形，全缘、上部叶无柄或下延成翅状柄，线形。头状花序多数，有细长花序梗，径 2～4 cm，排列成伞房或疏圆锥花序状。总苞半球形，总苞片外层较短，长约 3 mm，内层卵状长圆形，长 5～6 mm，顶端尖。舌状花黄色，舌片倒卵形，长 8～15 mm，管状花红褐色，狭钟形。瘦果长圆形或纺锤形，长 2.5～3 mm，两面光滑或有瘤状突起，顶端有 2 细芒。**物候期**：花期 5—9 月，果期 8—10 月。**染色体**：$2n$=24。

【原产地及分布现状】 原产于北美洲。**国内分布**：安徽、澳门、北京、福建、广东、广西、贵州、海南、河北、河南、黑龙江、湖北、湖南、江苏、江西、山东、陕西、上海、四川、台湾、天津、云南、浙江。

【生境】 多分布在山地荒坡、林间空地等。

【传入与扩散】 **文献记载：** 孔庆莱《植物学大辞典》(1933) 称波斯菊，《中国植物志》第 75 卷 (1979) 改为两色金鸡菊。**标本信息：** 模式标本采自美国 Arkansas, Nuttall s. n. (holotype, PH)。**传入方式：** 有意引种，1911 年从日本引入我国台湾，作为园艺物种栽培。**繁殖方式：** 种子繁殖。

【危害及防控】 **危害：** 生长旺盛，繁殖能力强，严重阻碍入侵地乡土植物的生长和生物多样性。**防控：** 限制引种栽培，用乡土物种丰富群落生物多样性。

【凭证标本】 安徽省马鞍山市雨山区向山镇，海拔 20 m，31.666 3 N，118.583 9 E，2014 年 6 月 15 日，严靖、李惠茹、王樟华、闫小玲 LHR00731 (CSH)；浙江省衢州市开化县密赛村，海拔 130 m，29.171 2 N，118.395 3 E，2014 年 9 月 15 日，严靖、闫小玲、王樟华、李惠茹 RQHD00790 (CSH)；贵州省黔南布依族苗族自治州贵定县，海拔 1 106 m，26.455 8 N，106.953 6 E，2014 年 8 月 10 日，马海英、秦磊、敖鸿舜 256 (CSH)；吉林省吉林市船营区越山西路，海拔 458 m，44.716 7 N，130.530 0 E，2015 年 8 月 5 日，齐淑艳 RQSB04006 (CSH)；新疆维吾尔自治区阿克苏地区沙雅县英买力镇，海拔 987 m，41.362 4 N，82.631 6 E，2015 年 8 月 16 日，张勇 RQSB02060 (CSH)。

两色金鸡菊（*Coreopsis tinctoria* Nuttall）

1. 生境（群体）；2. 头状花序；3. 头状花序背面；4. 叶对生，二回羽状全裂；
5. 头状花序正面；6. 头状花序特写；7. 植株形态

参考文献

陈艺林，1979. 金鸡菊属［M］// 林榕. 中国植物志：第 75 卷. 北京：科学出版社：364-366.

徐海根，强胜，2004. 花卉与外来物种入侵［J］. 中国花卉园艺，14：6-7.

Smith E B, Parker H M, 1971. A biosystematic study of *Coreopsis tinctoria* and *C. cardaminefolia* (Compositae)[J]. Brittonia, 23(2): 161–170.

2. **大花金鸡菊 *Coreopsis grandiflora*** Hogg ex Sweet, Brit. Fl. Gard. 2: pl. 175. 1826.

【别名】 **波斯菊**

【特征描述】 多年生草本，高 20～100 cm。茎直立，下部常有稀疏的糙毛，上部有分枝。叶对生，基部叶有长柄，披针形或匙形，下部叶羽状全裂，裂片长圆形，中部及上部叶 3～5 深裂，裂片线形或披针形，中裂片较大，两面及边缘有细毛。头状花序单生于枝端，径 4～5 cm，具长花序梗。总苞片外层较短，披针形，长 6～8 mm，顶端尖，有缘毛；内层卵形或卵状披针形，长 10～13 mm，托片线状钻形。舌状花 6～10 朵，舌片宽大，黄色，长 1.5～2.5 cm；管状花长 5 mm，两性。瘦果广椭圆形或近圆形，长 2.5～3 mm，边缘具膜质宽翅，顶端具 2 短鳞片。**物候期：** 花期 5—9 月。**染色体：** $2n=2x=26=26$ m。

【原产地及分布现状】 原产于美洲。**国内分布：** 安徽、江苏、湖南、江西、山东、四川、云南、浙江。

【生境】 生于路边或荒野。

【传入与扩散】 **文献记载：** 庐山植物园 1936 年引种大花金鸡菊，1958 年记载逸生（陈封怀，1958）。**标本信息：** 模式标本为 James R. Allison 12086.（Isotype, MO, NCU），GH 国内。最早标本为 1932 年采自山东青岛李村的栽培植株，存放于中国科学院植物研究所标本馆。**传入方式：** 有意引进，栽培作花卉后逸生。**传播途径：** 人工引种栽培而传播扩散。**繁殖方式：** 种子繁殖。

【危害及防控】 **危害：** 路边、荒野杂草，对景观、森林等有负面影响。**防控：** 控制引种，防止扩散。

【凭证标本】 安徽省黄山市黄山区三口镇，海拔 168 m，30.256 4 N，118.206 9 E，2014 年 9 月 1 日，严靖、李惠茹、王樟华、闫小玲 RQHD00682（CSH）；黑龙江省七台河市桃山区东进街，海拔 6 m，39.984 0 N，124.332 8 E，2014 年 7 月 12 日，齐淑艳 RQSB03179（CSH）；新疆维吾尔自治区塔城地区沙湾县，海拔 496 m，44.315 5 N，85.648 6 E，2015 年 8 月 10 日，张勇 RQSB02300（CSH）；浙江省温州市文成县样地边村，海拔 52 m，27.714 2 N，120.099 3 E，2014 年 10 月 16 日，严靖、闫小玲、王樟华、李惠茹 RQHD01481（CSH）。

大花金鸡菊（*Coreopsis grandiflora* Hogg ex Sweet）

1. 群体；2. 植株形态；3. 幼苗；4. 头状花序；5. 果序；6. 基部叶；7. 叶形态

参考文献

毕巍巍，徐萌，韩东洋，等，2013. 大花金鸡菊入侵对植物多样性的影响［J］. 草业科学，30（5）: 687-693.

杜明利，高岩，张汝民，等，2011. 大花金鸡菊水浸液对 6 种常见园林植物种子萌发的化感作用［J］. 浙江农林大学学报，28（1）: 109-114.

徐海根，强胜，2004. 花卉与外来物种入侵［J］. 中国花卉园艺，14: 6-7.

杨德奎，2001. 矢车菊和大花金鸡菊的核型研究［J］. 山东师范大学学报（自然科学版），16（1）: 75-78.

3. **剑叶金鸡菊** ***Coreopsis lanceolata*** Linnaeus, Sp. Pl. 2: 908. 1753.

【别名】 **大金鸡菊、剑叶波斯菊**

【特征描述】 多年生草本，高 30～70 cm，有纺锤状根。茎直立，无毛或基部被软毛，上部有分枝。叶较少数，在茎基部成对簇生，有长柄，叶片匙形或线状倒披针形，基部楔形，顶端钝或圆形，长 3.5～7 cm，宽 1.3～1.7 cm；茎上部叶少数，全缘或 3 深裂，裂片长圆形或线状披针形，顶裂片较大，长 6～8 cm，宽 1.5～2 cm，基部窄，顶端钝，叶柄通常长 6～7 cm，基部膨大，有缘毛、上部叶无柄，线形或线状披针形。头状花序在茎端单生，径 4～5 cm。总苞片内外层近等长，披针形，长 6～10 mm，顶端尖。舌状花黄色，舌片倒卵形或楔形；管状花狭钟形。瘦果圆形或椭圆形，长 2.5～3 mm，边缘有宽翅，顶端有 2 短鳞片。**物候期**：花期 5—9 月。**染色体**：$2n=26$。

【原产地及分布现状】 原产于北美洲。**国内分布**：安徽、北京、重庆、福建、广东、广西、贵州、海南、河北、河南、湖北、湖南、江苏、江西、陕西、山东、山西、上海、四川、天津、云南、浙江。

【生境】 多生长于山地荒坡、沟坡、林间空地及沿海沙地等。

【传入与扩散】 **文献记载**：中国植物学会广州分会《广州常见经济植物》（1952）称剑叶波斯菊，《中国植物志》第 75 卷（1979）改称剑叶金鸡菊。**标本信息**：模式标本采自美国 Carolina, Reveal 于 Regnum Veg. 127: 37(1993) 指定 Herb. Clifford 420, Coreopsis no. 1（BM）为后选模式。**传入方式**：1911 年从日本引入我国台湾，作为园艺植物栽培，后逸生。**传播途径**：人工引种。**繁殖方式**：种子繁殖。

【危害及防控】 **危害**：具有很强的生长能力和繁殖能力，与林木争地，降低土壤肥力，凡是生长该植物地段其他植物都不能生长，以侵占土地危害为特点，影响了植物的多样性。**防控**：限制引种栽培，用乡土物种丰富群落生物多样性。

【凭证标本】 安徽省安庆市潜山县余井镇虾子塘，海拔 75 m，30.741 0 N，116.620 8 E，2014 年 7 月 29 日，严靖、李惠茹、王樟华、闫小玲 RQHD00464（CSH）；福建省南平市泰宁县国家气象站，海拔 322 m，26.900 3 N，117.167 5 E，2015 年 10 月 13 日，曾宪锋 ZXF17983（CZH）；浙江省杭州市淳安县千岛湖国家森林公园附近，海拔 124 m，29.589 5 N，119.003 5 E，2014 年 9 月 22 日，严靖、闫小玲、王樟华、李惠茹 RQHD00943（CSH）；湖南省常德市常德柳叶大道，2014 年 8 月 27 日，李振宇、范晓虹、于胜祥、张华茂、罗志萍 13137（PE）；辽宁省沈阳市沈阳大学校园，海拔 63 m，41.858 0 N，123.471 8 E，2014 年 7 月 16 日，齐淑艳 RQSB03214（CSH）；山东省曲阜市邹城与曲阜交界处，2013 年 4 月 30 日，郝加琛 1306008-1（CSH）；新疆维吾尔自治区巴音郭楞蒙古自治州焉耆回族自治县客运站住宅小区，海拔 1 056 m，2.070 7 N，86.581 3 E，2015 年 8 月 22 日，张勇 RQSB01903（CSH）；重庆市石柱县枫木乡新村，海拔 1 473 m，30.256 0 N，108.470 5 E，2014 年 9 月 27 日，刘正宇、张军等 RQHZ06455（CSH）。

剑叶金鸡菊
（*Coreopsis lanceolata* Linnaeus）
1. 生境；2. 群体；3. 头状花序；4. 头状花序，示外层舌状花和管状花；5. 植株；6. 叶

参考文献

陈雁，肖杨，2008. 外来物种剑叶金鸡菊入侵湖北的现状及对策［J］. 农业科技与信息（19）: 68.

解炎，2008. 生物入侵与中国生态安全［M］. 石家庄：河北科学技术出版社 .

许嫒，孙进，王军，等，2009. 剑叶金鸡菊对植物群落结构的影响［J］. 海洋湖沼通报（2）: 73-78.

曾建军，肖宜安，孙敏，2010. 入侵植物剑叶金鸡菊的繁殖特征及其与入侵性之间的关系［J］. 植物生态学报，34（8）: 966-972.

57. 金腰箭属 *Synedrella* Gaertner

一年生草本。茎直立，分枝，被短或长柔毛。叶对生，具柄，边缘有不整齐的齿刻。头状花序小，异型，无或有花序梗，簇生于叶腋和枝顶，稀单生，外围雌花 1 至数层，黄色，中央的两性花略少，全部结实。总苞卵形或长圆形，总苞片数个，不等大，外层叶状，内层狭，干膜质，鳞片状。花托小，有干膜质的托片。雌花花冠舌状，舌片短，顶端 2～3 齿裂；两性花管状，向上稍扩大，檐部 4 浅裂。雄蕊 4 个，花药顶端浑圆，基部全缘、截平或有矢状短耳。花柱分枝纤细，顶端尖。雌花瘦果平滑，扁压，边缘有翅，翅具撕裂状硬刺；两性花的瘦果狭，扁平或三角形，无翅，常有小突点。冠毛硬，刚刺状。

本属仅 1 种，原产墨西哥、加勒比地区、中美洲和南美洲，在美国南部、非洲、亚洲、澳大利亚和太平洋岛屿等地归化或入侵，在中国东南至西南各省区也有归化或入侵。

参考文献

谢珍玉，郑成木，2003. 中国海南岛 13 种菊科植物的细胞学研究［J］. 植物分类学报，41（6）: 545-552.

Chen Y S, D J Nicholas H, 2011. *Synedrella*[M]//Wu Z Y, Raven P H, Hong D Y. Flora of China: vol. 20–21. Beijing: Science Press & St. Louis: Missouri Botanical Garden Press: 868.

金腰箭 *Synedrella nodiflora* (Linnaeus) Gaertner, Fruct. Sem. Pl. 2: 456. 1791. —— *Verbesina nodiflora* Linnaeus, Cent. Pl. I: 28. 1755.

【别名】 **黑点旧**

【特征描述】 一年生草本。茎直立，高 0.5～1 m，基部径约 5 mm，二歧分枝，被贴生的粗毛或后脱毛，节间长 6～22 cm，通常长约 10 cm。下部和上部叶具柄，阔卵形至卵状披针形，连叶柄长 7～12 cm，宽 3.5～6.5 cm，基部下延成 2～5 mm 宽的翅状宽柄，顶端短渐尖或有时钝，两面被贴生、基部为疣状的糙毛，在下面的毛较密，近基三出主脉，在上面明显，在下面稍凸起，有时两侧的 1 对基部外向分枝而似 5 主脉，中脉中上部常有 1～4 对细弱的侧脉，网脉明显或仅在下面 1 对明显。头状花序径 4～5 mm，长约 10 mm，无或有短花序梗，常 2～6 簇生于叶腋，或在顶端成扁球状，稀单生；小花黄色；总苞卵形或长圆形；总苞片数个，外层总苞片绿色，叶状，卵状长圆形或披针形，长 10～20 mm，背面被贴生的糙毛，顶端钝或稍尖，基部有时渐狭，内层总苞片干膜质，鳞片状，长圆形至线形，长 4～8 mm，背面被疏糙毛或无毛。托片线形，长 6～8 mm，宽 0.5～1 mm。舌状花连管部长约 10 mm，舌片椭圆形，顶端 2 浅裂；管状花向上渐扩大，长约 10 mm，檐部 4 浅裂，裂片卵状或三角状渐尖。雌花瘦果倒卵状长圆形，扁平，深黑色，长约 5 mm，宽约 2.5 mm，边缘有增厚、污白色宽翅，翅缘各有 6～8 个长硬尖刺；冠毛 2，挺直，刚刺状，长约 2 mm，向基部粗厚，顶端锐尖。两性花瘦果倒锥形或倒卵状圆柱形，长 4～5 mm，宽约 1 mm，黑色，有纵棱，腹面压扁，两面有疣状突起，腹面突起粗密；冠毛 2～5，叉开，刚刺状，等长或不等长，基部略粗肿，顶端锐尖。**物候期**：花期 6—10 月。**染色体**：$2n=40=6\ m + 30\ sm\ (2\ sat) + 4\ st$。

【原产地及分布现状】 原产于热带美洲，现广布于世界热带和亚热带地区。**国内分布**：澳门、重庆、福建、广东、广西、海南、江西、上海、四川、台湾、香港、云南、浙江。

【生境】 生于低海拔旷野、荒地、山坡、耕地、路旁及宅旁。

【传入与扩散】 **文献记载**：金腰箭一名见于中国科学院编译局《种子植物名称》（1954）。**标本信息**：模式标本采自牙买加，R. A. Howard 在 Fl. Lesser Antilles 6: 600. 1989. 上指定 Patrick Browne-Herb. Linn. 1021.7.（LINN）为后选模式。1927 年 8 月，曾怀德在海南采到标本。**传入方式**：经旅行或贸易无意引进。1912 年在香港开始成为常见杂草。**传播途径：**瘦果可附着于衣服或动物毛皮上传播。**繁殖方式：**种子繁殖。

【危害及防控】 **危害：**以种子繁殖，繁殖力极强，减少农作物产量，开始入侵一些经济园林。**防控：**加强检疫，可用氯氟吡氧乙酸、草甘膦、百草枯等进行化学防除。

【凭证标本】 福建省漳州市东山县东山岛，海拔 46 m，23.739 5 N，117.528 8 E，2014 年 9 月 14 日，曾宪锋 ZXF15418（CZH）；广东省潮州市湘桥区凤凰洲，海拔 23 m，28.571 9 N，116.511 6 E，2014 年 10 月 6 日，曾宪锋 ZXF15673（CZH）；广西壮族自治区梧州市城东镇，海拔 31 m，23.474 5 N，111.418 1 E，2014 年 10 月 13 日，韦春强 WZ028（IBK）；海南省三亚市三亚机场附近荒地，海拔 9 m，18.299 2 N，109.399 5 E，2015 年 12 月 22 日，曾宪锋 ZXF18701（CZH）。

金腰箭［*Synedrella nodiflora* (Linnaeus) Gaertner］

1. 生境；2. 植株形态；3. 头状花序；4. 头状花序侧面；5. 果序剖面；6. 两性花瘦果；7. 雌性花瘦果（左）与两性花瘦果（右）

参考文献

谢珍玉，郑成木，2003. 中国海南岛 13 种菊科植物的细胞学研究［J］. 植物分类学报，41（6）: 545-552.

58. 金腰箭舅属 *Calyptocarpus* Lessing

一年生或多年生草本，植株小，常匍匐状。叶对生，具叶柄，边缘具圆齿。头状花序单生或小而密集的花簇，辐射状，叶状苞约 5 枚，花托具平坦或凹陷的托苞。舌状花 5～8 枚，雌花，黄色。管状花 4～5 裂，黄色。瘦果倒披针形至倒圆锥形，背面压扁，具瘤或光滑；冠毛具 2 根坚硬的毛。

本属有 2 种，原产美国南部、墨西哥和中美洲。中国归化 1 种。

参考文献

单家林，杨逢春，郑学勤，2006. 海南岛的外来植物［J］. 亚热带植物科学，35（3）: 39-44.

Chen Y S, D J Nicholas H, 2011. *Calyptocarpus*[M]//Wu Z Y, Raven P H, Hong D Y. Flora of China: vol. 20–21. Beijing: Science Press & St. Louis: Missouri Botanical Garden Press: 868–869.

Mc-Vaugh R, Smith N J, 1967. *Calyptocarpus vialis* and C. *wendlandii* (Compositae)[J]. Brittonia, 19(3): 268–272.

Peng C I, Chung K F, Li HL, 1998. Compositae (Asteraceae)[M]//Huang T C. Flora of Taiwan: vol. 4. 2nd ed. Taipei: Editorial Committee of the Flora of Taiwan: 891.

Peng C I, Kao M T, 1984. *Calyptocarpus vialis* Less. (Asteraceae), a newly naturalized weed in Taiwan[J]. Bot. Bull. Acad. Sin., 25: 171–176.

金腰箭舅 *Calyptocarpus vialis* Lessing, Syn. Gen. Compos. 221. 1832.

【特征描述】多年生草本。茎匍匐，分枝，基部分枝，密被平贴的细刚毛。叶柄 3～8 mm，窄翅状至片状，边缘有毛；叶片卵形至宽卵形，35 mm × 25 mm，两面密被细刚毛，基部渐狭，边缘钝齿状，先端锐尖。头状花序腋生，单生，近无柄，花序梗长 15 mm。总苞窄椭圆状倒披针形，(6～7) mm × (2.5～3.5) mm。总苞片 4 枚，2 轮，内凹，披针形，(6～7) mm × (3～3.5) mm，先端渐尖和尖；托苞透明，狭椭圆形，(3.5～4.8) mm × (0.8～1) mm。舌状花 3～8 片，黄色，花冠 (4.5～6.2) mm × (1.4～1.8) mm，3 齿；瘦果倒披针形，(3.5～4) mm × (1.7～2) mm，2 个向上分离的芒上具有柔毛，1.2～2.4 mm。管状花 3～8 枚，花冠 2.6～3.6 mm，先端 2～3 齿或是光滑的，内部具有密集的疣状突起；瘦果与舌状花相似，但略窄和较厚，有时为三角形，宽 1.1～1.7 mm，有刺。**物候期**：花果期夏季、秋季。**染色体**：$2n$=24。

【原产地及分布现状】 原产于古巴、墨西哥和美国，在澳大利亚归化。**国内分布**：台湾（台北、苗栗、高雄）、云南（元江）。

【生境】 生于路边、公园、草坪、农田、荒地。

【传入与扩散】 **文献记载**：金腰箭舅一名始见于彭镜毅和高木村的报道（Peng et al., 1984）。**标本信息**：模式标本采自墨西哥 Veracruz, C.J.W. Schiede 221 (holotype, HAL; isotype, MO)。**传入方式**：曾作为地被植物引入台湾（赖明洲，1995）。**繁殖方式**：种子繁殖。**可能扩散的区域**：可能在热带和亚热带地区扩散。

【危害及防控】 **危害**：繁殖能力强，成为公园草坪和农田杂草。**防控**：结果前清除。

【凭证标本】 中国云南省元江县甘庄镇甘坝村，海拔 882 m，2013 年 10 月 26 日，彭华、陈志辉等 131021（KUN）。

金腰箭舅（*Calyptocarpus vialis* Lessing）

1. 植株形态；2. 群体；3. 头状花序

59. 离药金腰箭属 *Eleutheranthera* Poiteau

一年生草本。茎直立或上升，具分枝。单叶对生，具柄；叶片具3脉。头状花序小，生茎顶或上部叶腋，具少数花；总苞钟状；总苞片5～10枚，叶状，草质，1～2层，不等长、包围小花，具龙骨突；边缘舌状花常缺失，存在时仅有少数；盘花为管状花，狭钟形，檐部5裂；花药分离，不靠合成筒状，基部箭形，先端截形；花柱分枝细线形，渐尖，先端被微毛；花托凸起，具内凹的托片。瘦果狭椭卵球形，稍扁，具3～4角，先端急狭呈一短圆柱状突起，无冠毛。

本属有2种1变种，原产热带美洲，其中1种在南亚、东南亚和大洋洲归化，中国归化1种。

参考文献

Chen Y S, D J Nicholas H, 2011. *Eleutheranthera*[M]//Wu Z Y, Raven P H, Hong D Y. Flora of China: vol. 20–21. Beijing: Science Press & St. Louis: Missouri Botanical Garden Press: 869.

Sruessy T F, 1972. Revision of the genus *Melampodium* (Compositae: Heliantheae)[J]. Rhodora, 74 (798).

离药金腰箭 ***Eleutheranthera ruderalis*** (Swartz) Schultz Bipontinus, Bot. Zeit. 24(21): 165. 1866. —— *Melampdoium ruderale* Swartz, Fl. Ind. Occ. 3: 1372. 1806.

【形态描述】 一年生草本。茎直立或上升，具分枝，高达75 cm，节膨大，无毛或被柔毛。叶对生，叶片卵形或卵状长圆形，长1.5～7 cm，宽1～3 cm，基部楔形、圆形或短渐狭，边缘具浅圆齿或锯齿，先端微钝或急尖，两面被长柔毛，具3脉；叶柄长0.5～1.5 cm。头状花序单生或2～4个聚生茎顶或叶腋，花序梗长0.5～1 cm，初直立，果期俯垂；总苞渐增大，总苞片5～8枚，排成1～2层，椭圆状披针形，先端钝或急尖，叶状，草质，开展，长4～6 mm，宽1～1.5 mm，绿色，龙骨状，缘花常缺失，存在时舌状，盘花9～11朵，花冠黄色，管状，长2～2.5 mm，5裂，裂片长约 0.5 mm，具小乳突；子房长约 2 mm，托片长圆状椭圆形，干膜质，先端渐尖，长 3～4 mm，边缘具睫毛；花药黑色，基部箭形，顶端钝圆；花柱分枝黄色，钻形。瘦果褐色，长 2.5～3 mm，具 3～4 角，散生小瘤突；无冠毛。**物候期**：花果期几全年。**染色体**：$2n$=32。

【**原产地及分布现状**】 原产于热带美洲，在热带亚洲（印度、斯里兰卡、印度尼西亚）以及大洋洲（巴布亚新几内亚、斐济和澳大利亚）归化。**国内分布**：台湾和海南。

【**生境**】 生于低海拔路边、荒地和农田。在台湾屏东常与其他杂草伴生。

【**传入与扩散**】 **文献记载**：离药金腰箭一名始见于杨胜任和谢光普的报道（Yang et al., 2006）。**标本信息**：模式标本采自牙买加，O. Swartz s. n. (holotype, S)。杨胜任于 1996 年 2 月 29 日采自台湾地区屏东县，标本存放于屏东技术师范学院标本室（PPI）。**传入方式**：该种在国内无引种栽培记录，应为无意引进。**繁殖方式**：主要以种子繁殖。**入侵特点**：该种繁殖周期短，花果期几全年，可产生大量种子。

【**危害及防控**】 **危害**：花果期几全年，繁殖力极强，可减少农作物产量。**防控**：防控方法参考金腰箭。

【**凭证标本**】 台湾地区屏东县万峦乡五沟水，1996 年 2 月 29 日，杨胜任 28413（PPI）；屏东县，崁顶乡，东平村，2005 年 4 月 15 日，谢光普 1967（PPI）；屏东市，糖厂，2000 年 4 月 16 日，杨胜任 28856（PPI）。

离药金腰箭 [*Eleutheranthera ruderalis* (Swartz) Schultz Bipontinus]

1. 植株形态；2. 头状花序；3. 叶对生；4. 宿存的总苞

参考文献

Yang S Z, Hsieh G P, 2006. *Eleutheranthera ruderalis* (Swartz) Sch.-Bip. (Asteraceae), a newly naturalized plant in Taiwan[J]. Taiwania, 51 (1): 46–49.

60. 肿柄菊属 *Tithonia* Desfontaines ex Jussieu

一年生草本，茎直立，基部有时木质化。叶互生，全缘或3～5深裂。头状花序大，有粗壮长棒槌状的花序梗，花异型，外围有雌性小花，中央有多数结实的两性花。总苞半球形或宽钟状；总苞片2～4层，有多数纵条纹，坚硬，顶端近膜质。花托凸起；托片有皱纹，顶端急尖或芒状急尖，稍平或半抱雌花。雌花舌状，舌片开展，全缘或顶端有2～3小齿；两性花管状，基部稍狭窄，被较密的柔毛，中部稍膨大，上部长圆筒形，顶端有5齿；花药基部钝；花柱分枝有具硬毛的线状披针形附器。瘦果长椭圆形，压扁，4纵肋，被柔毛；冠毛多数，鳞片状，顶端有芒或无芒。

本属有11种，原产美国、墨西哥及美洲中部。中国引进栽培2种，其中肿柄菊（*Tithonia diversifolia* A. Gray）早年栽培观赏，现已经逃逸归化并成为典型外来入侵物种，圆叶肿柄菊［*Tithonia rotundifolia* (Miller) S. F. Blake］在一些文献中也被列为外来归化或入侵种，但该种目前在国内尚处于栽培状态，尚未发现有逸生或归化现象。

参考文献

唐玲，2009. 入侵植物肿柄菊的化感作用和遗传多样性研究［D］. 昆明：中国科学院昆明植物研究所.

王四海，孙卫邦，成晓，2004. 逃逸外来植物肿柄菊在云南的生长繁殖特性、地理分布现状及群落特征［J］. 生态学报，24（3）：444-449.

徐成东，杨雪，陆树刚，2007. 中国的外来入侵植物肿柄菊［J］. 广西植物，27（4）：564-569.

Chen Y S, D J Nicholas H, 2011. *Tithonia*[M]//Wu Z Y, Raven P H, Hong D Y. Flora of China: vol. 20–21. Beijing: Science Press & St. Louis: Missouri Botanical Garden Press: 874.

肿柄菊 ***Tithonia diversifolia*** (Hemsley) A. Gray, Proc. Amer. Acad. Arts. 19: 5. 1883. —— *Mirasolia diversifolia* Hemsley, Biologia Centrali-Americana, Botany 2(8): 168, pl. 47. 1881.

【别名】 **假向日葵、树葵、王爷葵**

【特征描述】 一年生草本，高 2～5 m。茎直立，有粗壮的分枝，被稠密的短柔毛或通常下部脱毛。叶卵形或卵状三角形或近圆形，长 7～20 cm，3～5 深裂，有长叶柄，上部的叶有时不分裂，裂片卵形或披针形，边缘有细锯齿，下面被尖状短柔毛，沿脉的毛较密，基出三脉。头状花序大，宽 5～15 cm，顶生于假轴分枝的长花序梗上。总苞片 4 层，外层椭圆形或椭圆状披针形，基部革质；内层苞片长披针形，上部叶质或膜质，顶端钝。舌状花 1 层，黄色，舌片长卵形，顶端有不明显的 3 齿；管状花黄色。瘦果长椭圆形，长约 4 mm，扁平，被短柔毛。**物候期**：花果期 9 月至翌年 1 月。**染色体**：$2n=2x=34=24$ m+10 sm（2 sat）。

【原产地及分布现状】 原产于墨西哥和危地马拉，归化于热带亚洲。**国内分布**：澳门、福建、广东、广西、贵州、海南、湖北、江苏、江西、台湾、香港、云南、浙江。

【生境】 生长在路边、林缘、向阳林窗、荒坡、荒地、农田和村寨周围。

【传入与扩散】 **文献记载**：侯宽昭《中国种子植物科属辞典》(1958) 称假向日葵。肿柄菊一名见于徐炳声《上海植物名录》(1959)。**标本信息**：模式标本采自墨西哥韦拉克鲁斯 Veracruz，由 J. C. La Duke 在 Rhodora 84(840): 498. 1982. 上指定 E. Bourgeau 2319 (K) 为后选模式。**传入方式**：1910 年从新加坡引入台湾，作为观赏植物栽培，20 世纪 80 年代初在中国逸生为杂草。**传播途径**：随人类活动传播。**繁殖方式**：种子繁殖、克隆繁殖。**入侵特点**：① 繁殖性 肿柄菊的结实量高达 80 000～160 000 粒 /m^2。② 传播性 种子（瘦果）千粒重 4.578 2～6.529 2 g，成熟种子在风力摇曳下从果序中脱出，借助风力、流水或附着于交通工具、人畜等广泛传播，在适宜的环境下萌发生长，实现种群扩增（王四海 等，2004）。

【**危害及防控**】**危害**：繁殖能力强，易形成密被植丛，形成单优群落，影响入侵地生态环境和生物多样性。**防控**：保护本地植物的多样性减少人为干扰；选用乡土树种恢复路域植被，培植当地野生植物，建立合理群落结构；做好种群的监测和研究。

【**凭证标本**】福建省漳州市东山县西埔镇，海拔 39 m，23.710 6 N，117.425 2 E，2014 年 9 月 14 日，曾宪锋 ZXF18337（CZH）；广东省河源市连平县油溪镇金龙村，海拔 223 m，24.228 9 N，114.638 6 E，2014 年 9 月 23 日，王瑞江 RQHN00409（CSH）；广西壮族自治区河池市宜州区福龙乡，海拔 164.491 3 m，24.196 1 N，108.602 4 E，2014 年 10 月 15 日，唐赛春、潘玉梅 HC22（IBK）；海南省儋州市那大镇雅拉校区，海拔 108 m，19.510 7 N，109.532 2 E，2015 年 12 月 20 日，曾宪锋 ZXF18590（CZH）；云南省红河州河口县老范寨乡金竹梁，海拔 1 021 m，22.479 7 N，99.676 1 E，2014 年 7 月 17 日，税玉民、汪健、杨珍珍等 RQXN00043（CSH）。

【**相似种**】圆叶肿柄菊［*Tithonia rotundifolia* (Miller) S.F. Blake］国内有少量栽培做园林观赏花卉，未见归化。

肿柄菊［*Tithonia diversifolia* (Hemsley) A. Gray］

1. 生境；2. 群体；3，6. 头状花序；4. 头状花序侧面，示总苞；
5. 头状花序中的管状花；7. 头状花序纵剖，示管状花形态；8. 植株形态；9. 叶片深裂

61. 向日葵属 *Helianthus* Linnaeus

一年或多年生草本，通常高大，被短糙毛或白色硬毛。茎下部叶对生，上部叶常互生，有时全部互生，有柄，常有离基三出脉。头状花序大或较大，单生或排列成伞房状，各有多数异形的小花，外围有 1 层无性的舌状花，中央有极多数结果实的两性花。总苞盘形或半球形，总苞片 2 至多层，膜质或叶质。花托平或稍凸起，托片折叠，包围两性花。舌状花的舌片开展，黄色；盘花为管状花，冠花的管部短，上部钟状，黄色、紫色或褐色，檐部有 5 裂片。瘦果长圆形或倒卵圆形，稍扁或具 4 厚棱。冠毛膜片状，具 2 芒，有时另有 2～4 个较短的芒刺，脱落。

本属有 52 种（包括 1 杂交种），产自美国和墨西哥，世界各地广泛引种。中国引入栽培约 16 种 1 亚种，其中至少 1 种归化逸生。其中，瓜叶葵［*Helianthus debilis* subsp. *cucumerifolius* (Torrey & A. Gray) Heiser］有时也被认为有归化逸生，但尚未见到准确材料，暂不收录。

参考文献

刘全儒，于明，周云龙，2002. 北京地区外来入侵植物的初步研究［J］. 北京师范大学学报（自然科学版），38（3）：399-404.

祁云枝，杜勇军，张莹，2010. 西安地区外来入侵植物的调查研究［J］. 中国农学通报，5：223-227.

Chen Y S, D J Nicholas H, 2011. *Helianthus*[M]//Wu Z Y, Raven P H, Hong D Y. Flora of China: vol. 20–21. Beijing: Science Press & St. Louis: Missouri Botanical Garden Press: 874–875.

Hsia W Y, 1931. A list of cultivated and wild plants from the Botanical Garden of the National Museum of Natural History, Peiping, Contributions from the Laboratory of Botany, National Academy of Peiping, 1: 39–69.

Radford A E, Anles H E, Bell C R, 1968. Manual of the Vascular Flora of the Carolinas[M]. Chape Hill: The University of North Carolina Press.

菊芋 *Helianthus tuberosus* Linnaeus, Sp. Pl. 2: 905. 1753.

【别名】 **地姜、鬼仔姜、洋姜、洋生姜**

【特征描述】 多年生草本，高 1～3 m，根状茎横走，先端膨大成块茎。茎直立，有分枝，被白色上弯的短糙毛或刚毛。叶通常对生，有叶柄，但上部叶互生、下部叶卵圆形或卵状椭圆形，有长柄，长 10～16 cm，宽 3～6 cm，基部宽楔形或圆形，有时微心形，顶端渐细尖，边缘有粗锯齿，有离基三出脉，上面被白色短粗毛，下面被柔毛，叶脉上有短硬毛，上部叶长椭圆形至阔披针形，基部渐狭，下延成短翅状，先端渐尖，短尾状。头状花序较大，少数或多数，单生于枝端，有 1～2 枚线状披针形的苞叶，直立，直径 2～5 cm，总苞片多层，披针形，长 14～17 mm，宽 2～3 mm，先端长渐尖，开展，背面被短伏毛，边缘被开展的缘毛，托片长圆形，长约 8 mm，背面有肋，上端不等 3 浅裂。舌状花通常 12～20 朵，舌片黄色，开展，长椭圆形，长 1.7～3 cm；管状花的花冠黄色，长约 6 mm，花药褐色。瘦果近圆柱状，长 6～7 mm，密被短毛，顶端有 2～4 个有毛的锥状扁芒。**物候期**：花期 8—9 月。**染色体**：$2n$=102。

【原产地及分布现状】 原产于北美洲，17 世纪传入欧洲，现在广泛引种和归化于温带地区。**国内分布**：安徽、北京、重庆、福建、甘肃、广东、广西、贵州、海南、河北、河南、黑龙江、湖北、湖南、吉林、江苏、江西、辽宁、陕西、山东、山西、上海、四川、天津、云南、浙江。

【生境】 适应性强，抗旱、耐寒，在宅边、路边、地堰、田野、河滩、荒地、盐碱地，甚至沙丘都可以生长。

【传入与扩散】 **文献记载**：夏纬瑛在“国立北平天然博物馆植物园栽培和野生植物名录”一文中首先采用日本名菊芋一名（Hsia, 1931）。该植物园位于现在北京动物园内。1918 年记载山东青岛栽培（徐海根 等，2018）。**标本信息**：后选模式为 Colonna, Ekphr., ed. 2: 11, 13. 1616 的图版“Flos Soli Farnesianus, Aster Peruan, tuberosus”，由 Cockerell 于 Amer. Naturalist 53: 188.1919 选定。**传入方式：**有意引进，人工引种到沿海地区栽培。**传播途径：**人工引种栽培，继而扩散蔓延。**繁殖方式：**有性繁殖和块茎无性繁殖。

【危害及防控】 **危害：**根系发达，繁殖力强，可成为一种高大的多年生宿根性杂草，影响景观和生物多样性。**防控：**严格控制逸生植株，加强利用研究，其块茎可作蔬菜和提取淀粉。

【凭证标本】 浙江省衢州市开化县曹门村，海拔 193 m，29.200 5 N，118.323 6 E，2014 年 9 月 16 日，严靖、闫小玲、王樟华、李惠茹 RQHD00813（CSH）；安徽省六安市寿县太平村，海拔 35 m，32.079 0 N，116.558 4 E，2014 年 7 月 26 日，严靖、李惠茹、王樟华、闫小玲 RQHD00408（CSH）；福建省南平市，海拔 63 m，26.631 7 N，118.171 7 E，2015 年 7 月 1 日，曾宪锋 ZXF16677（CZH）；甘肃省白银市景泰县县城，海拔 1 629 m，37.205 1 N，104.062 0 E，2014 年 10 月 1 日，张勇 RQSB03002（CSH）；贵州省黔南布依族苗族自治州三都县县城周边，海拔 978 m，26.175 2 N，107.811 6 E，2014 年 8 月 9 日，马海英、秦磊、敖鸿舜 247（CSH）；黑龙江省佳木斯市胜利东路水源山公园，海拔 265 m，44.536 0 N，129.583 2 E，2015 年 8 月 5 日，齐淑艳 RQSB04028（CSH）；重庆市南川区三泉镇三泉村小汉堡，海拔 621 m，29.131 9 N，107.202 8 E，2014 年 9 月 10 日，刘正宇、张军等 RQHZ06537（CSH）。

【相似种】 原产美国的美丽向日葵（*Helianthus* × *laetiflorus* Person）为坚挺向日葵［*H. rigidus* (Cassini) Desfontaine］和菊芋的杂交种，具细长的根状茎，茎具短糙毛和开展的短柔毛，有时上部无毛，总苞片先端急尖，直立，花通常黄色，稀褐色至紫色，作花卉引种栽培，在北京（刘全儒 等，2002）和西安（祁云枝 等，2010）有少数逸生。外形近似的还有薄叶向日葵（*Helianthus decapetalus* Linnaeus），但该种茎通常无毛，叶具细柄，叶片薄纸质，瘦果无毛，原产北美洲，国内作花卉引种，庐山植物园（1982）编印的《庐山植物名录》记载该种在江西庐山逸生。原产北美洲的糙叶向日葵（*Helianthus* *maximiliani* Schrader）在国内亦有栽培，在庐山逸生，该种叶多互生，无柄或具短柄，叶片披针形至线状披针形，先端渐尖，基部渐狭，两面粗糙，具羽状脉。原产美国的瓜叶葵［*Helianthus debilis* Nuttall subsp. *cucumerifolius* (Torrey & A Gray) Heiser］在我国各地作一年生花卉引种栽培但未见归化，该种在台湾彰化县归化的报道（Tseng et al., 2008）有误，根据梁珆硕博士拍摄的照片，其叶、花序、花和果通常较大，总苞片卵形至宽卵形，先端骤尖成尾状，密被缘毛，盘花褐色至紫色，瘦果除先端疏生短毛外其余无毛，常具黑白或黑褐相间的纵条纹，边缘较薄，实为向日葵（*Helianthus annuus* Linnaeus）的逃逸植株。毛叶向日葵（*Helianthus mollis* Lamack）原产美国，多年生草本，茎高0.7～1.2 m，茎、叶、花序梗和总苞密被白色柔毛，叶常对生，无柄，叶片卵形至卵状披针形，基部圆形或心形，盘花的花冠与花药黄色，花柱分枝淡红褐色；国内常作观赏植物引种栽培，在江西庐山有逸生。

菊芋（*Helianthus tuberosus* Linnaeus）

1. 植株形态；2. 头状花序侧面，示总苞；3. 管状花解剖，示聚药雄蕊和雌蕊；4. 球形块茎；5. 花纵剖；6. 幼苗；7. 棒状块茎；8，10. 花序枝；9. 头状花序特写

参考文献

阎平，2002. 菊芋是新发现的治沙能手［J］. 当代生态农业，21：87.

Tseng Y H, Liou C Y, Peng C I, 2008. *Helianthus debilis* Nuttall subsp. *cucumerifolius* (Torrey & A. Gray) Heiser (Asteraceae), a newly naturalized plant in Taiwan[J]. Taiwania, 53(3): 316–320.

62. 蟛蜞菊属 *Sphagneticola* O. Hoffmann

多年生草本，木质，近肉质，具匍匐茎，节处生根。叶对生，具短柄、叶片 3 裂，边缘缺裂或齿状。头状花序单生于枝端，因合轴生长常腋生，具长梗，辐射状，异配生殖。总苞阔钟状，外层叶状苞 3～5 枚，叶质，顶端反折；内层叶状苞 10～12 枚，薄草质或干膜质。花托圆锥形突起，托苞长存，干膜质。舌状花 1～2 列，雌性，可育，花冠橙色到黄色，舌片狭长圆形，顶端 3 裂。管状花无数，两性，花冠管状，5 裂，沿裂片内缘具毛状乳突。花药膜和花药附属物黑色，带有散乱的腺点。瘦果光滑、粗糙或具瘤，黑色，舌状花瘦果三角形，管状花瘦果压扁，边缘有时具不明显的翅，先端有短喙，具冠毛环。

本属约有 4 种，分布于亚洲和美洲热带亚热带地区。中国原产 1 种，外来入侵 1 种，即南美蟛蜞菊［*Sphagneticola trilobata* (Linnaeus) Pruski］。据报道，南美蟛蜞菊还与中国本土种蟛蜞菊［*Sphagneticola calendulacea* (Linnaeus) Pruski — *Wedelia chinensis* (Osbeck) Merrill］发生天然杂交，形成了一个杂交种广东蟛蜞菊［*Sphagneticola* × *guangdongensis* H. M. Li et al. (2015)］，三者的区别主要在于叶形上。

参考文献

刘勇涛，戴志聪，薛永来，等，2013. 外来入侵植物南美蟛蜞菊在中国的适生区预测［J］. 广东农业科学（14）：174-178.

Chen Y S, D J Nicholas H, 2011. *Sphagenticola*[M]//Wu Z Y, Raven P H, Hong D Y. Flora of China: vol. 20–21. Beijing: Science Press & St. Louis: Missouri Botanical Garden Press: 870.

Peng C I, Chung K F, Li H L, 1998. *Wedelia*[M]//Huang T C. Flora of Taiwan: vol. 4, 2nd ed. Taipei: Editorial Committee of the Flora of Taiwan: 1093–1097.

Qi S S, Dai Z C, Zhai D L, et al., 2014. Curvilinear effects of invasive plants on plant diversity: plant community invaded by *Sphagneticola trilobata*[J]. PLoS One, 9(11): e113964.

南美蟛蜞菊 ***Sphagneticola trilobata*** (Linnaeus) Pruski, Mem. New York Bot. Gard. 87: 114. 1996. —— *Silphium trilobatum* Linnaeus, Systema Naturae, Editio Decima 2: 1233. 1759. —— *Wedelia trilobata* (Linnaeus) Hitchcock, Rep. (Annual) Missouri Bot. Gard. 4: 99. 1893.

【别名】 **美洲蟛蜞菊、三裂蟛蜞菊、三裂叶蟛蜞菊**

【特征描述】 多年生草本，匍匐，茎粗壮，无毛或短柔毛。叶对生，稍肉质，叶柄不同但不超过 5 mm；叶片椭圆形或披针形，长达 18 cm，基部楔形，先端锐尖，边缘具三角形裂片或粗锯齿，无毛或稀疏被短柔毛，有时粗糙，头状花序单生在细长的花梗，辐射状，总苞绿色，总苞片披针形，长 10～15 mm，具缘毛和不明显脉，最内侧较窄；舌状花 4～8 枚，艳黄色，长 15～20 mm，先端具 3～4 细齿；管状小花多数，黄色，长约 2 cm，花冠长 5～6 mm。瘦果黑色，有时为具杂色，棍棒状，具角，长约 5 mm；冠毛不等长，呈冠状。**物候期：** 花期几全年。**染色体：** 2*n*=56，60。

【原产地及分布现状】 原产于热带美洲，但在旧大陆（包括欧洲、亚洲、非洲和大洋洲温暖地区）广泛栽培和归化。归化于旧大陆热带地区。**国内分布：** 澳门、福建、广东、广西、海南、四川、台湾、香港、云南、浙江。

【生境】 生于路边、草地、湿地和林下。

【传入与扩散】 **文献记载：** 20 世纪 70 年代引入。三裂叶蟛蜞菊（或简称为三裂蟛蜞菊）名称始见于杨恭毅《杨氏园艺植物大名典》第 9 卷 7106 页（1984）。*Flora of Taiwan* 第二版称南美蟛蜞菊（Peng et al., 1998）。**标本信息：** 后选模式为 Plumier in Burman, Pl. Amer., 97, t. 107, f. 2. 1757 的图由 R. A. Howard 于 Fl. Lesser Antilles 6: 616 1989. 一书中选定。**传入方式：** 作为地被植物有意引进，后逸生为园圃杂草。**传播途径：** 人工引种或随人类交通工具自然扩散。**繁殖方式：** 根据对南美蟛蜞菊的种子和茎段进行繁殖试验的结果表明，播种繁殖发芽率为零，而扦插繁殖在不同温度和光照条件下其生长有较大差异（李希娟 等，2006）。**入侵特点**：该种生性粗放，病虫害较少，耐干旱、耐潮湿，生长迅速，对干旱贫瘠的土壤仍有相当的适应能力。**可能扩散的区域**：该种不耐寒，在中国的适生区主要分布在海南、广东、广西、云南南部、福建、台湾，西藏南部亦有少量分布。而在气候变化情形下，已有分布地区适生性整体增强，沿边界分布范围有一定扩大，甚至越过长江（刘勇涛 等，2013）。

【危害及防控】 **危害**：侵占草地和湿地，排挤本土植物。**防控**：控制引种；大面积防除可用除草剂草甘膦、氯氟吡氧乙酸、甲磺隆喷洒，效果良好。

【凭证标本】 福建省龙岩市上杭县古田镇，海拔 337 m，25.095 4 N，117.025 3 E，2015 年 8 月 31 日，曾宪锋、邱贺媛 RQHN07302（CSH）；广东省广州市天河区华南植物园科研区，海拔 39 m，23.180 0 N，113.350 5E，2014 年 8 月 24 日，朱双双 RQHN00124（CSH）；广西壮族自治区桂林市雁山区雁山镇，海拔 165 m，25.076 8N，110.300 5E，2014 年 7 月 8 日，韦春强 GL19（IBK）；海南省儋州市东城镇，海拔 43 m，19.672 5 N，109.476 3 E，2015 年 12 月 18 日，曾宪锋 RQHN03533（CSH）。

【相似种】 蟛蜞菊［*Sphagneticola calendulacea* (Linnaeus) Pruski］、广东蟛蜞菊（*Sphagneticola* × *guangdongensis* H. M. Li & al.）（Li et al., 2015）和南美蟛蜞菊，三者的区别主要体现在于叶形上。

南美蟛蜞菊
[*Sphagneticola trilobata* (Linnaeus) Pruski]

1. 生境；
2. 群体；
3. 叶先端3裂，对生；
4，6. 头状花序；
5. 幼果序；
7. 头状花序背面，示总苞；
8. 宿存总苞和瘦果

参考文献

陈贤兴，丁炳扬，沈夕良，等，2005. 南美蟛蜞菊对几种经济作物的生化他感作用［J］. 甘肃科学学报，17（4）：15-17.

黄泽文，郑庭义，2013. 广东地区外来植物南美蟛蜞菊入侵的历史阶段与特点［J］. 广东农业科学，40（4）：68-71.

李希娟，漆萍，谢春择，2006. 南美蟛蜞菊的繁殖研究［J］. 韶关学院学报（自然科学版），27（9）：99-101.

吴彦琼，胡玉佳，廖富林，2005. 从引进到潜在入侵的植物——南美蟛蜞菊［J］. 广西植物，25（5）：415-418.

Li H M, Ren C, Yang QE & Yuan Q. 2015. A new natural hybrid of *Sphagneticola* (Asteraeeae, Heliantheae) from Guangdong, China[J]. Phytotaxa, 221(1): 71–76.

中文名索引

学名索引

D

E

M

O

P

S